U0158106

"十二五"普通高等教育本科国家级规划教材

GIS 设计与实现

（第三版）

李满春　陈振杰　周　琛　陈　刚　等　编著

科学出版社

北　京

内 容 简 介

本书是在充分分析地理信息系统(geographic information system，GIS)发展现状的基础上，根据作者多年从事 GIS 设计与开发的研究和实践，以及主讲南京大学国家精品课程、国家级一流本科课程"GIS 设计"的教学经验，结合 GIS 学科的基本理论、技术方法和实践成果编著而成。书中阐述了 GIS 设计的理论基础、设计内容、技术方法、组织实施过程及相关标准规范，介绍了 GIS 设计与实现的各个阶段，即 GIS 系统定义、系统总体设计、系统详细设计、系统实施、系统测试与评价、系统维护等的方法、工具、步骤及 GIS 设计项目管理与质量保证的相关理论和方法。此外，还对 GIS 空间数据库、地理模型库的设计与实现进行了剖析。最后，以国土空间规划信息系统为例，阐述了 GIS 设计与实现各阶段的方法和内容。

本书既可作为高等院校 GIS 专业及相关专业本科生或研究生的教材，也可供科研机构和企事业单位从事 GIS 研究、开发、应用和管理工作的人员参考。

图书在版编目（CIP）数据

GIS 设计与实现 / 李满春等编著. —3 版. —北京：科学出版社，2023.3
"十二五"普通高等教育本科国家级规划教材
ISBN 978-7-03-063872-4

Ⅰ. ①G…　Ⅱ. ①李…　Ⅲ. ①地理信息系统–高等学校–教材
Ⅳ. ①P208

中国版本图书馆 CIP 数据核字（2019）第 288148 号

责任编辑：杨　红　郑欣虹 / 责任校对：杨　赛
责任印制：吴兆东 / 封面设计：迷底书装

科 学 出 版 社 出版
北京东黄城根北街 16 号
邮政编码：100717
http://www.sciencep.com

北京厚诚则铭印刷科技有限公司印刷
科学出版社发行　各地新华书店经销

*

2003 年 9 月第　一　版　开本：787×1092　1/16
2011 年 6 月第　二　版　印张：14 1/2
2023 年 3 月第　三　版　字数：358 000
2025 年 1 月第二十五次印刷

定价：58.00 元
（如有印装质量问题，我社负责调换）

第 三 版 序

　　近些年来，多类型、多尺度、长时序地理信息资源建设取得了长足进步，越来越深入地融入国家和地方的经济发展、社会治理、百姓生活等方方面面，催生了一大批跨层级、业务化的地理信息系统(GIS)，为我国数字化转型和高质量发展注入了蓬勃动力。这类 GIS 作为地理信息采集、存储、管理、分析、表达与服务的载体与手段，横跨地理学、测绘科学、计算机科学、软件工程等学科，在用户需求凝练、系统体系架构、专业分析功能、应用服务场景等方面有着独特的要求。GIS 设计开发就是将用户需求转化为 GIS 世界中的概念模型，并进一步转化为现实系统，建立起连接前沿 GIS 理论、技术方法和地理信息产业的桥梁。当前，大数据、云计算、物联网、人工智能、虚拟仿真等信息技术快速发展，也对 GIS 设计与实现提出了新的要求。

　　该书以 GIS 工程学思想为指引，将软件工程学先进技术、应用型 GIS 研发实践等有机融合，从系统定义、系统总体设计、系统详细设计、地理数据库设计、地理模型库设计、GIS 实施、GIS 测试与评价、GIS 维护、GIS 项目管理与质量保证等方面，阐述 GIS 设计与实现的思想、方法和技术，涵盖了从设计、实现到维护的 GIS 全生命周期，内容系统性和完整性强。该书紧扣时代脉搏，贯彻数字化 GIS 人才培养理念，吸收 GIS 及地理、测绘、计算机、国土空间规划等学科的学术前沿成果，充分反映了地理信息新思想、新方法、新技术；通过剖析前沿信息技术特点，提出 GIS 设计与实现的应对思路和实现路径，有助于促进 GIS 研发与应用。

　　李满春教授团队长期从事 GIS 设计与开发的研究和实践，在南京大学主讲 GIS 专业主干课程——国家级一流本科课程"GIS 设计"。该书是作者根据多年教学经验，融合软件工程学前沿设计思想、总结归纳 GIS 设计的典型案例，在《GIS 设计与实现(第二版)》基础上修订而成，较好地贯彻了寓教于研的教学理念，并面向生态文明建设和国土空间治理等国家需求，以国土空间规划信息系统的研发案例贯穿始终，实践了 GIS 设计各阶段的理论和方法。该书结构清晰，可操作性强，既适合高校地理科学类、测绘地理信息类专业教学，也便于相关专业技术人员自学，可为地理、测绘、计算机、规划多学科交叉领域的创新人才培养提供有力支撑。

　　最后，衷心祝贺该书的再版！

中国工程院院士、国际欧亚科学院院士

2023 年 3 月 27 日于北京

第三版前言

地理信息系统(GIS)是横跨地理学、测绘科学、计算机科学、软件工程等学科的一门研究地理信息的本质特征与运动规律的学科。它从 20 世纪 60 年代问世以来，已经经历了近 60 个春秋的飞速发展，在理论体系、技术方法和组织架构上都日趋完善。近年来，地理信息越来越深入地融合到人类生活和各行各业，地理信息产业已经成为国家战略性新兴产业、新型服务业态、国家科技和产业合作的重点领域。GIS 设计是促进先进的 GIS 理论成果、技术方法和管理模式向地理信息产业转化的关键一环。GIS 设计将用户抽象的目标和问题具体化为 GIS 世界中可操作的机理和过程，并设计易用的用户界面实现人机交互对话，实现从抽象目标到现实系统的转化。

近年来，大数据、云计算、物联网、人工智能、虚拟仿真等前沿技术和产业日新月异，推动了以软件工程为代表的信息技术的高速发展，为软件系统的设计与实现提供了新的理论和思路；星空地一体化观测、卫星导航定位、数字地球、智慧城市等先进地理信息技术促进了 GIS 学科及相关产业的蓬勃发展。这些高新技术的革新为 GIS 设计提供了新的理论指导和技术支撑，也对现有 GIS 设计教材提出了更高的要求。本书编写团队紧扣形势、与时俱进，通过借鉴新兴信息技术理念、融合软件工程学前沿设计思想、总结归纳 GIS 产业发展的应用案例，全面、系统地阐述 GIS 设计的新思想、新方法和新技术，为培养厚基础、宽口径、创新型的 GIS 人才提供支撑和服务。

本书贯彻"寓教于研"的教学理念，融合软件工程学前沿设计思想、总结归纳 GIS 设计的典型案例，详细阐述了 GIS 设计的理论基础、标准规范、设计内容、技术方法和实现过程。本书面向生态文明建设和国土空间治理等国家需求，以作者研发的国土空间规划信息系统的研发案例贯穿始终，深入浅出地阐述 GIS 设计各阶段的方法和内容。本书理论方法与实践案例相结合，实用性和可操作性强，便于读者理解、实践和参考。

本书共十三章。第一章"引论"，概述 GIS 的功能、特点和构成，阐明 GIS 规范化和标准化的内容与要求，提出 GIS 设计的目标与任务。第二章"GIS 设计思想与方法"，介绍面向对象设计方法、原型法、结构化生命周期法等 GIS 基本设计方法。第三章"系统定义"，明确系统定义的任务，介绍用户需求调查方法、系统定义工具，分析系统建设的可行性，形成系统定义报告。第四章"系统总体设计"，明确系统总体设计的任务，介绍 GIS 硬软件配置设计、软件架构设计、功能模块设计、用户界面设计及系统总体设计工具等，形成系统总体设计报告。第五章"系统详细设计"，阐明系统详细设计的任务，介绍系统详细设计工具、GIS 接口设计、用户界面详细设计，形成系统详细设计报告。第六章"地理数据库设计"，阐明地理数据库设计的任务，介绍地理数据库概念模型、逻辑设计、存储设计、功能设计，梳理地理数据采集与建库设计的内容和过程，形成地理数据库设计报告。第七章"地理模型库设计"，介绍地理模型的特点、分类及其在应用型 GIS 中的作用，总结地理建模的一般过程、常用建模方法、GIS 与地理模型集成的思路，阐述地理模型库设计与管理，形成地理模型库设计报告。第八章"前沿 GIS 设计"，分析融合地理大数据、云计算、人工智能、虚拟仿真等前沿技术进行 GIS 设计的重点内容和相应的功能模块设计。第九章"GIS 实施",介绍 GIS 设计成果评价内容,阐述系统实施计划制订、系统开发组织管理、GIS 实现、系统调试与部署、系统开发文档管理。第十章"GIS 测试与评价",介绍 GIS 软件测试内容、方法和工具,阐述 GIS 软件的技术、经济、社会评价,形成 GIS 测评报告。第十一章"GIS 维护",介绍 GIS 维护的内容和组织保障、GIS 软件维护、地理数据维护与更新、GIS 安全与保密、GIS 维护日志。第十二章"GIS 项目管理与质量保证",介绍 GIS 项目估算、进度安排、风险管控、软件度量与质量保证等。第十三章"国土空间规划信息系统设计与实现",以国土空间规划信息系统研发为案例,阐述系统定义、系统总体设计、系统详细设计、地理数据库设计、地理模型库设计和系统实现等 GIS 设计全过程的内容和方法。

本书由李满春策划并撰写大纲。参与本书第一版编写的人员有李满春、任建武、陈刚、周炎坤,以及李响、刘正军、高月明、周丽彬、毛亮等,张晓祥、刘永学、张健、梁健、姚静、李飞雪等人提供了资料或提出了宝贵的修改意见,在写作过程中还得到了黄杏元教授、徐寿成高级工程师、马劲松副教授等的热情帮助。参与第二版编写的人员有李满春、陈刚、陈振杰、邵一希,以及李江、李飞雪、张晨曦、刘成明、李岩、胡炜等。参与第三版编写的人员有李满春、陈振杰、周琛、陈刚,以及李飞雪、刘小强、郝玉珠、许长青、肖一嘉、曲乐安、王贝贝、李志峰、潘昱奇、闵开付、张晨晔、孙超、陈振迎、黄学锋、徐润鹏、曾智伟等,储征伟、王芙蓉、王结臣、佘江峰、马文波、黄秋昊、姜朋辉、夏南、汤皓卿、高宇、杜皓阳、刘畅、郭紫燕、赵鑫、邱小倩、温伯清、李薇、胡毅、陈艺华、汪淼、杜聪、高醒、王梓安、葛兰凤、庄苏丹等人提出了宝贵的建议或修改意见。本书第三版由李满春、陈振杰、周琛、陈刚统稿,并在南京大学国家精品课程、国家级一流本科课程"GIS 设计"教学中使用。在编写和出版过程中得到了张鸿辉、杨红等的热情帮助,在此一并表示诚挚的谢意!本书配套有电子课件,采用本书作为教材的老师请发信到 dx@mail.sciencep.com 索取。此外,本书配有课程教学、软件研发成果展示和相关学术讲座视频,读者可通过扫描二维码 观看。

本书有幸先后被评为普通高等教育"十五"国家级规划教材、普通高等教育"十一五"国家级规划教材、"十二五"普通高等教育本科国家级规划教材、"十三五"江苏省高等学校重点教材,入选普通高等教育精品教材,同时得到国家精品课程、国家级一流本科课程、南京大学"百"层次优质课程等建设项目和国家基础学科拔尖学生培养计划 2.0 地理科学基地、国家级一流本科专业"地理信息科学"建设点、中国南海研究协同创新中心("2011 计划")、地球系统科学国家级虚拟仿真实验教学中心、南京大学"双一流"建设等项目的资助。

由于作者水平有限、时间仓促,不足之处在所难免,敬请广大读者批评指正

作 者

2023 年 3 月于南京大学

第二版前言

GIS(geographic information system)是横断计算机科学、信息学、遥感科学、测量学、地图学、地理学、资源学、环境学等学科的一门研究地理信息的本质特征与运动规律的学科。它从 20 世纪 60 年代问世以来，已经经历了近 50 个春秋的飞速发展，在理论体系、技术方法和组织架构上都日趋完善。从理论体系来看，GIS 已经发展成为一门学科，有其自身的理论基础、技术规范和应用领域，体系结构趋于完整。从技术方法来看，GIS 数据结构趋于完备，面向对象的空间数据存储方式使 GIS 的数据管理和维护极大地简化，空间数据管理方式也从文件管理发展到了关系型数据库管理；GIS 空间分析操作功能日臻完善，对 GIS 空间分析与操作的研究也日益深入，诸如网络分析、缓冲区分析、空间叠加分析等理论都被成功地应用于 GIS 中；GIS 应用技术趋于成熟，在社会、经济、生活中应用的深度和广度不断加强：从最初的简单绘制静态电子地图到进行动态监测和分析，从单纯的地理数据管理到规划辅助决策，从 GIS 信息孤岛到 WebGIS 及地理信息服务，从政府 GIS、企业 GIS 到社会 GIS 等。从组织架构来看，许多国家都已成立 GIS 组织机构，并在传播 GIS 知识、把握 GIS 发展方向、促进 GIS 学术交流、制定 GIS 标准规范等方面起了重要的作用；同时，出现了一大批从事 GIS 生产研究的公司企业，促进了 GIS 技术的进步和在应用领域的推广。

随着 GIS 朝着产业化、社会化和大众化方向的不断深化，社会生产各部门、科研单位等 GIS 用户都迫切希望能尽快将先进的 GIS 理论成果、技术方法和管理模式转化为生产力，真正利用 GIS 实现高效的地理信息管理和辅助决策。而 GIS 的设计与实现正是连接上述理论和实践之间的桥梁。GIS 设计与实现将用户抽象的目标和问题转化为 GIS 世界中的概念模型，再通过适当的硬件环境和多功能的 GIS 软件模块将概念模型具体化为信息世界中可操作的机理和过程，并设计简便易用的用户界面实现人机交互对话，从而真正实现了从抽象目标到现实系统的转化。随着 GIS 在众多管理、生产部门得以广泛普及，高等院校的地学类、测绘类等学科都开设了 GIS 方面的课程，而且具有 GIS 应用和开发实践能力的毕业生也越来越受到社会的青睐。所以，培养 GIS 专业人员的设计和开发能力是过去、当前和将来 GIS 教学改革的一个重要方面。由此，作者尝试编写本书。

GIS 软件不同于其他一般软件，它具有如下特点：空间数据量庞大，实体种类繁多，实体间的关联复杂；空间数据驱动开发设计；GIS 工程投资多，周期长，风险大，涉及部门繁多，等等。这就要求我们在 GIS 的设计与实现过程中运用 GIS 工程学的思想，遵循系统工程学、软件工程学和地理信息科学的理论和方法，坚持 GIS 设计与实现的基本原则。GIS 设计包括 GIS 的网络与硬件系统设计(环境配置)、软件系统(含模型库建设)设计和空间数据库系统设计等内容，本书主要讲述 GIS 软件设计和空间数据库设计两部分内容。GIS 软件设计通常包括以下几个阶段和任务：需求分析——用户需求调查、确定系统建设目标和用户对系统功能和性能的要求，分析系统建设的可行性，并生成需求分析报告；项目管理方案设计——对系统建设过程进行总体规划，包括对工作区域和可用资源的规划、开发成本估算、开发平台和开发工具选择、工作任务和进度安排等内容，最终提交项目管理计划方案书；系统总体设计——将系统的需求转换为数据结构和软件体系结构，即数据设计和体系结构设计，生成总体设计报告；系统详细设计——将总体设计阶段确定下来的软件模块结构和接口描述具体地实现，得到实现系统目标技术的精确描述，并编写详细设计报告；系统实施、运行和维护——根据详细设计报告的描述对系统的模块、函数和界面进行实现，并试运行和进行系统调试，同时对系统进行日常的维护和系统维护报告的撰写。空间数据库设计是 GIS 软件设计的核心内容之一，进行空间数据库设计的主要任务是确定空间数据库的数据模型以及数据结构，并提出空间数据库相关功能的实现方案；空间数据库系统实现的主要任务是将设计的空间数据库系统的结构体系进行编码实现，并将收集的空间数据入库，建立空间数据库管理系统。

　　本书由李满春策划并拟定编写大纲。参与本书第一版编写的人员有李满春、任建武、陈刚、周炎坤、李响、刘正军、高月明、周丽彬、毛亮等，张晓祥、刘永学、张健、梁健、姚静、李飞雪等人提供了资料或提出了宝贵的修改意见。参与第二版编写的人员有李满春、陈刚、陈振杰、邵一希、李江、李飞雪、张晨曦、刘成明、李岩、胡炜等。本书第二版由李满春统稿，并在南京大学国家精品课程"GIS 设计"教学中使用。在写作过程中得到了黄杏元教授、徐寿成高级工程师、马劲松副教授等的热情帮助，在此一并表示诚挚的谢意。

　　本书有幸被评为普通高等教育"十一五"国家级规划教材，同时得到了国家级规划教材支持计划、国家精品课程建设项目、国家教学科学奖励计划(青年教师奖)、中国建设银行湖北省分行尊师重教联合会、国家理科人才培养和科学研究基地名牌课程建设项目、南京大学"985"工程教改项目等的资助。

　　由于作者水平有限，加之时间仓促，不足之处在所难免，敬请广大读者批评指正。

作　者

2011 年 3 月于南京大学

第 一 版 序

当前国内外的一个重要发展趋势是将地理信息系统(GIS)融入国家信息化和知识经济的主体，为资源环境问题的研究提供高技术手段，形成新的经济生长点，提高国家的安全能力。为此，需要大力发展业务化 GIS 运行系统，提高 GIS 的应用水平和效益。

就本质而言，GIS 是通过存储事物的空间数据和属性数据，记录事物之间的关系和演变过程，并根据事物的地理坐标对其进行管理、检索、评价、分析、结果输出等处理，提供动态模拟、统计分析、预测预报、决策支持等服务。从软件设计开发的角度看，GIS 系统的建设与运行是一个相对复杂的系统工程，既涉及需求分析、系统设计、软件研制、数据建库、系统集成等诸多技术环节，也牵涉到用户自身业务重组、研制方与用户方之间的协作、系统运行的制度保障等非技术因素。为此，需要运用软件工程学的思想和方法，并结合地理信息自身的特点和相关理论，制定出详尽的系统设计、实施以及项目计划管理方案，从而保证软件质量，提高开发效率，降低开发成本。

应该指出的是，由于现有的计算机软件工程方法不完全适用于 GIS 系统设计，许多学者、工程师和系统分析人员在 GIS 项目工程实施过程中进行了有益的研究与探索，努力发展适用的 GIS 软件工程方法。虽然不同的 GIS 工程存在差异性和复杂性，难以公式化地制定一套放之四海而皆准的固定方法，但实践证明，采用通行的标准法则，能够总结形成一些针对特定问题集的一般方法，供工程人员剪裁、取舍和参考运用。

李满春教授根据多年从事 GIS 设计与开发的研究和实践，以及主讲南京大学地图学与地理信息系统专业主干课程——"GIS 设计"的教学经验，编写了《GIS 设计与实现》一书。该书以软件工程学的理论方法为总体框架，将地理信息与 GIS 的特点融入其中，并辅以大量的图表对 GIS 设计与开发的各种方法和步骤进行归纳、分类和对比，最后以作者自行研发的县级土地利用规划管理信息系统为例，具体实践了 GIS 设计与实现各阶段的方法和内容。这样不仅为读者在学习过程中搭建了联系理论与实践、理性认识与感性认识的桥梁，也为实际工作提供了具体详细的方法指导和参考依据。此外，该书还阐述了 GIS 空间数据库和地理模型库的原理和方法，介绍了 GIS 开发技术以及 GIS 设计项目管理与质量保证的方法和技术，探讨了地理信息互操作、面向服务的 GIS 设计、网格 GIS、共相式 GIS 等新技术、新概念。

该书内容既与生产实践紧密结合，同时又升华到理论方法的高度，是一本有关 GIS 设计的精品教材，有着重要的参考和使用价值。

最后，衷心祝贺该书的出版。希望它能有助于推动我国当前的 GIS 教学改革，培养面向社会需求的 GIS 研发人才，促进我国 GIS 软件事业的发展！

中国地理信息系统协会会长

2003 年 8 月 18 日于北京

第一版前言

  GIS 是横断计算机科学、信息学、遥感科学、测量学、地图学、地理学、资源科学、环境科学等学科的一门新兴边缘学科。它从 20 世纪 60 年代问世以来，已经历了 40 多个春秋的飞速发展，在技术上、体系上、组织上都日趋完善。从技术来看，GIS 数据结构趋于完备，面向对象的空间数据存储方式使 GIS 的数据管理和维护极大地简化，空间数据管理方式也从文件管理发展到了关系型数据库管理；GIS 空间分析操作功能日臻完善，对 GIS 空间分析与操作的研究也日益深入，诸如网络分析、缓冲区分析、叠加分析等理论都被成功地应用于 GIS 中；GIS 应用技术趋于成熟，在社会、经济、生活中应用的深度和广度不断加强：从最初的简单绘制静态电子地图到进行动态监测和分析，从单纯的地理数据管理到规划辅助决策，从 GIS 信息孤岛到网络化 GIS 及互操作 GIS，从政府 GIS、企业 GIS 到社会 GIS 等。从理论体系来看，GIS 已经发展成为一门学科，有其自身的理论基础、组织结构、技术规范和应用领域等，体系结构上趋于完整。从组织来看，许多国家都已成立 GIS 的组织和机构，并在传播 GIS 知识、把握 GIS 发展方向、促进学术交流、制定标准规范等方面起到了重要的作用；同时，出现了一大批从事 GIS 生产研究的公司企业，促进了 GIS 技术的发展和进步以及 GIS 在应用领域的推广。

  随着 GIS 朝着社会化和产业化方向的不断深入，社会生产各部门、科研单位等 GIS 用户都迫切希望能尽快将先进的理论成果、管理模式转化为生产力，真正利用 GIS 实现高效的信息管理和决策辅助。而 GIS 的设计与实现正是连接上述理论与实践的桥梁。GIS 设计与开发将用户抽象的目标和问题转化为 GIS 世界中的概念模型，再通过优良的硬件环境和多功能的 GIS 软件模块将概念模型具体化为信息世界中可操作的机理和过程，并设计简单易用的用户界面实现人机交互对话，从而真正实现了从抽象理论到现实系统的转化。随着 GIS 在众多管理、生产部门得以广泛普及，高等学校的地学类、测绘类等学科大都开设了 GIS 方面的课程，而且具有应用和开发 GIS 能力的毕业生也一直受到社会的青睐，所以培养 GIS 专业人员的设计和开发能力是当前 GIS 教学改革的重要方面。由此，作者尝试编著本教材。

  由于 GIS 软件不同于其他一般软件，它具有：空间数据量庞大、实体种类繁多、实体间的关联复杂；空间数据驱动开发设计；工程投资大、周期长、风险大、涉及部门繁多等独有的特点。这就要求我们在 GIS 的设计与实现过程中运用 GIS 工程学的思想，结合系统工程学、软件工程学和地理信息科学的理论和方法，坚持 GIS 设计的基本原则——整体设计上采用系统工程的思想和设计原则；重大问题上给予定性考虑，着重确定原则，总揽全局；实施方案设计上深入研究、详细描述，对各类细节都要制定出规范和技术说明文件；实施和运行过程中，制定管理和维护措施，科学地管理、调试和维护，保证系统正常运行，为科研生产和管理决策提供可靠的数据和科学可行的方法及手段。

  GIS 设计主要包括 GIS 软件设计和空间数据库设计两部分内容。GIS 软件设计通常包括以下几个阶段和任务：需求分析——用户需求调查、确定系统建设目标和用户对系统功能和性能的要求，分析系统建设的可行性，并生成需求分析报告；项目管理方案设计——对系统建设过程进行总体规划，包括对工作区域和可用资源的规定、开发成本估算、开发平台和开发工具选择、工作任务和进度安排等内容，最终提交项目管理计划方案书；系统总体设计——将系统的需求转换为数据结构和软件体系结构，即数据设计和体系结构设计，生成总体设计报告；系统详细设计——将总体设计阶段确定下来的软件模块结构和接口描述具体地实现，得出实现系统目标技术的精确描述，并编写详细设计报告；系统实施、运行和维护——根据详细设计报告的描述对系统的模块、函数和界面进行实现，并试运行和进行系统调试，以及对系统进行日常的维护和系统维护报告的编写。空间数据库系统是 GIS 软件设计的核心内容之一，进行空间数据库系统设计的主要任务是确定空间数据库的数据模型以及数据结构，并提出空间数据库相关功能的实现方案；空间数据库系统实现的主要任务是将设计的空间数据库系统的结构体系进行编码实现，并将收集来的空间数据入库，建立空间数据库管理信息系统。

　　本教材由李满春策划并拟定编写大纲。自 1996 年起，先后参加本书编写的有李满春、任建武、陈刚、周炎坤、李响、刘正军、高月明、周丽彬、毛亮等人。张晓祥、刘永学、张健、梁健、姚静、李飞雪等人提供了资料或提出了许多宝贵的修改意见。全书由李满春统稿，并在南京大学"GIS 设计"课程教学中使用。在写作过程中还得到了黄杏元教授、徐寿成高级工程师、马劲松博士等的热情帮助；科学出版社彭胜潮、朱海燕、杨红编辑为本书的出版付出了辛勤的劳动，在此一并表示深深的谢意。

　　本教材有幸被评为普通高等教育"十五"国家级规划教材，同时得到了国家教学科学奖励计划(青年教师奖)、中国建设银行湖北省分行尊师重教联合会、国家理科人才培养和科学研究基地名牌课程建设项目、南京大学"985"工程教改项目等的资助。

　　由于作者水平有限，加之时间仓促，书中不足之处在所难免，敬请广大读者批评指正。

作　者

2003 年 4 月于南京大学

目　　录

第一章 引 论

第一节 什么是 GIS

随着计算机的出现和发展，以计算机技术为核心的信息处理技术作为当代科技革命的主要标志之一，已广泛渗入生产和生活的方方面面，影响着社会经济的发展，并成为衡量一个国家科技发展水平的重要标准之一。人类的生存环境是一个三维地理空间，涉及的信息相当一部分与地理空间位置相关。地理信息系统(GIS)作为信息处理技术的一种，是以计算机技术为依托，以具有空间内涵的地理数据为处理对象，运用系统工程和信息科学的理论和方法，集采集、存储、显示、处理、分析、地理信息输出于一体的计算机系统。简单地说，GIS 研究如何利用计算机技术来管理和应用地球表面的空间信息，它是由网络、硬件、软件、地理数据库、地理模型库和人员组成的有机体，用于高效地采集、存储、更新、处理、分析和显示各种类型的地理信息，为规划、管理和辅助决策提供信息来源和技术支持。理论方法的发展、技术的进步和应用需求的提升等因素，深深地影响着 GIS 的发展，而信息技术日新月异的飞速发展更是大大加速了 GIS 普及应用的进程，最终将帮助人类实现建立"智慧地球"的梦想。

1.1.1 GIS 概述

1. GIS 主要功能

GIS 是对人类的生存环境进行描述和建模的计算机系统，主要功能包括以下四点。

1) 数据采集

纸质地图的数字化是 GIS 数据采集的传统方法，它具有使用方便、技术成熟、精度高、容易控制等特点，同时也存在低效率和高代价等问题。目前，GIS 数据采集越来越多地借助于遥感(remote sensing，RS)和全球导航卫星系统(global navigation satellite system，GNSS)。遥感数据已经成为 GIS 的重要数据来源，但是它必须进行一系列的影像处理和格式转换。GNSS 可以准确、快速地定位地球表面的任何地点，它在动态监测、智能决策等方面发挥着巨大的作用。另外，智能可穿戴设备的出现使得 GNSS 可以详细地记录人的行为轨迹，在社会学研究方面具有重大的潜力。

2) 数据存储

地理数据存储是 GIS 中最底层和最基本的技术，庞大的数据量要求地理数据库能够进行高效存取。地理数据存储包括空间数据的存储和属性数据的存储。其中，空间数据存储受到计算机处理速度和数据量的限制，通常采取分层或是分"要素"存储的模式以提高数据存取的速度。随着 GIS 向动态、多维等方向发展，二维空间数据存储方式已不能适应 GIS 在某些领域进一步发展的需求，故而动态、多维的空间数据存储已成为目前 GIS 研究的热点。

3) 数据处理和分析

数据处理和分析是 GIS 提供的对地理数据的一系列操作，以获取信息和知识。强大的地理数据处理和分析能力是 GIS 被广泛应用的主要原因之一。通过 GIS 提供的地理数据处理和空间分析功能，用户可以从已知的海量地理数据中挖掘出隐含的重要知识，这在许多应用领域中是至关重要的。

4) 数据输出

将查询统计的结果或是数据处理和分析的结果以指定的形式输出是 GIS 问题求解过程的最后一道工序。输出形式通常有两种：在计算机屏幕上显示或通过绘图仪输出。其中，计算机屏幕显示既可以展示静态地理数据、数据处理和分析结果，也可以生动地呈现各种地理信息的时空变化过程。

2. GIS 特点

GIS 是横跨地理学、测绘科学、计算机科学和软件工程等学科的一门重要交叉学科，与其他信息系统相比，GIS 具有以下特点。

1) GIS 的处理对象是地理数据

地理数据包括属性数据和空间数据，利用空间坐标来表达实体的空间位置是 GIS 数据管理的基本思想。GIS 将数据库的一些基本技术(如数据模型、数据存储、数据检索等)与地理数据的特征相结合，发展形成地理数据库技术，用来实现地理数据的管理和存储。

2) GIS 提供了一系列地理数据处理和分析的工具

基于地理数据库技术，GIS 提供了地理数据采集、存储、显示、操作、分析、建模、输出等工具，利用这些工具可以实现一些其他信息系统无法实现的功能(如空间优化、路径规划、选址分析等)。

3) GIS 实现了地理实体与属性数据的关联

通过建立地理实体与属性数据的关联关系，可以实现图形数据与属性数据的同步查询、统计和分析，这是 GIS 与其他制图系统或管理信息系统的主要区别之一。

1.1.2　GIS 构成

GIS 作为处理地理数据的一种方法和技术，由六部分构成：网络、硬件、软件、地理数据库、地理模型库和人员配置(图 1.1)。

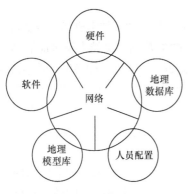

图 1.1　GIS 的构成

1. 网络

网络是用通信线路和通信设备将多台计算机及其外部设备互相连接起来，按照共同的网络协议，共享硬件、软件、数据等资源，最终实现资源共享的系统。

常用的网络类型包括广域网、局域网、专线网。其中，广域网是跨地区的数据通信网络，如互联网(Internet)；局域网是指某一区域内由多台计算机互联成的计算机组，如一栋办公大楼里的工作网络；专线网是为某个机构或企业建立的内部信息资源共享和网络协同办公的专用网络，如政务专网。

2. 硬件

GIS 硬件包括从地理数据采集、处理、输出所涉及的所有硬件设备。其中，计算机是硬件系统的核心，用作地理数据的处理、分析和管理。

1) 数据采集和输入设备

数据采集设备包括卫星、航空、地面、物联网等平台上搭载的对地观测传感器和测量仪器，它们负责采集 GIS 所需的地理数据。数据输入设备包括扫描仪及鼠标、键盘等输入设备，它们负责对地理数据进行处理并输入到计算机系统中去。

2) 数据存储和处理设备

数据存储设备包括磁盘、移动硬盘、磁盘阵列、云存储等存储介质及光盘等光存储介质。处理设备包括中央处理器(central processing unit，CPU)、图像处理器(graphics processing unit，GPU)、高性能计算集群、云计算平台等，它们共同承担对输入数据进行存储、分析、处理等操作，实现对空间数据的管理和有用信息的提取。

3) 输出设备

输出设备通常是能够输出地理信息产品的设备，包括激光打印机、绘图仪、3D 打印机等。除此之外，可以通过计算机显示器或外接的高分辨率显示设备(如投影仪等)显示地理信息，也可通过虚拟现实与增强现实技术实现三维仿真显示，提高人机交互效率。

3. 软件

GIS 软件提供了一系列功能模块用来存储、分析和显示空间数据。GIS 软件有以下要求：①提供显示、操作地理数据(如位置、边界)的常用工具；②提供地理数据库管理系统；③提供空间数据与属性数据同步查询、统计分析功能；④简单易用的图形用户界面。经过 50 多年的发展，GIS 应用不断深入，GIS 软件种类日益增多，从低层次的制图软件到高层次的管理分析和辅助决策 GIS 软件，从简单的地理数据库到栅格、矢量和不规则三角网(triangulated irregular network，TIN)数据一体化管理的大型 GIS 软件。总体上，GIS 软件可以分为两大类：工具型软件和应用型软件(图 1.2)。

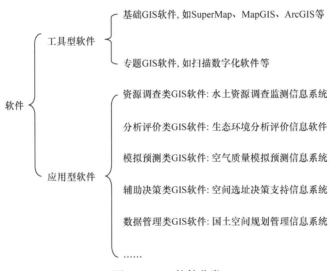

图 1.2 GIS 软件分类

4. 地理数据库

地理数据实质上就是指以地球表面空间位置为参照，描述自然、社会和人文景观等的数据，其主要内容包括空间位置与专题信息。数据来源可以是地理平台观测、遥感对地观测、测量、地图、文献、经济社会统计、时空大数据等，也可以是其他图形软件的输出数据或其他相关的数据资料。地理数据作为 GIS 的操作对象，其现势性和精确性直接关系到 GIS 分析处理结果的准确性；数据存储模式、管理方法则直接影响 GIS 运行效率和系统安全等。

地理数据分为空间数据和属性数据两大类。属性数据是反映空间位置上的特征信息，如高程、观测值、评价值等数据，一般用关系型数据库进行管理。空间数据是反映地球表面空间位置的数据，一般采用两种数据结构进行管理和存储：一是栅格数据结构，它使用网格单元的行和列作为位置标识符来描述地理实体的位置信息，常用于描述地质、气候和地形等具有连续分布和变化趋势的地理要素；二是矢量数据结构，它使用一系列(X, Y, Z)坐标作为位置标识符来描述地理实体的位置信息，常用于描述边界清晰、不连续空间分布的地理要素，如土地利用、河流、道路等。

地理数据库是对地理数据进行存储、管理和维护的数据管理软件，其目的是实现地理数据有序、合理和高效的管理。地理数据库可以直接在商业化的关系型数据库或对象-关系型数据库的基础上实现，从而汲取它们某些成熟的功能，包括数据备份、表定义、事务管理和系统管理工具等，而且基于关系型数据库的地理数据库管理系统可以高效地存储和检索地理数据。

5. 地理模型库

地理模型是对地学要素及其变化规律的一种概括或抽象表示。它是基于一定的研究目的，采用适当的抽象化手段，对地理实体的特定特征进行概括，并采用适当的表示规则进行简洁描述的定量化模型。地理模型库是对地理模型进行分类和维护并支持模型的生成、存储、查询、运行和分析应用的软件系统，主要包括基础模型库(basic model base，BMB)、应用模型库(application model base，AMB)、模型库管理系统(model base management system，MBMS)、模型字典(model dictionary，MD)四部分(图 1.3)。

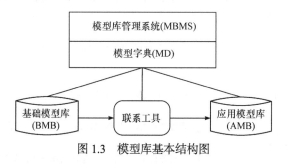

图 1.3   模型库基本结构图

6. 人员配置

人员是 GIS 的重要构成因素。GIS 需要人进行系统的组织、管理和维护，进行数据更新、应用程序开发，以及利用地理模型提取有用信息等。人员在 GIS 中的作用主要表现在以下方面：①对 GIS 软件进行开发、维护和升级；②对地理数据进行搜集、入库和管理；③应用 GIS 进行生产生活实践，实现 GIS 的价值。针对 GIS 设计不同阶段的任务和要求，确定需要参与的人员，例如，系统策划阶段需要系统策划师，系统定义阶段需要系统定义/分析师等，系统设计阶段需要系统架构师/总体设计师、数据库设计师、软硬件配置员、用户界面设计师、网络规划设计师等，系统实施阶段需要项目经理、系统开发员、数据采集/建库员、硬件工程师等，系统测试阶段需要测试工程师，系统维护阶段则需要系统管理员、数据库更新员、文档管理员、系统评估师等。

1.1.3   GIS 应用

自 20 世纪 60 年代世界上第一个地理信息系统——加拿大地理信息系统(Canadian geographic information system，CGIS)诞生以来，GIS 以研究如何采集和使用地球表面的空间数据而迅速发展起来。

地理空间数据的计算机表达及以此为基础的一系列空间分析方法的应用极大促进了地理学的定量化发展研究，也极大促进了社会经济信息化发展的进程。近年来，GIS 理论和技术日益成熟和完善，在社会、经济、生活中应用的深度和广度不断加强：从最初的简单绘制静态电子地图到进行动态监测和分析；从单纯的地理数据管理到辅助决策；从 GIS 信息孤岛到网络化 GIS 及云 GIS；从政府 GIS、企业 GIS 到公众 GIS 等。目前，GIS 已经被成功应用于国防、资源、环境、交通、教育、卫生、电信、商业等领域。

1) 地图制图

GIS 的发展是从地图制图开始的，GIS 的主要功能之一就是地图制图。与周期长、更新慢的手工制图方式相比，利用 GIS 建立地图数据库，可以达到一次投入、多次产出的效果。它可以根据用户需要输出全要素图或是各种专题图(如行政区划图、国土空间利用现状图、道路交通图等)，还可以利用 GIS 的三维功能进行立体显示与制图。

2) 资源管理

GIS 广泛应用于自然资源、水利、矿产、林业等领域，成为资源调查和管理的重要手段。日益丰富的遥感数据为资源调查提供了高时空分辨率的数据源，为大区域快速资源调查提供了可能。GIS 可以进行海量资源调查数据管理和应用分析，基于 GIS 的各类资源管理信息系统在资源管理、变化监测等方面发挥着重要作用，为资源的科学规划和合理利用提供决策支持。

3) 灾害防治

地震、海啸、干旱、土地沙化、森林火灾、区域洪涝、农业病虫害等重大自然灾害信息建库管理与灾害评估、分析、预测、急救指导等工作是 GIS 最早涉及的领域之一，也是目前趋于成熟的主要应用领域。GIS 可以对灾害的相关信息数据进行收集、处理、分析，能够快速响应突发状况，制订应急方案，支撑政府部门灾害防治决策。

4) 精细农业

精细农业是现代农业生产模式与高新技术的深度融合，其核心是 GIS、GNSS、RS 和自动控制系统。GIS 通过集成多源数据，快速获取基础地理信息和农情监测数据，提高农田进行自动化、精细化管理水平，促进农业现代化和可持续发展。

5) 区域规划

区域规划指基于地域综合地理特征，对一定地区范围的国土空间开发、保护及经济社会建设做出的总体部署和全局谋划，旨在推动国土资源和市场要素的科学配置与有序流动，做到因地制宜发展，从而解决区域之间或区域内部发展不平衡、不充分、不协调的问题，具有高度的战略性、地域性和综合性。根据空间尺度、规划对象和要素差异，区域规划包括流域规划(如《长江流域综合规划(2012—2030 年)》)、县域规划、都市圈规划、国土空间规划、林业规划等。GIS 可作为区域规划研究和决策工具，为区域规划和区域建设提供多专业、多层次和多目标的综合服务，辅助规划决策。

6) 智慧城市

智慧城市是城市信息化的高级阶段，是若干个信息系统的集成，是体系化的信息系统生态。GIS 是智慧城市的操作系统，结合人工智能技术进行全域感知、高效管理和智能引擎驱动，对实体城市进行数字化表达，共享基础设施、感知信息、城市综合信息等资源，提供城市大数据集成、综合分析，为现代社会治理提供支撑。

第二节　GIS 的规范化和标准化

信息社会的重要标志之一就是信息资源的共享。要实现地理信息资源共享，必须具备三个基本条件：一是数据资源的储备；二是技术支撑系统的保障，如通信技术、网络技术、数据库技术等现代化技术手段；三是共享规则的制订、被广泛采纳和遵循，主要包含标准、规范、政策和相关法律。标准化是空间信息共享和系统集成的重要前提，也是 GIS 产业化和社会化的必经之路。

1.2.1　GIS 规范化和标准化的作用

GIS 规范化与标准化是实现 GIS 软件开发、系统建立与高运行质量的重要前提。从技术的角度来看，GIS 是建立在计算机、网络及信息处理等多种技术标准之上的，离开了这些标准就无法开发哪怕是最基本的系统。从应用的角度来看，标准化是实现信息共享、推进 GIS 发展的最基本保障。

随着 GIS 应用领域的不断扩展、深入及 GIS 技术的进步，GIS 标准化工作也日益受到重视。开放地理空间信息联盟(Open Geospatial Consortium，OGC)和国际标准化组织地理信息技术委员会(ISO/TC 211)的相继成立都标志着地理信息技术标准化时代的到来。国内外制订标准和规范的重要机构有：①国际标准化组织地理信息技术委员会(ISO/TC211)；②美国联邦地理数据委员会(Federal Geographic Data Committee，FGDC)；③欧洲标准化委员会(Comité Européen de Normalisation，CEN/TC287)；④开放地理空间信息联盟(OGC)；⑤欧洲地图事务组织(MEGRIN)；⑥全国地理信息标准化技术委员会(CSBTS/TC230)；⑦全国信息安全标准化技术委员会(CSBTS/TC260)；⑧自然资源部测绘标准化研究所；⑨中国地理信息产业协会。

我国 GIS 发展起步于 20 世纪 80 年代初期，十分注意全国和区域性的标准化工作研究，出台了大量地理信息技术标准和规范。2018 年，第四届全国地理信息标准化技术委员会第三次全体委员会议审议通过《全国地理信息标准化技术委员会 2017 年工作总结及 2018 年工作要点》，标志着地理信息标准化工作在改革创新中不断完善。

国际上，2018 年国际标准化组织地理信息技术委员会(ISO/TC211)第 46 次全体大会及工作组会议在丹麦哥本哈根召开，提出了地理信息和遥感技术国际新标准。美国联邦地理数据委员会制定了美国空间数据元数据标准和空间数据转换标准，促进了地理数据的共同开发、使用、共享和传播。

就单独一个 GIS 开发而言，遵循 GIS 规范或标准，一方面，可以避免简单重复的系统开发工作，直接在 GIS 标准体系结构的基础上致力于高层次、专业化的应用开发，从而可以节省费用、提高效率和方便应用；另一方面，方便了数据共享，节约了资源。过去 GIS 开发缺乏统一的规范、标准，花费大量资金和人力开发的系统只能满足某一部门或某一领域的专业应用，专有的数据格式和系统体系结构导致了现有的大量数据资源无法被共享，甚至同一部门由于硬软件设备的升级或系统转换也无法重用以前采集的数据。

1.2.2　GIS 软件的规范化

地理信息是国家信息资源的重要组成部分，被广泛应用于经济建设和国防建设等重要领域，直接关系国家安全和利益。随着信息化和网络化环境下地理信息技术和产业发展的需要，数以万计的城镇正在或逐步开展 GIS 的建设和应用。然而，由于 GIS 开发过程中缺乏统一的规范，不同的 GIS 软件所应用的 GIS 实施平台、数据模型、数据组织与存储策略、开发模式等各有不同，这导致 GIS 应用服务与数据资源很难有效共享。为此，GIS 软件的规范化是促进地理信息资源的建设、协调、交流与集成所迫切需要解决的问题。

GIS 软件的规范化一方面可以避免简单重复的系统开发工作，直接在 GIS 所规范的体系结构的基础上致力于高层次、专业化的应用开发，从而节省费用、提高效率和强化扩展；另一方面实现了真正意义上的地理信息共享，为不同系统之间的数据交换和互操作服务提供了便利。

GIS 软件属于信息系统的范畴，因此 GIS 的软件设计应遵循信息系统设计的规范，也应该遵循一般计算机软件设计的相关规范。GIS 软件设计的规范主要包括：①计算机硬软件技术标准，包括网络协议、软件设计、系统验收、软件评测及软件接口等方面的规范。②数据库技术和图形、图像处理技术规范，包括各种操作规程、数据库安全等方面的规范标准。③与其他系统之间共享有关的规范化工作，包括对数据重复使用、数据交换、网络安全等方面的接口、技术规范，如数据模型规范、数据质量评定规范、元数据规范等。④地图制图标准，GIS 专题地图的制作既要遵循地图投影、比例尺、地图概括、地图设计等地图学的理论和方法，还要适应不同行业、不同用户、不同存储介质的需求。

目前，国家已有一系列有关地理信息、数据库、软件工程、程序编写、网络与通信及安全与保密等方面的规范文件，部分 GIS 相关规范与数据标准如表 1.1 所示。

表 1.1　部分 GIS 软件规范与数据标准

类型	规范名称	规范编号	概要说明
软件规范	数字城市地理信息公共平台服务接口	CH/T 9027—2018	明确了数字城市地理信息公共平台的基本服务和服务接口的基本要求
	地理信息系统软件测试规范	GB/T 33447—2016	适用于地理信息系统的开发机构、第三方测试机构、用户及相关人员进行地理信息软件的系统测试、验收测试和评价测试
	地理信息公共平台基本规定	GB/T 30318—2013	界定了地理信息公共平台的含义、组成与分级，规定了数据内容及加工过程，对管理与服务系统及支撑环境提出了要求
数据标准	基础地理信息数据库建设规范	GB/T 33453—2016	规定了基础地理信息数据库的数据内容、系统设计、建库、系统集成、测试、验收、安全保障与运行维护的总体要求
	地理空间数据库访问接口	GB/T 30320—2013	规定了地理空间数据库的数据访问对象模型及接口，对满足本标准接口的空间数据提供者的加载和卸载作出规定
	基础地理信息数据库基本规定	GB/T 30319—2013	规定了基础地理信息数据库的定义、组成、分级和要求。适用于国家、省区、市(县)基础地理信息数据库的建设、管理和维护，也可作为其他地理信息数据库的参照

续表

类型	规范名称	规范编号	概要说明
数据标准	地理空间框架基本规定	GB/T 30317—2013	界定了地理空间框架的含义与构成，规定了地理空间框架的建设内容及技术要求
	地理信息数据产品规范	GB/T 25528—2010	在 ISO 19100 系列国际标准和相关国家标准概念的基础上，描述地理数据产品规范的要求
	基础地理信息数据档案管理与保护规范	CH/T 1014—2006	规范对基础地理信息数据档案和基础地理信息数据成果的管理

1.2.3 GIS 数据的标准化

GIS 数据标准化的主要内容包括：GIS 相关的名词或术语标准化；与地理数据库建设有关的标准化活动，包括各种操作规程的制定、数据采集、数据分类与编码、数据字典、文本编写、数据库安全等方面标准的制定与实践；与地理数据共享有关的标准化工作，包括对数据质量控制、数据重用、数据交换、网络安全等方面的技术标准，如数据模型标准、数据质量评定标准、元数据标准等。

1. 地理数据库标准

地理数据反映地理实体空间分布的特征和属性，其位置识别是与数据联系在一起的。首先，地理数据的这种定位特征是通过公共的地理基础来体现的，即按照特定地区的经纬网或公里网建立地理坐标来实现空间位置的识别，并可按照指定的区域系统进行数据的合并与分离。其次，地理数据具有多维结构的特征，即在二维空间或三维空间的基础上，实现多专题信息的表达，而各个专题信息之间可以通过标识码联系起来。

1) 统一的地理坐标系统

统一的地理坐标系统是各类地理数据收集、存储、检索、交换、相互配准及进行综合分析评价的基础。这方面的标准主要源自于地图制作的相关标准，目前发展和应用都比较完善。它由下面几部分标准组成。

统一的地图投影：考虑到数据的可获得性和数据交换的需要，建立系统时一般应采用与国家基本地形图相适应的地图投影，如高斯-克吕格投影，并具备地图投影转换的接口。

统一的地理格网系统：地理格网系统可分为地理坐标格网和直角坐标格网。地理坐标格网的优点是便于进行大区域乃至全球性的拼接，但格网所对应的实地大小不均匀；直角坐标格网则具有实地大小均匀的优点，适合局部区域。我国颁布了国家标准《地理格网》(GB/T 12409—2009)，如表 1.2 所示，开发人员可依据比例尺和用途需求的不同，选用合适的地理格网系统。

表 1.2 地理格网国家标准

格网等级	1	2	3	4	5	6
经纬坐标格网间隔	1°	10′	1′	10″	1″	—
直角坐标格网间隔/m	100000	10000	1000	100	10	1

统一的高程系统：高程系统用于确定各种自然和社会经济要素相对于某一高程基准的高度(即高程)。高程系统与上述地理格网系统结合，可以反映真实世界中各种实体之间在空间的三维立体关系。高程系统有全国统一高程系统和独立高程系统之分。独立高程系统与全国统一高程系统之间通过已知的高程改正参数，可以互相转换。设计 GIS 时，应当选定一个高程系统作为整个系统统一的高程控制基础。如果选用独立高程系统，也应确定它与全国统一高程系统之间的高程转换参数。所有地形图、与高程有关的各种专题地图和数据均应统一到该高程系统中。

统一的区域界线或空间统计单元系统：区域(自然或是社会经济)是信息收集、存储和检索的重要基本单元。对区域界线的选择和划分，应确立如下六条原则：①必须是历史形成的和长期稳定的；②必须与现行国家管理制度相一致；③要充分考虑国家今后开发资源、保护环境方面的需要；④必须与国家采用的地理格网相适应；⑤必须考虑其相对稳定性，以及修改、合并和上下延伸的可能性；⑥需要顾及用户存储、查询和分析信息的方便程度及使用频率高低。目前，可参照的国家标准方案有行政区划系统、流域分区系统和综合自然区划系统等几种。

2) 地理信息分类和编码系统

编码，即在信息分类的基础上给每一种地理要素分配一个唯一的标识符，用以标定某比例尺范围内地理要素的数字信息，从而实现地理信息标准化存储和信息资源共享。统一的地理信息分类和编码是系统建立的一项极为重要的基础工作，它直接影响整个系统的结构、数据组织与交换、不同系统间的数据转换与兼容等。一般应根据各类地理信息之间的相关关系，按各相应专业领域的特性，依照标准化、统一性、唯一性、一致性、灵活性、稳定性、可扩展性和重用性等多项原则，确定编码方案。我国已制订了多种用途的区位编码系统，如行政区划、邮政编码，公路、河流、土地利用等的国家标准编码均已制订或正在制订中，这些标准可根据需要直接应用或借鉴到 GIS 设计中。

3) 数据模型标准

对现实的地理系统的计算机模拟可分三个层次：概念模型、逻辑模型和物理模型。概念模型将现实的地理系统映射为一定的信息结构和信息组织；逻辑模型将信息结构和信息组织进一步映射成为一定的数据结构；物理模型则依赖于一定的软硬件环境，将数据结构映射为与软硬件直接有关的文件结构和文件组织形式。对于 GIS 技术标准而言，数据模型独立于各种软硬件环境的模型(概念、逻辑)，能为 GIS 开发人员及用户提供一种共同的视图。

2. 地理数据共享标准

地理数据共享可最大限度地减少对地理数据的采集、加工、整理中在人力、物力和财力上的投入。目前，地理数据共享大多基于统一的地理数据互操作标准和技术规范来实施。地理数据共享标准主要包括数据交换、元数据、数据质量、数据产品等方面的标准和规范。

1) 数据交换

空间数据交换的标准必须具备以下特征：①除能转换空间要素的图形数据外，还能交换与要素相关的属性、质量信息及特征元数据；②数据转换过程中，既不能丢失任何与空间目标相关的信息，更不能添加任何错误数据，数据转换必须绝对安全、可靠；③数据转换独立于计算机系统、数据存储和传输介质；④能兼容现有的相关标准，所使用的数据模型能包含所有用户数据(边馥苓，1998)。

在进行 GIS 设计时，最主要的数据交换方法有两种：直接交换和间接交换。直接交换是设计系统与每一种常用数据结构的接口，实现两两交换，这种方法虽然转换效率较高，但实现代价大、灵活性差，很难适应 GIS 发展的需要。间接交换一般是制订或采用公认的标准数据格式作为数据交换格式，系统应设计与这种数据交换格式的转换接口来达到数据共享的目的。目前的数据交换方法可能带来信息损失，如数据丢失、精度降低、符号丢失、空间数据表达方式改变、拓扑关系丢失、属性丢失等。美国与欧洲已分别制订了空间数据转换标准(spatial data transfer standard，SDTS)和地理数据文件(geographic data file，GDF)，我国也已出台了国家标准地球空间数据交换格式标准。

　　2) 元数据标准

　　元数据是以规范化的格式，对空间数据集的现势性、精度、内容、组织形式、属性、来源、适用性等多种信息的表述。地理数据是一种结构比较复杂的数据类型，它既涉及对空间特征的描述，又涉及对属性特征及相互关系的描述。因而，描述复杂地理数据集的元数据对地理信息的定位、存储和共享都很重要。目前，地理数据元数据已形成一些区域性或部门性的标准 (表 1.3)。

表 1.3　现有的地理数据元数据标准

元数据标准名称	建立标准的组织
GSDGM 地理空间数据元数据内容标准	美国联邦地理数据委员会
GDDD 数据集描述方法	欧洲地图事务所
CGSB 空间数据集描述	加拿大标准委员会
DIF 目录交换格式	美国国家航空航天局(National Aeronautics and Space Administration，NASA)
ISO 地理信息	ISO/TC211
基础地理信息数字成果元数据	国家市场监督管理总局、国家标准化管理委员会
国土资源信息核心元数据标准	原国土资源部(现自然资源部)

　　3) 数据质量

　　数据质量是对地理数据在表达空间位置、空间关系、专题特征及时间等要素时，所能达到的准确性、一致性、完整性及它们之间统一性的度量，一般描述为地理数据的可靠性和精度。地理数据质量问题一直被 GIS 开发商和用户所重视，因而需要建立可行的数据质量标准来评价和控制数据质量。地理数据质量标准是生产、使用和评价空间整体性能的综合评价指标体系。如表 1.4 所示，地理数据质量标准由一系列元素(包括位置精度、属性精度、逻辑一致性、完整性、现势性、整饰质量和附件质量)组成。在 GIS 开发时，应根据现有质量标准和工作特点制订相应质量控制文档，并建立元数据来跟踪和说明地理数据的质量。

表 1.4　地理数据的质量元素

一级质量元素	二级质量元素
位置精度	数学基础、平面精度(相对精度和绝对精度)、高程精度(相对精度和绝对精度)、形状保真度、像元定位精度图像(分辨率)
属性精度	要素分类与代码的正确性、要素属性值的正确性、要素注记的正确性
逻辑一致性	多边形闭合精度、节点匹配精度、拓扑关系的正确性
完备性	元数据完备性、数据分层完备性、实体类型完备性、属性数据完备性、注记完备性

续表

一级质量元素	二级质量元素
现势性	数据采集日期说明、数据更新日期说明
整饰质量	线划质量、符号质量、图廓整饰质量
附件质量	文档资料的正确性、完整性，元数据文件的正确性、完整性

4) GIS 数据产品标准

GIS 数据产品包括数字形式(电子地图、数据库)和非数字形式(如纸质专题地图)。作为产品，它应具备独立性、易用性、安全性及一定的外包装形式。一般，GIS 数据产品标准有如下三类：①标准的数据格式，主要指通用数据格式，方便使用和交换；②标准的概念模式，即同一领域的空间数据产品应该基于相同的概念模型，以利于在数据产品被正确应用；③标准的外包装，包括数据安装、使用界面、浏览界面等的标准用户界面。

第三节　GIS 设计的目标与任务

1.3.1　GIS 设计的含义

软件工程是指导计算机软件开发和维护的工程学科，它将经实践检验的管理技术和当前可用的技术方法结合，以系统性的、规范化的、可定量的过程化方法开发和维护软件。

GIS 设计就是在 GIS 开发的整体过程中，遵循一般软件工程的原理方法，结合 GIS 开发的特点、特殊规律和要求，从用户需求分析出发，确定 GIS 总体架构，划分其功能模块并确定实现算法，形成 GIS(软件)系统设计方案的方法体系。

1.3.2　GIS 设计的目标

随着计算机技术的飞速发展及 GIS 被广泛应用于社会生产实践，进行 GIS 开发成为一股热潮。许多部门机构为了进行信息化建设，纷纷着手建设适合需要的、高效的 GIS 应用系统。GIS 开发根据用户的需要有其既定的目标，而且有其阶段性，包括系统分析、设计、实施、评价与维护等。

GIS 设计目标就是通过改进系统设计方法、严格执行开发的阶段划分、进行各阶段质量把关及做好项目建设的组织管理工作，从而达到增强系统的实用性、降低系统开发和应用的成本、延长系统生命周期的目的。选用合适的系统设计方法，可大大减少系统设计过程中的错误。这一点在系统设计过程中是十分重要的。实践证明，在系统实施和测试过程中发现的错误，大多是系统设计不周造成的。在这个阶段才发现错误并要进行改正的话，不仅需要很大的投资，而且大量的返工使得系统建设的周期被极大的延长。由此可见，在 GIS 开发过程中，进行合理的、高效的 GIS 设计，是降低系统开发成本、提高系统建设效率、加强系统实用性的关键所在。

尤其是近年来，软件危机越来越严重。软件危机包括两方面的内容：一是如何开发软件，以满足对软件日益增长的需要；二是如何维护数量不断膨胀的已有软件。表 1.5 所示为软件危机的主要内容。随着 GIS 软件数量的飞速增长和软件规模的扩大，GIS 软件危机情况也已日益严重。

表 1.5　软件危机的主要内容

阶段	主要表现
开发软件	对软件开发成本和进度的估计不准确 软件质量不高 用户接受度不高 软件产品开发效率低 相关的技术文档资料不完备 软件可维护性、重用性和可扩展性不高
维护软件	数据不能得到及时的更新 系统需求变更所要求的系统升级不能得到实施 网络安全维护得不到贯彻执行

GIS 软件不同于一般程序，它的一个显著特点是规模庞大，而且程序复杂性将随着程序规模的增加呈指数上升。因此，要克服 GIS 软件危机，在软件开发过程中就必须充分认识到 GIS 软件开发是一种组织良好、管理严密、各类人员协同配合、共同完成的工程项目，必须进行人员的分工合作、统一软件开发风格、制定软件开发的标准及确定各层模块的开发目标等。虽然 GIS 软件本身独有的特点给开发和维护带来一些困难，但是人们在长期开发和使用 GIS 的实践中，总结出了许多成功的经验，能有效地指导 GIS 软件的设计与实现。

无论是从 GIS 软件开发的质量、效率、开发成本，还是从克服软件危机的角度，GIS 设计都是在软件数量急剧膨胀、软件规模不断扩大的情况下，进行 GIS 开发所必须采纳的方法和实施的步骤。GIS 设计与实现过程中，需求分析是最基础的内容，需求分析成功与否，直接关系到软件建成后用户对软件的接受度；项目计划管理方案的确定可以保证系统开发的人员安排及对软件开发成本和进度的正确估计；系统设计可以确保对系统需求的实现和系统开发技术标准的统一，以及系统功能的整体性，是保证系统质量的关键；系统实施和运行维护阶段对系统进行实现，并完成后期维护工作，保证系统的正常运行及系统的升级管理等。总之，进行 GIS 设计是避免软件危机、保证 GIS 开发质量、提高开发效率、降低开发成本的一个重要手段，是人们在长期的系统开发、系统维护和系统使用过程中总结出来的宝贵经验。

1.3.3　GIS 设计的任务

GIS 设计应当根据 GIS 工程学的设计思想来开展，使 GIS 研发满足科学化、合理化、经济化的总体要求。在整体设计上，要坚持采用系统工程的思想和设计原则，在重大问题上给予定性考虑，着重确定原则，总揽全局；在实施方案设计上，要深入研究、详细描述，对各类细节都要制定出规范和技术说明文件；在实施和运行过程中，要制定编码、测试、管理和维护措施，科学地管理、调试和维护，保证系统顺利实施和正常运行。GIS 设计的基本原则如表 1.6 所示。

表 1.6　GIS 设计的基本原则

原则	具体内容
标准化	符合 GIS 的基本要求和标准，符合现有的国家标准和行业规范
先进性	系统研发采用先进的技术方法和管理手段
成熟性	系统采用成熟的技术进行开发，具有完备的功能
通用性	系统数据组织灵活，可以满足多种相关应用分析的需求

续表

原则	具体内容
兼容性	选择标准的数据格式，实现与主流数据格式的转换功能，可以与不同数据库进行数据交换、共享
高效率	系统具有高效率的数据获取、处理、存取、管理能力等
可靠性	保证系统能正常、稳定运行，系统运行结果正确

GIS 软件开发与管理信息系统开发有一定的差异，表 1.7 从系统设计、数据库设计及驱动因素三方面对 GIS 设计与管理信息系统(management information system，MIS)设计作了一个对比。

表 1.7　GIS 设计与 MIS 设计的差异

类别	GIS 设计	MIS 设计
系统设计	地理要素的空间拓扑查询、分析、可视化，以及多地理要素间的综合计算(如叠加、融合)与结果可视化	文本/统计数据的查询、分析、统计，办公事务的汇总、分发、公布等
数据库设计	面向空间数据及其属性信息	面向非空间数据
驱动因素	以数据驱动的系统设计	以事务驱动的系统设计

一般来说，GIS 设计的任务主要包括系统定义(或系统分析)、系统总体设计、系统详细设计、地理数据库设计及地理模型库设计等。

1) 系统定义

系统定义是要明确"系统要解决的问题是什么"，明确系统建设的目标与任务。具体包括：明确系统在功能上需满足什么样的需求、在性能上需达到什么样的指标、在运行时需要什么样的环境。

2) 系统总体设计

系统总体设计将系统定义成果转换为软件体系结构和数据结构。具体包括：确定系统总体架构，根据系统定义成果进行系统功能模块划分，确定模块层次结构和调用关系，设计数据库总体结构。

3) 系统详细设计

系统详细设计是确定"怎样具体地实现所要求的系统"，为在总体设计阶段处于黑盒子级的各个模块设计具体的实现方案。具体包括：为每个功能模块选定算法和数据组织形式，确定模块的接口细节及模块间的调用算法，并描述每个模块的流程逻辑，如绘制程序流程图。

4) 地理数据库设计

地理数据库设计是应用数据库技术对地理数据进行科学的组织和管理的硬软件系统，其设计具有安全性、可靠性、正确性、完整性、可扩展等特点，能实现空间数据高效存储管理，从而支撑 GIS 软件的设计与应用。因此，地理数据库设计的具体任务包括：确定地理数据库的数据模型及数据结构，提出地理数据库相关功能的实现方案，将设计的地理数据库的结构和功能进行物理实现，将空间数据等数据入库，形成可支撑系统运行的地理数据库。

5) 地理模型库设计

地理模型库设计是根据具体的应用目标和问题，使地理世界中抽象形成的概念模型具体化为可操作的定量化模型与过程，从而使系统具备较好的面向领域问题的空间系统综合分析能力。地理建模的主要过程包括建模准备、模型假设、建立模型、模型求解、模型分析及模型检验。

1.3.4 GIS 设计的特点

GIS 作为一类特殊的系统，其主要特点是海量地理数据存储、空间数据与属性数据一体化处理和分析等。GIS 设计也有其自身的特点，具体包括以下几点。

(1) GIS 处理的地理数据量庞大、实体种类繁多、实体间的关联复杂。因此，在 GIS 设计过程中，不仅需要对系统的业务流进行分析，更重要的是必须对系统所涉及的地理实体类型及实体间的各种关系进行分析和描述，并采用相关的地理数据模型进行科学的表达。这些地理数据模型包括传统的层次模型、网状模型、关系模型及面向对象模型。基于地理数据的特点，采用面向对象模型对地理数据进行描述具有很大的优势。面向对象模型以接近人类通常思维方式的方法，将客观世界的一切实体模型化为地理对象。每一种地理对象都有各自的内部状态和运动规律，不同地理对象之间的相互联系和相互作用就构成了不同的系统。

(2) GIS 设计以地理数据为驱动。GIS 从某种意义上说就是一种地理数据库，GIS 的功能为地理数据库提供服务，其主要任务是空间数据分析统计处理并辅助决策。因此，与一般软件的以业务为导向建设系统的思想不同，GIS 设计以数据为导向进行系统建设，系统的功能设计以提高数据的存储、分析和处理效率为原则。

(3) GIS 建设项目投资大、周期长、风险大。GIS 建设时，无论是数据采集，还是 GIS 设计、开发和运行维护，其难度和工作量都很大。因此，在 GIS 设计中，项目计划管理是一个十分重要的部分。在项目计划管理中，需要科学地估计系统建设的投资效益，评估系统建设的风险性和必要性，建立 GIS 建设的组织协调、人员安排、经费保障等机制，合理安排系统建设进度，确保项目高效、顺利实施。

思 考 题

1. 何为 GIS？GIS 的主要研究内容是什么？
2. GIS 由哪些内容构成？
3. 何为 GIS 设计？GIS 设计的目标和主要任务是什么？
4. GIS 有哪些特点？这些特点决定其主要有哪些应用层次？
5. GIS 经过长年发展，作为信息技术的重要组成部分已经应用到诸多领域，试说明其各发展阶段的主要特征。
6. 随着 GIS 应用领域的不断扩展，市面上出现了大量的 GIS 产品，简要说明各类 GIS 产品的模式及其主要特征。

第二章　GIS 设计思想与方法

第一节　GIS 设计的理论基础——GIS 工程学思想

2.1.1　GIS 工程学特点

系统工程学是研究如何应用科学知识，特别是工程学原理，来提高系统分析和设计效率、系统质量、降低系统建设成本的学科。GIS 工程学是融合 GIS 自身特征以及系统工程学思想的产物。GIS 工程学在促进 GIS 的推广应用、加快 GIS 软件产业的发展方面具有十分重要的意义，可以看作 GIS 设计的方法学。其特点有以下几点。

(1) 以空间信息系统工程优化为目的。除图形数据外，GIS 涉及的数据还包括关系型数据、视频、音频、动画等多种类型的数据。这些数据均按照统一地理空间坐标进行关联和索引。由于处理和应用数据的空间特性，GIS 工程在系统设计、数据管理、功能组织和流程安排上都必须遵循和依据自身固有的逻辑和准则，这决定了 GIS 工程学必须去研究和发掘这种其他学科没有或不能把握的客观规律。

(2) 横跨多学科。GIS 是一个多学科交叉的领域，而 GIS 工程学是根据地理信息科学、系统工程学、软件工程学等学科特点形成的一套程序化的基本工作技术和方法，即为了达到预期目的，运用系统工程思想和最优化技术解决问题的工作程序和步骤。因此，GIS 设计必然和众多学科有着密切的联系。

(3) GIS 工程学是直接面向决策的，为可持续发展提供决策支持。GIS 工程学应用领域广泛，是国家或区域空间信息基础设施建设的基本内容。GIS 工程建设以海量空间数据处理和管理为核心，进行空间分析、模拟，并为可持续发展提供决策支持，包括国土空间规划、资源与环境管理、人口与经济发展、全球变化问题、灾害监测、区域可持续发展等。

(4) 与 GIS 产业化密切联系。研究机构和企业界的技术创新仍将并一直是 GIS 工程学的主要内容之一。GIS 工程学既是理论体系，又是现实生产力，是 GIS 产业化的重要保障。因此，必须从产、学、研互动的高度把握 GIS 工程学的发展，研究 GIS 工程学结构体系和方法论。

(5) 系统更新速度快。我国从 20 世纪 80 年代开始了 GIS 的建设，经历了项目型 GIS、管理型 GIS、社会型 GIS、智能型 GIS 等几个阶段，其技术和认识已发生了翻天覆地的改变。这导致 GIS 用户在建立相应系统时面临一个复杂环境：往往系统刚刚建设完毕，整个系统就不能够满足当前需要了，从而导致大面积的投资失误与浪费。这也是 GIS 建设周期长的一个后果，反映了 GIS 技术和用户需求的发展速度不相适应。所以，在用户调查、系统设计、系统维护等阶段必须认真考虑这种状况，才能积极预防。

(6) 易操作性要求高。一个 GIS 中具有多个用户层次：专业维护人员、领导决策人员、一般业务人员。后两类用户并不是 GIS 专业人士，往往仅具备一般计算机操作能力，因此这两者之间需要通过良好的界面设计来协调。系统应该引导用户来完成操作，同时必须保证数据的安全性。

2.1.2 GIS 工程学结构体系

GIS 工程学结构体系主要由任务、基础理论和方法论三部分组成。它的基本任务是运用系统论的理论和方法,实现 GIS 工程的最优设计、最优管理和最优运行,以求得系统总体最优化。其基础理论主要包括系统学、地理信息科学和系统工程学等。方法论是根据这些理论而形成的一系列程序化的基本操作技术与方法,也就是为了达到预期目标,根据系统工程思想,采用最优化技术解决问题的工作程序和步骤。许多学者、工程师和系统分析人员,在 GIS 项目工程的实施过程中,对 GIS 工程的实施方法进行了大量的研究与探索。

由于不同 GIS 工程的差异性和复杂性,公式化地制订一套放之四海而皆准的固定方法是不现实的,也从根本上抹杀了 GIS 工程建设的创造性和能动性。但是,实践证明,通过对 GIS 工程的研究,采用通行的标准法则,能够总结形成一些针对特定问题集的一般方法,供工程人员取舍和参考运用。下面以系统工程学创始人之一霍尔(Hall)提出的三维结构为例说明 GIS 工程的实施方法。

三维结构是目前比较经典的、影响较大的一种系统工程基本方法。它将系统工程活动的方法体系分为前后紧密衔接的步骤和阶段,并同时考虑到为完成各个步骤和阶段所需的各种专业知识。依据霍尔的三维结构,可以绘出如图 2.1 所示的 GIS 设计三维结构图。

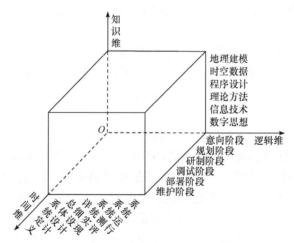

图 2.1 GIS 设计三维结构图

其中,时间维表示工作阶段,即按照时间顺序划分的 GIS 工程活动的环节;逻辑维表示按照 GIS 工程方法分析、设计和实现的逻辑过程,一般分为图 2.1 中所示的逻辑维上的几个阶段;知识维表示为完成上述各个步骤、各个阶段所需的专业知识和基本技能。

2.1.3 GIS 工程学的基本理论

GIS 工程学是系统学、系统工程学、软件工程学和地理信息科学的结合,因此系统学、系统工程学、软件工程学、地理信息科学都是其理论基石。

1. 系统学

"系统"一词最早出现在古希腊语中,原意是指事物中的共性和每一事物应占据的位置,也就是部分组成整体的意思。随着现代科学技术的发展,人们对系统概念的认识不断深化,逐渐发展成以各种类型的系统作为研究对象的完整的系统科学体系。

系统可以定义为由相互作用、相互依赖的若干组成部分(要素)构成的具有一定功能的有机整体。系统不是不可分割的单一体，而是一个可以分成许多部分的整体，这个整体又是一个更大系统的组成部分。每一个系统都有其独特的层次结构、功能与环境。表 2.1 显示系统的一般特征及其对系统设计的影响。

表 2.1　系统的一般特征及其对系统设计的影响

一般特征	对系统设计的影响
整体性	对系统进行分析和设计时，必须以整体为基础，充分考虑系统各要素或各层次的相互关系，实现整体效果最优
层次性	层次结构决定系统目标和功能分解的认知途径
相关性	各个要素之间相互作用、相互依赖的关系决定要素间的功能布局及系统的内在结构与性质
功能性	分析设计系统时要根据系统的目标层次设定其要素的状态和功能结构
动态性	系统分析时要考虑系统的生命周期、系统环境适应性，以及要求系统能随着环境的变化不断调整其内部各要素的状态、功能与相互关系

2. 系统工程学

"系统工程"这个专用名词在 20 世纪 40 年代由美国贝尔电话公司提出，后来逐渐发展成为一门组织管理技术。一般认为，系统工程是以大型复杂系统为研究对象，按照一定的目标对其进行研究、设计、开发、管理和控制，以期达到总体效果最优的理论和方法。在系统科学体系结构中，系统工程学属于工程技术类，是一门应用性很强的学科，包括了很多类工程技术的综合型技术与方法。

相对于一般的工程技术，系统工程学具有下列特点：

(1) 系统工程学研究的对象是一个表现为普遍联系、相互影响、规模和层次都极其复杂的大系统。它既可以是自然系统，也可以是社会系统；既可以是物质系统，也可以是非物质系统。一些复杂的巨系统都是其研究对象，尤其是对于类似大气系统、海洋系统、环境系统这样的巨系统，只有借助系统工程学，才能进行深入研究。

(2) 系统工程学的知识结构复杂，是自然科学和社会科学的交叉学科。传统工程的知识基础一般仅限于自己的专业领域，只要对本专业的知识有较深的研究，就能基本上解决工程建设问题。而系统工程则要用到自然科学(如数、理、化、生等)和社会科学(如社会学、心理学、经济学等)的多种知识，是多学科综合的研究领域。

(3) 从某种意义上讲，系统工程学是方法学，是泛化系统的研究方法。在研究问题时，系统工程从总体最优出发，综合考虑经济、社会、环境因素的制约，所采纳的衡量总体效益的指标具有整体性和综合性。在处理复杂问题时，系统工程往往采用定性与定量相结合的方法，不仅要有科学性，还要有艺术性和哲理性。

(4) 系统工程学是目的性很强的应用学科。在实际问题的解决过程中，系统工程要实现三个目的：一是最合理地提出任务，按照环境条件的制约和需要的可能性，使主观目标的提出更趋合理；二是最好地完成任务，通过系统分析和系统设计，选择合理的技术途径和方法来形成最佳设计效果；三是最有效地运行任务，通过科学管理，使系统发挥最好的运行效果。上述三个目的的具体实现需要从环境分析、系统分析、应用研究三个阶段来实施。

3. 软件工程学

软件工程学是一门研究如何使用工程化方法进行软件开发、运行和维护的学科。软件工程学把软件当作一种工业产品，要求采用工程化的原理和方法对软件进行设计、开发和维护，提高软件生产效率、降低生产成本，以较小的代价获得高质量的软件产品。

软件工程的框架可概括为目标、过程和原则。

(1) 软件工程目标：生产正确、可用和开销合宜的产品。正确是指软件产品达到预期功能的程度。可用是指软件基本结构、功能及文档为用户可用的程度。开销合宜是指软件开发、运行的开销符合用户要求的程度。

(2) 软件工程过程：生产一个最终能满足需求且达到工程目标的软件产品所需要的步骤，涵盖了需求、设计、实现、确认以及维护等活动。需求活动调研用户需求、定义软件功能。设计活动首先建立整个软件结构，然后详细设计出程序员可用的模块说明。实现活动把设计成果转换为可执行的程序代码。确认活动贯穿于整个开发过程，每个阶段完成后要确认，保证最终产品满足用户的要求。维护活动包括软件交付使用后的功能扩充、修改与完善。

(3) 软件工程原则：在软件开发过程中，软件设计、工程支持以及工程管理必须遵循的原则，主要包括采用合适的设计方法、选取适宜的开发模型、提供高质量的工程支撑和重视软件工程的管理。

4. 地理信息科学

地理信息科学(geographic information science，GIScience)是 1992 年由 Goodchild 首次提出的。它是研究地理信息的本质特征与运动规律的一门学科，其研究对象是地理信息。它通过研究地理信息技术中的一般性问题和规律性问题，对 GIS 工程学提供指导。

地理信息科学涉及地理科学哲学、基础理论、应用方法、技术系统，以及产业发展和制度创新等内容。通常，地理信息科学体系被划分为三个层次：理论地理信息科学、技术地理信息科学和应用地理信息科学(图 2.2)。

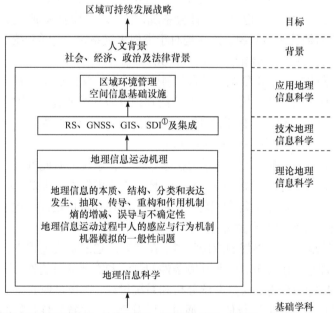

图 2.2　地理信息科学的三个层次

---

① 空间数据基础设施(spatial data infrastructure，SDI)。

(1) 理论地理信息科学。其基础理论和核心内容包括：地理信息的本质、结构、分类和表达；地理信息的发生、抽取、传导、重构和作用机制；地理信息运动过程中的熵增、熵减、误导和不确定性问题；地理信息运动过程中人的感应与行为机制；地理信息运动机器模拟的一般性问题等。

(2) 技术地理信息科学。技术系统是地理思维的物化和地理知识的载体，是地理信息运动机理研究的新的语言和手段。技术地理信息科学研究地理信息技术系统的开发、集成与使用，主要包括对 GIS、GNSS、RS 及空间信息基础设施等支撑技术的研究。

(3) 应用地理信息科学。主要包括资源与环境、经济和社会的区域战略规划与管理、空间信息基础设施的建设等。

第二节　面向对象设计方法

由于信息技术的迅速发展，计算机的成本不断下降、性能不断提高，用户也对信息系统提出了更复杂的功能需求。面向对象方法的出现正好迎合了这种需求，受到广泛的重视，并很快地渗透到与计算机有关的各个领域中。

2.2.1　概述

1. 面向对象的概念和术语

将面向对象技术应用于 GIS 软件分析和设计，从而提出基于面向对象技术的 GIS 设计方法。采用该方法进行 GIS 软件开发必须先了解面向对象技术的三个基本的概念和术语：对象、类和继承(表 2.2)。

表 2.2　面向对象的主要概念和术语

主要概念和术语	定义	说明
对象	人们对世界上的事物的认识形成概念，这些概念使我们可以感知和推理世界上的事物，这些概念应用到的事物称为对象	对象可以是真实的或是抽象的，这取决于研究问题的目的，是面向对象方法的最基本元素
类	具有一致数据结构和行为(即操作)的对象抽象称为类，它反映了与应用有关的重要性质，而忽略掉其他一些无关的内容	每个类都是个体对象可能的无限集合，每个对象都是其相应类的一个实例。类中的每一个实例均有各自的属性值，它们的属性名称和操作是相同的
继承	继承是对具有层次关系的类的属性和操作进行共享的一种机制，如在一个已有类的基础上加入若干新内容形成新类	继承可以减少设计和程序实现中的重复性。在面向对象的术语中，这个已存在的类称为父类，使用继承由父类所定义的新类称为子类

2. 面向对象分析与设计方法的特点

系统的分析与设计是为了解决人的抽象思维向计算机语言转化的问题，对于不同的目的，系统分析有不同的含义。当分析的目的是实现时，那么，分析指的是研究和理解所要实现的系统，并将研究结果以文档形式记录下来这样一个过程。

在面向对象的分析与设计中，分析与设计采用的工具差异较小。人们采用相同的观点来考察事件，使用相同的对象层次图，在这个层次中，子类继承父类的属性和方法。面向对象的实现工具提供了支持分析所形成的模型的构造块。因此，使用面向对象的技术，分析与设计能自然转换，设计变得简单，而重点移到了分析阶段。面向对象的分析是分析系统中的对象和这些对象之间相互作用时出现的事件,以此把握系统的结构和系统的行为。面向对象的设计则将分析的结果映射到某种实现工具的结构上,这个实现工具可以是面向过程的,也可以是面向对象的。当实现工具是面向对象时,这个映射过程有着比较直接的一一对应关系,可以认为采用了相同的概念模型。

面向对象的开发方法促使软件开发按应用域的观点来工作和思考。因为应用域中的问题贯穿大部分软件工程开发生命周期,只有当应用域中的固有概念被识别、构造和理解清楚了,才能有效地设计系统的数据结构和功能。同时,由于使用相同的概念模拟工具,从分析到设计的转变非常自然。面向对象技术使分析者、设计者和程序员,特别是最终用户都使用相同的概念模型,同时,落实到编程上,也应使用面向对象的语言开发环境。但是,对于结构化设计方法,这种转变就没有这种自然性,因为结构化开发方法的实现基础是满足结构化的程序设计语言,这种语言抽象的基础是计算机的指令系统,而不是考虑到人的思维方式并在语言中提供抽象机制。由于这种分析问题的方法与现实系统相差很大,人们必须借助分析和设计这样一个过程来试图弥合两个世界(计算机世界和现实世界)的差异,导致在分析和设计中使用差异很大的工具。

3. 面向对象的 GIS 设计原理

(1) 地理世界是由地理对象(地理事物/地理实体)组成的。

(2) 地理对象之间通过消息传递相互联系。

(3) 复杂的地理对象由简单的地理对象以某种方式组合而成。

(4) 地理对象(地理实体),可以从类别出发,划分成若干地理对象类。

(5) 地理对象(地理事物),根据人类思维习惯,可以从层次和相应的父子继承关系出发,划分成若干地理对象类,例如,把一个完整的 GIS 划分成具有层次结构的 GIS 子系统和模块。

4. 面向对象的 GIS 设计成果

面向对象的 GIS 设计成果主要包括地理对象(类)图、用例图、活动图、序列图、系统分析设计报告。

5. 面向对象的 GIS 设计优点

面向对象的 GIS 设计具有与人类思维习惯一致、软件稳定性好、可重用性好、便于维护以及易于测试等优点。

2.2.2　面向对象设计方法

面向对象设计方法有多种,主要有面向对象建模技术(object-oriented modeling technique,OMT)和统一建模语言(unified modeling language,UML)。

1. OMT

OMT 采用对象模型、动态模型和功能模型等来描述一个系统。用这种方法进行系统分析与设计所建立的系统模型在后期用面向对象的开发工具实现"转换过程"是很自然的。

1) 对象模型

对象模型描述的是系统的对象结构,是三种模型中最重要的模型。对象模型通过描述系统中的对象、对象间的关系、标识类中对象的属性和操作来组织对象的静态结构,它描述了动态模型和功能模型中的数据结构,其操作对应于动态模型中的事件及功能模型中的功能。通常,对象模型用含有对象类的对象图[是对实体联系(entity-relationship,E-R)模型的扩充]来表示,这种表示方法有利于 GIS 设计者的通信交流和对系统结构进行文档化。

2) 动态模型

动态模型描述与时间和操作顺序有关的系统属性。动态模型是对象模型的一个对照，它表示与时间和变化有关的性质，描述对象的控制结构。动态建模的主要概念是事件，它表示外部触发，它的状态表示对象值。动态模型关心"控制"，"控制"是用来描述操作执行次序的系统属性。通常，动态模型用状态图来表示，一张状态图表示一个类的对象的状态和事件的正确次序。

3) 功能模型

功能模型描述了系统中所有的加工处理，它描述了由对象模型中的对象唤醒和由动态模型中的行为唤醒的功能。功能模型只考虑系统做什么，而不关心怎样做和何时做；它描述了一个加工处理的结果，而不考虑加工处理的次序。通常，功能模型的描述工具是数据流图，数据流图说明数据在系统内部的逻辑流向和逻辑变换过程。

OMT 是一种围绕着真实世界的概念，从三种不同的角度建立系统的面向对象模型的技术。OMT 主要有两个特点：一是使用领域专家或用户熟悉的概念和术语，因而有助于对问题的理解和与用户通信交流；二是对应用域的对象和计算机域中的对象使用一致的面向对象的概念和表示法来建模、设计和实现，不必在各阶段进行概念转换，因而方便了开发工作。

OMT 通过表 2.3 所示的步骤对应用域建模，并在系统设计阶段对模型增加实现细节。

表 2.3　OMT 建模步骤

步骤	内容	目标
系统分析	从问题陈述入手，与用户一起工作，以理解问题要求，主要包括对象建模、动态建模、功能建模等内容	简洁明确地抽象出目标系统必须做的事情，对真实世界建模
系统总体设计	系统总体设计是问题求解及建立解答的高级策略，其内容包括将系统分解为子系统的策略、子系统的软硬件配置、详细的设计框架等	决定系统的整体风格；使多个设计者能独立地进行子系统设计；确定需优化的性能，选择问题处理的策略和初步配置资源
系统详细设计	详细设计强调数据结构和实现类所需的算法。在分析模型的类中增加计算机化的数据结构和算法，并使用统一的面向对象的概念和符号表示法来表达	在分析的基础上，对设计模型加入一些实现上的考虑，将系统设计中的一些实现细节加入到设计模型中
软件编程	使用具体的程序设计语言、数据库或硬件来实现对象设计中的对象和关联	实现系统

2. UML

面向对象的分析与设计(object-oriented analysis and design，OOA&D)方法在 20 世纪 80 年代末至 90 年代中期出现了一个发展高潮，UML 是这个高潮的产物。Booch 是面向对象方法最早的倡导者之一，他提出了面向对象软件工程的概念,他于 1991 年建立 Booch93。而 Rumbaugh 等则提出了面向对象的建模技术方法，采用了面向对象的概念，并引入各种独立于语言的表示符，建立了 OMT-2，它特别适用于分析和描述以数据为中心的信息系统。同时，Jacobson 于 1994 年提出了 OOSE 方法，其最大特点是面向用例(use-case)，并在用例的描述中引入了外部角色的概念。

1994 年 10 月,Booch 和 Rumbaugh 开始致力于 UML 研究。它不仅统一了 Booch、Rumbaugh 和 Jacobson 的表示方法，而且对其做了进一步的发展，并最终成为大众所接受的标准建模语言，它是软件工程领域最重要的、具有划时代意义的成果之一。他们首先将 Booch93 和 OMT-

2 统一起来,并于 1995 年 10 月发布了第一个公开版本,称为统一方法 UM(unified method)0.8。1996 年,为了进行方法学领域的研究和标准化工作,成立了 OMG 工作组。1997 年 1 月,许多组织提交了关于方法学标准的提案以协助模型的转换,这些提案主要集中在元模型和表示方法方面。通过协调,UML1.1 在 1997 年底发布,并得到工业界的广泛支持,被 OMG 正式接纳为标准。

UML 是一个通用的标准建模语言,可以对任何具有静态结构和动态行为的系统进行建模,而且,UML 适用于系统开发过程中从需求规格描述到系统完成后测试的不同阶段。

在需求分析阶段,通过用例来捕获用户需求,并采用用例建模,来描述对系统感兴趣的外部角色及其对系统(用例)的功能要求。在系统分析阶段,主要关心问题域中的主要概念(如抽象、类和对象等)和机制,需要识别这些类以及它们相互间的关系,并用 UML 类图来描述。为实现用例,类之间需要协作,这可以用 UML 动态模型来描述。但是,在分析阶段,只对问题域的对象(现实世界的概念)建模,而不考虑定义软件系统中技术细节的类(如处理用户接口、数据库、通信和并行性等问题的类),这些技术细节将在设计阶段引入。在设计阶段为构造阶段提供更详细的规格说明。编程(构造)是一个独立的阶段,其任务是用面向对象编程语言将来自设计阶段的类转换成实际的代码。

但是,在用 UML 建立分析和设计模型时,应尽量避免考虑把模型转换成某种特定的编程语言。因为在早期阶段,模型仅仅是理解和分析系统结构的工具,过早考虑编码问题不利于建立简单正确的模型。

UML 模型还可作为测试阶段的依据。系统通常需要经过单元测试、集成测试、系统测试和验收测试。不同的测试小组使用不同的 UML 图作为测试依据。例如,单元测试使用类图和类规格说明;集成测试使用部件图和合作图;系统测试使用用例图来验证系统的行为;验收测试由用户进行,以验证系统测试的结果是否满足在分析阶段确定的需求。

采用 UML 模型进行系统的分析和设计具有以下优点:①在面向对象设计领域,存在数十种面向对象的建模语言,都是相互独立的,而 UML 可以消除一些潜在的不必要的差异,以免用户混淆;②通过统一语义和符号表示,能够稳定面向对象技术市场,使项目根植于一个成熟的标准建模语言,从而可以大大拓宽所研制与开发的软件系统的适用范围,并大大提高其灵活程度。

2.2.3　面向对象设计步骤

面向对象的 GIS 设计步骤主要包括:分析用户需求、(用模型)表达用户需求、分解系统、设计子系统和对象类实现方案,具体内容如下。

1) 分析用户需求

分析用户需求,即在功能上,明确系统要做什么;在性能上,确定系统开发的技术性指标,如响应时间、吞吐量、并发用户数和资源利用率等;在数据上,明确输入、输出数据的类型、格式、精度、数量和周期等内容;在可靠性上,确定系统的安全性、稳定性和容错能力等方面的要求。

2) 表达用户需求

一般是用模型来表达用户需求。确定对象,即从用户需求中明确系统设计涵盖的地理对象,其中地理对象是相对稳定的现实实体的抽象;对象归类,即把地理对象按类别聚合,赋予其共同的属性和操作,便于软件重用、维护、测试;建立起对象-关系模型,即描述不同地理对象类之间的关系(关联、依赖、泛化等)以建立对象-行为模型，明确地理对象类响应外部触发条件的方式。

3) 分解系统

将系统分解为业务功能子系统、人机交互子系统、任务管理子系统、数据管理子系统等。其中，业务功能子系统完成用户所需的业务功能，在业务功能过分庞杂时，可设置若干业务功能子系统；人机交互子系统负责系统人机交互细节、窗口报表形式、命令层次等；任务管理子系统负责协调系统中的不同任务，合理配置硬件与软件资源；数据管理子系统对数据存储、读写等进行管理。此外，还需要确定子系统之间的交互方式，即确定各个子系统之间是单向调用、相互调用或其他的交互方式。

4) 设计子系统和对象类实现方案

进行交互机制设计、接口规范设计等子系统接口设计；完成功能模块设计，包括业务功能模块划分、模块耦合设计，确定功能模块涉及的对象类，设计功能模块实现流程；确定对象类实现方案，即设计对象类的属性、方法，设计实现算法，确定数据结构等。

2.2.4　面向对象方法在系统设计开发中的应用

在对象建模技术方法学的支持下，采用 UML 能完成对象化软件可视模型的建立，并能自动生成多种用面向对象语言实现的代码。这样可以提高整体开发效率，同时还可以支持项目的协同开发，有利于保障软件系统的质量和可靠性。而且，大型软件系统开发工作量大、人员多、周期长，即使采用了面向对象的开发方法，如果没有自动化工具提供支持，开发队伍的效率依然很低，极易造成延期。如果采用软件自动化管理工具，就可以提供一整套针对大型开发队伍的自动化手段，使开发小组能按照面向对象方法顺畅地完成项目开发，既提高了效率又保证了质量。下面以美国 Cayenne 公司的对象建模工具 ObjectTeam 为例，阐述使用面向对象方法进行系统分析、设计开发的策略。

(1) 采用面向对象方法，开发人员容易过早地进入细节设计，因而也常常需要返工，造成浪费。通过明确划分软件开发生命周期的各个阶段(用户可定制生命周期的阶段，通常可划分为系统分析、系统设计、对象设计和编码实现四个阶段)，并采用统一的标号和法则简化各阶段内部的活动，从而可以把返工量减至最少，保证开发过程真正符合面向对象的规律，使得每一阶段都是基于前一阶段的开发成果迭代完成的。

(2) 在大型软件系统的开发中，由于对象模型的数目众多且关系复杂，开发组成员难以对系统有共同的理解。一种解决方法是在具体的对象模型之上建立抽象信息层，将相关联的类分成容易理解的几个组，形成有逻辑关系的多个子系统，便于项目组成员协同有序地完成开发。

(3) 系统内部各子系统间的信息交换以及与系统外部的信息交互量都十分巨大，为了清晰地定义和管理这些复杂的交互信息，可以用文档、类通信图及 use case 图来定义系统边界和建模。随着应用软件中对象数目和复杂度的增加，对象间的消息传递也变得难以理解和掌握了。通过采用消息综合的抽象技术，把传递的消息分层定义，通过简化细节，可以得到容易理解的高层次消息综合图。

利用 ObjectTeam 进行系统的分析设计，可以建立多用户中央信息库，使项目组成员既可以随时浏览相关人员的最新数据资料及设计思路，在项目资料的完整性和安全性的保障下，安全地添加、删改自己负责的设计，又可利用强大的配置管理能力保证软件项目开发能够正确有序地进行。同时，利用 ObjectTeam 能够对整个项目乃至具体的某个对象进行全面版本控制，可以任选不同的版本组合成新的软件配置,这就提高了开发人员间信息交流的效率和质量。在面向对象的设计开发中,通过自动检查机制和文档自动化的使用,软件人员可以只专注于系统开发。如 ObjectTeam 的自动文档功能,能够产生符合上百种标准的软件文档,用户也可以定制自己的文档格式,自动产生反映最新项目信息的全套软件文档。

第三节　原　型　法

2.3.1　概述

在早期的信息系统开发中,信息系统的规模有限,用户对这些系统的工作方式大都比较了解。因此,可以在开发初期就对系统的功能进行解剖、分析、深入了解,进而设计出满足用户要求的系统来,而且,这些系统一经完成,往往不会产生很大的变动。因此多采用结构化生命周期法进行系统开发。但是,随着计算机工业的飞速发展,软件开发规模不断膨胀,出现了许多新的情况和新的要求,集中表现在以下四个方面。

1) 微型计算机日益普及

以前,只有实力雄厚的大公司才能够买得起计算机,付得起信息系统开发维护的费用,而现在,绝大多数公司,甚至个人都有能力购买计算机。同时,软件费用在整个信息系统开发费用中的比例迅速上升,已大大超过硬件的价格。采用传统的开发方法,耗时多、人员广、费用大,因而给开发工作带来了很大困难。

2) 应用需求变化加快

在全球化的今天,企业间竞争日益激烈,企业的发展战略不断调整,企业的规模也在不断变化,很多公司的结构向着小型、灵活的方向发展。不断地缩短开发周期、提高质量,是对信息系统开发提出的更高要求。

3) 社会化 GIS 的发展趋势

GIS 在信息化建设过程中发挥着重要作用,面向社会大众的 GIS 更呈现出丰富多彩的形式和动态性,这些众多的并且变化着的 GIS 应用需求不可能在最初就确定下来。如果采用结构化生命周期法,手续太繁杂、周期太长、费用太高,可能无法完成,即使经过努力得以完成,系统的建成之日也可能是它的淘汰之时。

4) 螺旋型模型被要求

用户的需求多变被认为是预先定义方法(如结构化生命周期法)实施中的最大困难,因为它把用户需求在早期就加以冻结。而原型化方法则相反,它认为需求的反复和多变是一种正常现象,是不可避免的,应该鼓励用户对需求提出更多、更高的要求。原型法使未来的系统提供的信息真正满足管理和决策的需要,而快速修改工具是实现上述要求的技术保证。

软件危机引发了原型法系统设计方法;用户需求在不断变化,难以在系统研发之初完全确定,同时已有软件可满足部分用户需求,可用来快速构建与用户交流的原型,从而催生了原型法。

原型法的工作方法:开发人员在初步了解用户需求的基础上构造一个应用系统模型,即原型,用户和开发人员在此基础上共同反复探讨和完善原型,直到用户满意为止。

以结构化生命周期法为代表的预先定义式系统开发方法和原型化开发方法,它们虽然在指导思想和具体做法上均有很大不同,但它们并不相互排斥,在实践中它们是可以相互补充的。例如,可以把应用原型法作为预先定义方法的一种需求定义的策略,用来弥补预先定义方法在需求定义阶段存在的或会产生的缺陷，一旦需求完全清楚，就有可能完全采用严格的结构化方法。

2.3.2　原型法的步骤

原型法设计包括四个步骤：明确用户的基本需求、开发系统初始原型、利用原型提炼用户需求、修正和改进原型(图 2.3)。

1) 明确用户的基本需求

用户基本需求的确定，即提出系统应该具备的一些基本功能，包括用户界面的基本形式；确定系统的规模及基本框架；估算开发原型的成本。

2) 开发系统初始原型

系统初始原型的开发，需要使用可视化开发工具和高级语言建立初始原型；初始原型仅反映用户的基本需求，并不要求完善。其目的是快速建立一个满足用户基本需求的交互式系统，为能够按照用户的要求作进一步修改打下基础。

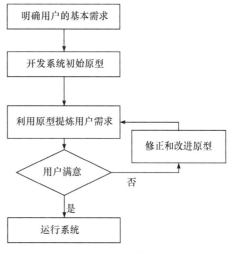

图 2.3　原型法流程图

3) 利用原型提炼用户需求

基于原型对用户需求的提炼，即基于开发人员和用户就系统设计进行对话的桥梁——初始原型，通过用户亲自使用初始原型，从而提出改进需求。

4) 修正和改进原型

对原型的修正和改进，即开发人员根据用户提出的改进需求，对原型系统进行修改和完善，这是一个迭代的过程。如果用户满意，则修改完善的原型成为一个运行系统；如果用户不满意，则进一步修改原型，直至用户满意为止。

2.3.3　原型构造方法类型

原型从本质上可分为两种类型：丢弃型原型和进化型原型。从应用目的和场合出发又可分为三种类型：研究型原型、试验型原型和进化型原型。其中，研究型原型和试验型原型被认为是丢弃型，因为当真正的系统实现后，这些原型就会被丢弃；在进化型原型中，原型将进化成最终产品，实际上，原型已变成了最终系统。这些原型的开发方法中都使用了现代化软件工具来快速建立原型系统。

原型构造方法相应地分为研究型原型构造方法、试验型原型构造方法、进化型原型构造方法等，三者的比较如表 2.4 所示。

表 2.4　三种原型构造方法的比较

方法	研究型原型构造方法	试验型原型构造方法	进化型原型构造方法
原理	通过实际演示，促进用户对系统功能的理解，并激发用户的创造性	计算机解决用户问题的方法通过试验评审；其细节取决于试验的本质和所选择试验的策略	采用近似问题解表达系统，使初始原型成为进化型原型的核心
特点	开发人员不能把精力集中在解决某一特定的方案上，而要和用户一起研究各种方案的长处	本质上是最终系统的一种强化描述工具，来补充用户需求；是介于描述和实现的一个中间阶段	按照基本需求开发出一个系统，使用户先使用起来，随时有问题随时修改

方法	研究型原型构造方法	试验型原型构造方法	进化型原型构造方法
适用范围	适用于没有任何常规需求分析能满意地识别和确认用户真正需求的情况，常用于需求定义和功能分析阶段	适用于系统开发的各阶段；还可用于决定所建议系统性能的可行性，以及当资源受到限制时给定问题解决方案的灵活性	适用于系统运行环境不断变化导致用户需求也不断变化的情况

其中，研究型原型构造方法，总的来讲，没有什么规范的形式，关于如何进行也没有严格的规律。正是这种不定性，使这种方法更具有创造力。尽管研究型原型构造是非正规化的过程，但是开发人员应该意识到用户对开发系统的期望将受到原型的影响。

试验型原型构造方法又分成几种不同的类型：①人机交互界面仿真原型。向用户提供所设想的用户界面，这种原型常常能以窗口、对话框和菜单等形式出现在最终的系统中。在这种仿真类型中，用户看到的是和真实系统相似的系统，在原型背后可能根本没有真正的数据，而只是对输入作一些验证。②轮廓仿真原型。它试图去建立最终系统的总体结构，是基于一些基本的系统功能之上的，目标是设计出整个系统。但要该原型实现的仅仅是缩小的功能范围，用于测试最终系统的特性，测试一种规定的算法是否在给定应用系统中有满意解，以及这种算法是否使用了所设想的资源量。③全局功能仿真原型。它建立在含有最终系统所有功能的原型系统基础上，常常采用可视化编程语言构造功能上的原型。在构造这种原型时，寻求的是实现和修改过程中的方便性，而不是最终系统所需要的效率。

进化型原型构造方法可以分为以下两种系统开发形式：①递增式系统开发。它用于解决需要集成的复杂系统的设计问题。根据这种思想，递增式原型的开发过程分为总体设计和反复进行的功能模块实现两个阶段。前一阶段提出系统总体框架，也就是说，确定系统应该完成什么功能，分为几个部分，各部分又有几个模块等内容；在后一阶段一个一个地完善这些模块，从而实现整个系统。②进化式系统开发。它的过程把系统开发看作一种周期过程，从设计到实现，再到评估，反复进行，是一个螺旋上升的过程。系统的开发人员和用户都必须不断学习，使自己对系统的认识不断加深，完成系统的开发。但是，由于它没有经过完备的开发和检测，转换的关键问题没有很好的参考资料，项目使用这种方法有不能完成的风险。

第四节　结构化生命周期法

2.4.1　概述

20 世纪 60～70 年代，由于软件项目变得日益庞大，开发和维护也愈发困难。美国一些大型飞机制造公司(如波音公司和麦克唐纳公司等)为解决这一问题均采用了结构化生命周期设计方法，这是工程化方法在商用系统开发过程中的早期应用之一。结构化生命周期设计方法要求设计过程必须严格地按阶段进行，只有前一阶段完成之后，才能开始下一阶段的工作；同时，它要求在系统建立之前就必须严格地定义和描述用户的需求，其特点如表 2.5 所示。

表 2.5　结构化生命周期法的特点及其作用

特点	具体内容	作用
根据需求设计系统	要求在未明确用户需求之前，不得进行下一阶段的工作	保证工作质量和以后各阶段开发的正确性，使系统开发减少盲目性
严格按阶段进行	对生命周期的各个阶段严格划分，每个阶段有其明确的任务和目标	便于计划管理和控制，前阶段工作成果是后阶段工作的依据，基础扎实，不易返工
文档标准化和规范化	要求文档采用标准化、规范化、确定的格式和术语以及图形、图表	保证通信内容的正确理解，使系统开发人员与户有共同的语言
分解和综合	将系统划分为相互联系又相对独立的子系统直至模块	分解，使复杂的系统简单化，便于设计和实施；综合，可以体现系统的总体功能
强调阶段成果审定和检验	阶段成果需得到用户、管理人员和专家认可	明确各阶段的工作内容和步骤，消除系统开发中的隐患

2.4.2　结构化生命周期法步骤

　　结构化生命周期法的基本思想是将系统开发看作工程项目，有计划、有步骤地进行工作。它认为虽然各种业务信息系统处理的具体内容不同，但所有系统开发过程都可以划分为六个主要阶段(图 2.4)。

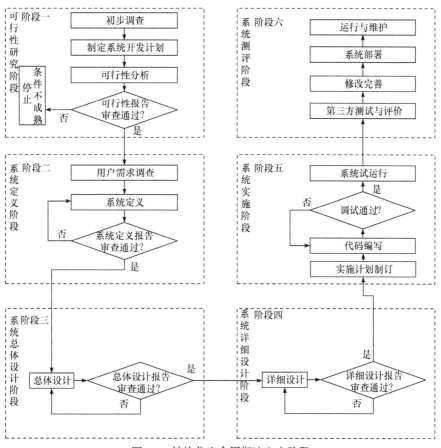

图 2.4　结构化生命周期法六大阶段

1) 可行性研究阶段

可行性研究的目标是明确系统需要解决的问题，并分析在成本和时间的限制条件下问题解决的可行性。其主要任务是了解现行系统界限、组织分工、业务流程、资源及薄弱环节等；分析技术、经济支撑的可行性；分析人员条件保障与按时完成的可行性。最终成果是"GIS 可行性研究报告"。

2) 系统定义阶段

系统定义的目标是构造新系统的逻辑模型，解决"如何做出新系统"的问题。主要任务是调查用户需求、确定系统的建设目标、描述系统信息域模型和功能需求。最终成果是"GIS 定义报告"，即"GIS 需求分析报告"。

3) 系统总体设计阶段

系统总体设计的目标是将新系统的逻辑模型转换为系统的数据结构、软件体系结构。其主要任务是：数据设计，即把系统分析阶段所建立的信息域模型变成软件实现中所需的数据结构；体系结构设计，即把系统的功能需求转变成软件结构，形成软件的模块结构图，并设计模块之间的接口关系。总体设计阶段的最终成果是"GIS 总体设计报告"。

4) 系统详细设计阶段

系统详细设计的目标是确定怎样具体地实施系统。其主要任务是为每个功能模块选定算法，绘制程序流程图、确定模块的数据组织、确定模块的接口和模块之间的调用关系。系统详细设计阶段的最终成果是"GIS 详细设计报告"。

5) 系统实施阶段

系统实施的目标是将系统设计阶段所完成的逻辑模型付诸实施。其主要任务是根据算法编写程序代码，程序调试与软件集成，编制操作、使用手册。系统实施阶段的最终成果是软件系统和"用户使用手册"。

6) 系统测评阶段

系统测评的目标是测试软件功能与性能，评价系统技术经济指标。其主要任务是对系统运行环境、体系结构、功能指标和综合性能指标进行测试；对系统按照技术、经济效益、社会效益进行评价，考察是否实现预期的效果和要求。系统测评阶段的主要成果是"软件测试报告"和"系统评价报告"。

通过以上各阶段工作，新系统代替老系统进入正常运行。但是系统的环境是不断变化的，要使系统能适应环境且具有生命力，必须经常进行小量的维护评价活动。当系统运行至一定的时间，再次不适应系统的总目标时，用户又提出新系统的开发要求，于是另一个新系统的生命周期开始了。

2.4.3 结构化生命周期法类型

结构化生命周期法可以分为自上向下和自下向上两种方法。自上向下方法，即系统需求或目标来自顶层，自上而下传导下去；自下向上方法，即先实现初级功能，然后自下而上实现总体目标。两种方法的比较见表 2.6。

表 2.6 结构化生命周期法类型比较

类型	自上向下方法	自下向上方法
基本原理	与高层管理和业务流程相结合。系统需求或目标来自顶层,自上而下传导下去	由最终用户驱动,先实现初级功能。然后自下向上,逐步增加计划、控制、决策等功能,自下而上地实现系统总目标
阶段划分	首先定义需求,其次是总体设计,然后是详细设计;GIS 实现包括代码编写、调试、测评、运行和维护	阶段划分不明确;开发前,应大体考虑子系统的划分及相互关系,在各项任务进行时经常协商或统一意见
优点	各项任务之间具有良好的配合和衔接关系,子系统和模块方便集成,易于维护	用户是系统的积极参加者,强调用户工作流程,以完成特定功能,为用户服务;用户在开发过程中可标识变化,并看到哪些变化被系统采纳
缺点	对过程而非目标的过分强调易误导项目;开发规模过大,导致各项任务的地位和作用考虑不周全	各子系统难以进行一体化集成,各项任务配合不够,数据重复收集甚至矛盾,代码自成体系,导致系统整体性差

第五节　GIS 基本设计方法比较与选择

2.5.1　基本设计方法比较

下面分别对面向对象设计方法、原型法和结构化生命周期法三种 GIS 基本设计方法进行比较,如表 2.7 所示。

表 2.7 三种 GIS 基本设计方法的比较

比较项目	面向对象设计方法	原型法	结构化生命周期法
开发思想	将客观世界看作由相互联系的地理实体(对象)组成,以对象为单元进行设计开发	借助原型(它反映了最终系统的部分重要特性)来辅助软件开发	划分六个阶段,并规定它们自上而下、相互衔接的固定次序
开发模式	非整体开发模式,分析阶段由底向上提取对象,实现阶段自顶向下建立对象	非整体开发模式。推迟某些阶段的细节工作,从而较早产生工作软件	整体开发模式。下一阶段开始前完成上一阶段所有细节
驱动机制	对象驱动	需求驱动	过程驱动
适用性	数据结构复杂、事物联系密切的软件开发	需求不明确、设计方案有一定风险的小型软件开发	功能和性能明确完整,无重大变化的软件开发
优点	与人类思维方法一致,便于描述客观世界;开发的软件性能稳定,易于重用	具有一定的灵活性和可修改性,增进了开发人员和用户对系统需求的理解	是一种较为成熟和完善的管理模式,层次性强,整体性好
缺点	地理对象间的消息传递不能完整体现系统总体功能,系统结构性较差	整体性差;由于不断地对原型进行修改完善,工作的重复率高,工作量大	缺乏灵活性,难以修改和维护;模块重用性差;开发周期长

面向对象技术将客观世界(即问题论域)看作由一些相互联系的事物(即对象)组成,每个对象都有自己的运动规律和内部状态,对象间的相互作用和相互联系构成了完整的客观世界,问题的解由对象间的通信来描述。面向对象设计方法包括分析阶段、高层设计、类的开发、实例的建立、组装测试几个阶段。

原型法的主要思想是借助原型(即所开发软件的一个早期可运行版本,它反映了最终系统的部分重要特性)来辅助软件开发。在开发初期,开发人员根据自己对用户需求的理解,利用开发工具快速构造出原型软件,用户及开发人员通过对原型软件的试运行、评价、修正和改进,逐步明确对软件的功能需求以进行正式开发或者直接把原型扩充成最终产品。这种开发方法的优点是增进了开发人员和用户对系统功能需求的理解,为用户提供了一种有力的学习手段,能有效地保证最终产品的质量,尤其是可以大大提高用户的接受性。但是,采用原型法进行软件开发,软件原型是否具有代表性直接影响软件开发的成功与否。

结构化生命周期法规定了软件开发过程中的各项工程活动,一般包括可行性研究、系统定义、系统总体设计、系统详细设计、系统实施及系统测评六项活动,并规定了它们自上而下、相互衔接的固定次序,前一阶段的成果是后一阶段工作开展的基础。这种开发方法为软件开发提供了一个较为成熟和完善的管理模式,而且直观易学。其最大的不足是缺乏灵活性,尤其是在软件需求不明确或不准确的情况下,问题更为突出;另外,还有修改困难、难以维护和软件模块重用性差等缺点。

2.5.2 GIS 设计方法的选择

在进行 GIS 软件设计时,需选择合适的设计方法进行软件设计。根据对几种基本设计方法的比较可以知道,结构化生命周期法具有较为成熟和完善、整体性好等特点,是较为常用的 GIS 软件设计方法,但是结构化生命周期法缺乏灵活性、开发周期长,且对系统需求要求较高,而在实际的 GIS 设计过程中,系统的需求是在系统设计过程中逐步明确的,因此,采用结构化生命周期法进行 GIS 设计开发往往会出现重复性劳动、开发周期长、用户的接受度低等问题。

为了解决系统需求不确定性问题,原型法开始逐渐被应用于 GIS 设计,用来确定系统的需求。然而,采用原型法进行 GIS 设计也有其不足,就是系统的整体性差、重复劳动多。因此,在实际的系统开发过程中,原型法常用于小型 GIS 软件设计,而在大型 GIS 软件设计中,采用原型法与其他软件设计方法相结合来进行软件设计,其中,原型法主要用来确定系统的需求。通常,采用原型法进行软件设计有两种方式:一种是抛弃型原型法,通过设计原型确定系统需求,抛弃原型,从头开始系统的设计开发;另一种则是设计原型来验证需求,在此基础上根据用户意见对原型进行修改,将原型逐步完善成为成熟系统。

面向对象技术发展起来后,考虑到 GIS 所处理的空间数据是现实世界实体的反映,采用面向对象技术进行实体的表达和系统的开发,与人类思维方法一致,便于描述客观世界,开发的软件性能稳定、易于重用和维护。因此,面向对象设计方法在 GIS 设计中具有很大的优势,但是面向对象设计方法目前在 GIS 领域中的应用仍不成熟,也不完善。

综上,考虑到 GIS 应用的特点以及 GIS 应用的多样化,想要找到一种适用于所有 GIS 软件开发的设计方法几乎是不可能的,进行 GIS 设计方法的选择需要考虑多方面的因素,包括系统规模、系统应用类型、系统需求明确程度等。小型 GIS 软件设计常采用原型法进行开发;而大型 GIS 软件设计多采用结构化生命周期法或者面向对象方法进行开发;考虑到 GIS 设计需求的不确定性,通常也在需求分析阶段应用原型法来确认用户需求。

思 考 题

1. GIS 作为一种特殊的软件,其设计过程有哪些区别于其他软件设计的独有特点?

2. 作为 GIS 设计基础的 GIS 工程学的主要任务、理论基础和内容分别是什么。

3. 根据 GIS 工程学思想开展的 GIS 设计，其基本原则和工作内容分别是什么。

4. 面向对象的 GIS 设计有哪些优点？

5. 原型法包括哪几个步骤？

6. 结构化生命周期法包括哪几个步骤？

7. 结构化生命周期法全过程有几项成果？

8. 试比较自上向下和自下向上两种结构化生命周期法。

9. 试从设计重心、数据库建设和设计方法等三个方面，比较 GIS 设计与一般信息系统设计的区别。

10. 如何将所学知识应用于 GIS 设计？

第三章　系统定义

"过程"是把输入转化为输出的一组彼此相关的资源和活动。在软件工程中，软件过程是为了获得高质量软件所需要完成的一系列任务的框架，它规定了完成各项任务的工作步骤。软件过程可以分为软件定义、软件设计和软件维护三个时期，每个时期又可进一步划分为若干个阶段。从 GIS 的特点来看，GIS 设计具有一般软件过程所具有的共性，又存在其自身的特殊性。GIS 由网络、硬件、软件、地理数据库、地理模型库和人员构成，GIS 设计中与"软件定义"对应的阶段为系统定义。

第一节　系统定义的任务

系统定义阶段必须明确"系统要解决的问题是什么"，也就是明确系统建设的目标与任务。具体包括：系统在功能上需要满足什么样的需求，在性能上需要达到什么样的指标，在系统研发时需要什么样的资源，以及在数据上需要满足什么样的要求。

因此，系统定义的基本任务如下。

(1) 功能需求分析：明确所开发的 GIS 软件必须具备什么样的功能。

(2) 性能需求分析：明确待开发的 GIS 软件的技术性能指标。

(3) 数据需求分析：明确系统所需的数据及其获取方式。

(4) 可行性分析：分析系统研发的可行性，包括技术、经济、人力和时间等资源。

(5) 撰写 GIS 系统定义报告。

第二节　系统需求调查

为了开发出用户满意的 GIS 产品，必须首先调查用户的需求，制定 GIS 开发目标。了解和明确用户需求的具体方式有多种，包括访谈交流、会议讨论和软件原型(表 3.1)。

表 3.1　用户需求调查方式

比较项目	访谈交流	会议讨论	软件原型
工作方法	系统分析员提出问题请用户答复，以了解用户需求	提前思考系统需求，在双方出席的会议上进行讨论	快速建立软件原型，通过该原型进行沟通
优点	简单、便捷，较常用的需求调查方法	使用简单，系统整体性把握较好	便于用户与开发者的沟通，需求分析准确、有效
缺点	准备工作复杂	后期整理工作较烦琐，需要反复讨论才能确定需求	需要建立软件原型，工作量相对较大

3.2.1　系统背景分析

系统背景分析首先应确定系统的用户类型，在此基础上才可以进一步开展调查、分析确定用户需求。根据 GIS 设计的特点,系统背景分析应从以下几方面着手。

1) 用户类型分析

GIS 的不同用户类型对 GIS 有不同的要求,应用情况也各异。判断用户类型是进行系统建设目标和任务分析的关键。通常,GIS 用户可以分为以下几种:①具有明确而固定业务的用户。他们希望用 GIS 来实现现有业务的现代化,改善数据收集、管理、统计、分析、表达方法,提高工作效率,如测量调查和制图部门。②部分业务明确、固定,但有大量业务有待开拓与发展,因而需要建立 GIS 来开拓他们的业务,如行政或生产管理部门,也包括进行系列专题调查的单位。③业务完全不定的用户,如高校或研究所等,他们以 GIS 作为教学科研的工具或用于研发新的 GIS 技术。

2) 现行系统调查分析

进行 GIS 建设的目的之一是解决现行系统存在的问题和提高工作的效率。通过对现行系统的运行状况、运行环境、使用范围、业务功能、数据来源及处理方式、人员配置、设备装置和费用开支等各方面的调查研究,梳理现行系统在业务功能、运行维护、应用成效、费用开支等方面存在的主要问题和薄弱环节,作为待建 GIS 的突破口。

3) 系统服务对象分析

系统的服务对象不同,其建设目标也不相同。以国土空间规划信息系统为例,如果服务对象是政府领导层,则系统的目标是可以进行专题统计分析、监测预警、决策支持等;而如果服务对象是业务办理人员,则系统的目标是建设项目用地审批、国土综合整治项目管理等;如果服务对象是科研人员,则系统的目标是进行空间分析、评价和建模,如国土空间评价、国土空间格局优化等。

4) 用户研究领域现状调查

根据用户研究的方向、深度以及用户希望 GIS 解决哪些实际应用问题,可以确定 GIS 设计的目的、应用范围和应用深度,为系统总体设计中的系统功能模块设计和应用模型设计提供科学、合理的依据。例如,国土空间规划信息系统的系统功能和模型设计,既要参考用户当前采用的国土空间规划的核心业务和技术方法,又要兼顾用户特殊的和潜在的应用需求。

3.2.2 系统功能与性能需求分析

1. 系统功能分析

系统功能分析是系统分析人员根据用户需求调查结果梳理系统功能,即对所有可能的输入数据,应完成哪些处理操作,产生什么样的输出结果。在系统功能分析过程中,系统分析人员主要关注"做什么",而不是"怎么做"。系统功能分析主要内容包括:

(1) 系统处理什么数据?明确输入数据类型、数据格式、数据来源和更新频率等内容。

(2) 系统完成哪些处理操作?根据用户业务办理流程,区分可以在系统中实现的功能和应该在系统之外完成的工作,确定系统需要完成的处理操作。

(3) 系统产生什么输出结果?明确系统输出的结果类型以及输出方式。输出方式可以是存储到数据文件/地理数据库中,也可以是通过打印机、绘图仪输出,还可以是在显示器等介质上可视化显示。

2. 系统性能分析

(1) 系统安全性高。系统应能安全、稳定运行,具有可靠的用户权限管理功能。系统应具有数据保密、数据备份与恢复机制，以确保地理数据的安全。

(2) 数据处理精度高。系统为业务数据设置合理的值域，对不合理的输入数据给出提示。同时，功能模块中所用到的模型算法的精度应符合应用需求，以保证结果的准确性。

(3) 系统运行效率高。系统需要具有较高的运行效率，能快速地响应处理请求。在进行数据处理时，不会对系统资源产生过度消耗。

(4) 系统兼容性强。系统能够兼容操作系统和 GIS 平台的不同版本，能够支持多人同时在线操作和访问，具有一定的容错和纠错功能。

第三节　系统定义工具

3.3.1　结构化系统定义工具

在进行系统需求调查的基础上，通过对调查结果的分析，需要利用统一的表达方法和表达工具对系统需求进行分析和表达，作为 GIS 设计的基础。进行系统分析的方法很多，包括结构化分析方法、面向对象分析方法等。不同的系统分析方法所采用的分析工具有很大的差异，所得到的系统功能划分、结构体系以及数据模型等成果的表达方式也有很大不同。本节将介绍结构化系统定义工具。

因为软件总是对数据进行加工，所以可以用数据流方法来分析任意一种应用问题。GIS 结构化系统定义的常用工具包括数据流图(data flow diagram，DFD)、数据字典(data dictionary，DD)以及对数据流进行描述的加工逻辑说明。GIS 软件通过一套分层次(由综合到具体)的 GIS 数据流图，辅以 GIS 数据字典、加工逻辑说明来描述。

1. GIS 数据流图

GIS 数据流图是 GIS 软件逻辑模型的一种图形表示，它从数据传递和加工角度表达系统的逻辑功能、数据在系统内部的逻辑流向和逻辑变换过程。

1) 数据流图的基本成分

如表 3.2 所示，GIS 数据流图的基本成分包括加工、外部实体、数据流和数据文件。

表 3.2　GIS 数据流图的基本成分

名称	图形	备注
加工	⬭	输入数据在此进行变换产生输出数据，要注明加工的名称
外部实体	▭	数据输入的源点或数据输出的汇点(如数据输入人员、外部系统等)，要注明源点和汇点的名称
数据流	→	被加工的数据与流向，应给出数据流名称，可用名词或动名词命名
数据文件	⤴ 或 标识|名字	数据保存的地方，用来存储数据，可用名词或名词短语命名

2) 分层的 GIS 数据流图

对于大型的 GIS 软件系统，如果只用一张数据流图表示所有的数据流、处理和数据存储，那么这张图将十分复杂、庞大，而且难以理解。分层的数据流图起到了对信息进行抽象和封装的作用，可以很好地解决这个问题。由于高层次的数据流图不体现低层次的数据流图的细节，因此可暂时掩盖低层次数据处理的功能和它们之间的关系。

按分层的思想，可以将 GIS 数据流图划分为顶层数据流图、中间层数据流图、底层数据流图三种。顶层数据流图的结构简单，它描述了整个系统的作用范围，对系统的总体功能、输入和输出进行了抽象，反映了 GIS 软件和环境的关系。中间层数据流图是通过细化和加工高层数据流图得到的。层次较高的数据流图经过进一步分解得到层次较低的数据流图，一张中间层数据流图具有几个可分解的加工，就存在几张对应的低层次的数据流图(图 3.1)。高层数据流图是相对应的低层数据流图的抽象表示，而低层数据流图表现了它相应的有关数据处理的细节。

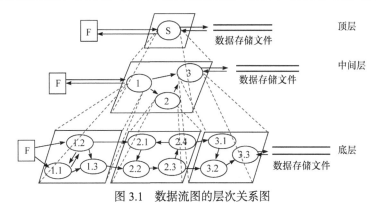

图 3.1 数据流图的层次关系图

F：外部实体；S：系统；1、2、3：子系统；1.1、1.2、…：模块

3) 如何绘制 GIS 数据流图

绘制 GIS 数据流图的基本步骤概括地讲就是自外向内、自上向下、逐层细化、逐步求精。其绘制步骤如下。

(1) 确定系统的主体任务，绘制系统层次图。系统层次图的作用在于梳理待开发系统的主体架构，明确系统主体任务。国土空间规划信息系统层次图见图 3.2。

(2) 对主要业务系统进行分解，直到最小的功能模块。该环节是采用结构化分析方法进行系统分析的主要环节，体现"逐层细化"的策略，通过化整为零将复杂的系统简单化，便于理清关系和系统实现，例如，主体业务之一的"国土空间评价"可分为四项子业务(图 3.3)。

(3) 详细调查各功能模块，绘制每个功能模块的业务处理流程图。

一是画系统的输入输出，即先画顶层数据流图。顶层数据流图只包含一个加工，用以表示被开发的系统，然后考虑该系统有哪些输入数据流、输出数据流(图 3.4)。顶层数据流图的作用在于表明被开发系统的范围以及它和外部环境的数据交换关系。

二是画系统内部，即画下层数据流图。不再分解的加工称为基本加工。一般将层号从 1 开始编号，采用自上向下，由外向内的原则。画第 1 层数据流图时，分解顶层流图的系统为若干子系统，决定每个子系统间的数据接口和活动关系。例如，在国土空间规划信息系统中，按功能可分成十部分：规划"一张图"管理、国土空间评价、规划控制线划定、规划辅助编制、规划实施管理、规划监测预警、规划动态评估、综合统计分析、国土空间分析、规划公众参与；十部分之间通过业务数据库存储和空间数据库存储联系起来，图 3.5 为国土空间规划信息系统第 1 层数据流图。

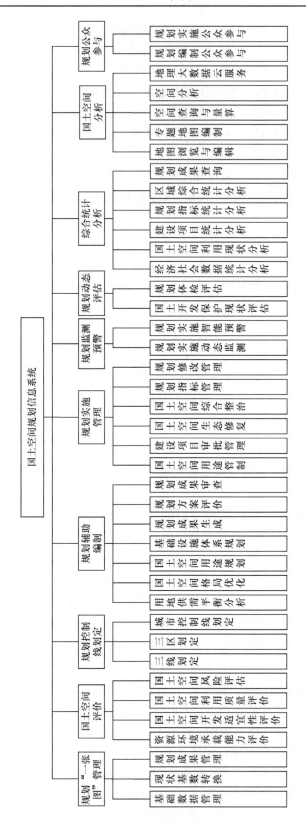

图3.2　国土空间规划信息系统层次图

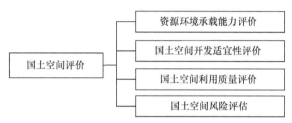

图 3.3 国土空间评价业务划分

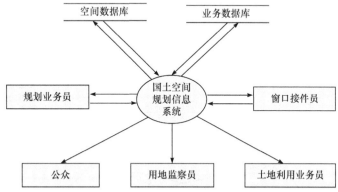

图 3.4 国土空间规划信息系统顶层数据流图

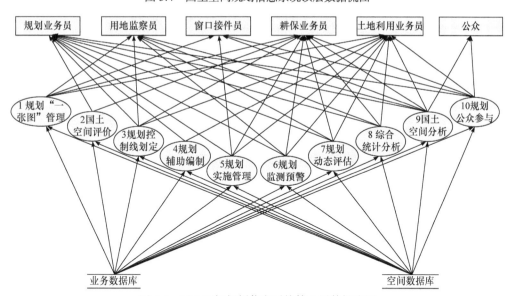

图 3.5 国土空间规划信息系统第 1 层数据流图

(4) 注意事项。

命名。不论数据流、数据存储还是加工，合适的命名使人们易于理解其含义。

画数据流而不是控制流。数据流反映系统"做什么"，不反映"如何做"，因此箭头上的数据流名称只能是名词或名词短语，整个图中不反映加工的执行顺序。

每个加工至少有一个输入数据流和一个输出数据流，反映加工数据的来源与加工的结果。

编号。如果一张数据流图中的某个加工被分解成另一张数据流图，则上层图为父图，直接下层图为子图。子图及其所有的加工都应编号(图 3.6)。

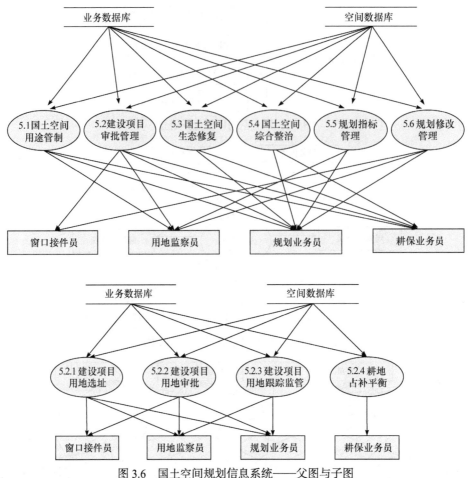

图 3.6　国土空间规划信息系统——父图与子图

父图与子图的平衡。子图的输入输出数据流同父图相应加工的输入输出数据流必须一致，此即父图与子图的平衡。

局部数据存储。如果某层数据流图中的数据存储不是父图中相应加工的外部接口，而只是本图中某些加工之间的数据接口，则称这些数据存储为局部数据存储。

提高数据流图的易读性。注意合理分解，要把一个加工分解成几个功能相对独立的子加工，这样可以减少加工之间输入、输出数据流的数目，增加数据流图的可理解性。

2. GIS 数据字典

数据字典是指对数据的数据项、数据结构、数据流、数据存储、处理逻辑等进行定义和描述，其目的是对数据流图中的各个元素做出详细的说明。简而言之，数据字典是描述数据的信息集合，是对系统中使用的所有数据元素的定义的集合。它是数据流图中所有要素严格定义的场所，这些要素包括数据流、数据流的组成、文件、加工说明及其他应进入字典的一切数据，每个要素对应数据字典中的一个条目。因此，GIS 数据字典中所有的定义必须是严密的、精确的，不可有半点含糊，不可有二义性。

在数据字典中建立严格一致的定义有助于增进分析员和用户之间的交流，从而避免许多误解的发生。数据字典也有助于增进不同开发人员或不同开发小组之间的交流。同样，将数据流图和对数据流图中的每个要素的精确定义放在一起，就构成了系统的、完整的系统规格说明。数据字典和数据流图一起构成信息系统的软件逻辑模型。没有数据字典,数据流图就不严格;没有数据流图,数据字典也没有作用。

GIS 数据字典的主要内容包括数据流图中要素的词条名称(含别名或编号)、描述(定义)、位置、内容、注释等。表 3.3 列出 GIS 数据字典中四个不同词条应给出的内容。

表 3.3　GIS 数据字典中四种词条的定义及其内容

词条名称	描述	内容	注释
数据流	GIS 数据结构在系统内传播的途径	数据流名;说明;数据流来源;数据流去向;数据流组成;每个数据流的流通量	"说明"用来简要介绍数据流产生的原因和结果;"数据流组成"用于介绍数据结构
数据要素	构成数据流图的数据结构,是数据处理的最小单位	数据要素名;类型;长度;取值范围;相关的数据要素及数据结构	"类型"可以分为数字(离散值、连续值),文字(编码类型)等
数据文件	保存数据结构	数据文件名;简述;输入数据;输出数据;数据文件组成;存储方式;存取频率	"简述"介绍文件中存放的是什么数据;"存储方式"包括顺序、随机、索引等几种
加工逻辑	描述数据处理的逻辑功能	加工名;加工编号;简要描述;输入数据流;输出数据流;加工逻辑	"加工编号"反映该加工的层次;"简要描述"是对加工逻辑及功能的简述;"加工逻辑"介绍加工程序和加工顺序

以"4.1.3 建设项目用地跟踪监管"为例对数据字典进行案例解释。其中,"数据流"词条以"实际用地范围"为例对其进行含义说明、数据流来源、数据流去向及组成的说明(表 3.4);"数据要素"词条以"项目编号"为例对其进行含义说明、类型、长度及取值的说明(表 3.5);"数据文件"以"空间数据库"为例进行简述、组成、数据量及存储方式的说明(表 3.6);"加工逻辑"词条以"实际与批准用地范围叠加"为例对加工编号、简述、输入及输出进行说明(表 3.7)。

表 3.4　"实际用地范围"数据流

数据流名	实际用地范围
含义说明	输入实施项目的实际用地范围
数据流来源	业务人员输入项目实际用地范围
数据流去向	实际用地范围与批准用地范围空间叠加
组成	项目编号 + 项目名称 + 地区编码 + 用地范围矢量轮廓

表 3.5　"项目编号"数据要素

数据要素名	项目编号
含义说明	唯一标识项目的代码
类型	字符型
长度	32
取值	由地区编码、用地范围中心坐标等编码形成

表 3.6　"空间数据库"数据文件

数据文件名	空间数据库(批准用地范围图层)
简述	通过审批的建设项目用地范围
组成	建设项目用地范围
数据量	每年更新的数据量达 TB 级
存储方式	空间索引

表 3.7　"实际与批准用地范围叠加"加工

加工名	实际与批准用地范围叠加
加工编号	5.2.3.2
简述	分析实际用地范围是否位于批准用地范围内
输入	实际用地范围，批准用地范围
输出	空间分析结果(是否在批准用地范围内建设)

3. 加工逻辑说明

加工逻辑说明是对数据处理过程的描述，能够精确地描述一个加工做什么，包括加工的激发条件、加工逻辑、优先级别、执行频率、出错处理等细节，其中，最基本的部分是加工逻辑。加工逻辑是指用户对这个加工的逻辑要求，即加工的输入数据流与输出数据流之间的逻辑关系。特别应注意，分析阶段的任务是理解和表达用户的要求，而不是具体考虑系统如何实现，所以对加工应说明做什么，而不是用程序设计语言来描述具体的加工过程。底层的数据流图中的加工没有子图来进一步描述，所以必须有一个加工逻辑说明来描述其处理过程。加工逻辑说明的表达工具有结构化英语、判定表和判定树。

1) 结构化英语

结构化英语是一种介于自然语言和形式化语言之间的半形式化语言，它使用有限的词汇和语句来描述加工逻辑。结构化英语的词汇表由英语命令动词、数据字典中定义的名字、有限的自定义词和控制结构关键词(如 if-then-else、while-do、repeat-until、case-of)等组成。语言的正文用基本控制结构进行分割，加工中的操作用自然语言短语来表示。其基本控制结构有简单陈述句结构、判定结构和重复结构。"建设项目用地选址规划审查"结构化英语示例如下。

IF construction project land is within the allowed construction area THEN

　　　Accept land use application

ELSE

　　　IF permanent basic farmland is involved THEN

　　　　　Reject land use application

　　　ELSE

　　　　　Modify Territory spatial planning

　　　END IF

END IF

2) 判定表

在某些数据处理问题的过程中,加工处理需要依赖多个逻辑条件的取值,这些取值的组合可能构成多种不同情况,相应需执行不同的操作。这类问题用结构化英语来叙述很不方便,更适合使用判定表来表示。一个判定表由两部分组成,顶部列出不同的条件,底部说明不同的操作(表 3.8)。

表 3.8 建设项目用地选址规划审查判定表

规则号		1	2	3
条件	是否在允许建设区内	是	否	否
	是否涉及基本农田	—	是	否
操作	不受理用地申请		√	
	受理用地申请	√		
	规划修改			√

3) 判定树

判定树又称决策树,是判定表的变形,本质完全一样,所有用判定表能表达的问题都能用判定树来表达。但判定树比判定表更加直观,用判定树来描述具有多个条件的数据处理,更容易被用户接受。判定树的分枝表示各种不同的条件,随着分枝层次结构的扩充,各条件完成自身的取值,判定树的左侧(树根)为加工名,中间是各种条件,右侧(叶子)给出应完成的操作。图 3.7 为建设项目用地选址规划审查判定树。

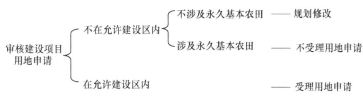

图 3.7 建设项目用地选址规划审查判定树

3.3.2 面向对象的系统定义工具

在系统定义阶段也可以采用面向对象的系统定义工具来描述系统功能。用例图可用于面向对象系统定义。

用例图主要用于系统的功能需求建模,它从外部用户的角度,观察系统应该完成哪些功能,以一种可视化的方式辅助系统设计人员和用户理解系统的功能需求。

1. 用例图概述

用例图是由参与者、用例以及它们之间的关系构成的用于描述系统功能的动态视图(图 3.8)。其中,用例和参与者之间的对应关系又称为通信关联,它表示参与者使用系统中的哪些用例。用例图是从软件需求分析到最终实现的第一步,它显示了系统的用户希望系统提供的功能,有利于用户和系统分析人员之间的沟通。

进行用例建模时,所需要的用例图数量是根据系统的复杂度来确定的。一个简单的系统往往只需要一个用例图就可以描述清楚所有的关系。但是对于复杂的系统,一张用例图显然是不够的,这时候就需要用多个用例图来共同描述。

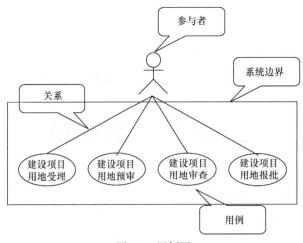

图 3.8　用例图

2. 用例图的组成

用例图有四个组成要素：参与者(actor)、用例(use case)、系统边界和关系。

1) 参与者

参与者是系统外部的一个实体(可以是任何事物或人)，它以某种方式参与了用例的执行过程(图 3.9)。

图 3.9　参与者

(1) 参与者的概念。参与者是在系统使用或与系统交互中扮演某个角色的人、部门或其他独立的软件系统。参与者不是指人、部门、系统等本身，而是他们所扮演的角色。每个参与者可以参与一个或多个用例，每个用例也可以有一个或多个参与者。在用例图中使用一个人形图标表示参与者，参与者的名字写在人形图标下面。

一个用例的参与者可以划分为发起参与者和参加参与者。发起参与者发起了用例的执行过程，一个用例只有一个发起参与者，但可以有若干个参加参与者。在用例中标出发起参与者是一种有效的作法。

参与者还可以划分为主要参与者和次要参与者：主要参与者指的是执行系统主要功能的参与者；次要参与者指的是使用系统次要功能的参与者。标出主要参与者有利于找出系统的核心功能，这往往也是用户最关心的功能。

(2) 参与者的确定。在获取用例前首先要确定系统的参与者，寻找参与者可以从以下问题入手：①系统开发出来后，使用系统主要功能的是谁？②谁需要借助系统来完成日常的工作？③系统需要从哪些人或其他系统中获得数据？④系统会为哪些人或其他系统提供数据？⑤系统会与哪些系统交互？其他系统可以分为两类，一是该系统要使用的系统，二是启动该系统的系统，包括计算机系统和其他应用软件。⑥系统是由谁来维护和管理，以保证系统处于工作状态？⑦系统控制的硬件设备有哪些？⑧谁对本系统产生的结果感兴趣？

需要注意的是，寻找参与者的时候不要把目光只停留在使用计算机的人身上，直接或间接地与系统交互的任何人和事都可以是参与者。

2) 用例

用例定义了系统所提供的功能和行为单元。可以认为，参与者使用系统的每种方式都可以表示为一个用例(图 3.10)。

(1) 用例的概念。用例是系统或子系统的某个连贯的业务目标或任务的定义和描述。它定义了系统是如何被参与者使用的，描述了参与者为了使用系统所提供的某一完整功能而与系统之间发生的一段对话。每个用例集中描述一个业务目标或任务，用例最大的特点就是站在用户的角度上来描述功能。它把用例表达的系统业务或任务当作一个黑箱子，并不关心用例内部是如何完成它所提供的功能，表达了整个系统对外部用户可见的行为。

图 3.10 用例

用例和参与者之间也有关系，这种关系属于关联关系，又称作通信关联。关联关系是双向的一对一关系，这种关系表明了哪个参与者与用例通信。

(2) 用例的识别。任何用例都不能在缺少参与者的情况下独立存在。同样，任何参与者也必须要有与之关联的用例，所以识别用例的最好方法就是从分析系统参与者开始，在这个过程中往往会发现新的参与者。可以通过以下问题来寻找用例：①参与者希望系统提供什么功能？②参与者是否会读取、创建、修改、删除、存储系统的某种信息？③参与者是否会将外部的某些事件通知给系统？④系统中发生的事件是否通知参与者？⑤是否存在影响系统的外部事件？

用例图的主要目的就是帮助人们了解系统功能，便于开发人员与用户之间的交流，所以确定用例的一个很重要的标准就是用例应当易于理解。对于同一个系统，不同的人对参与者和用例可能会有不同的抽象。

(3) 用例的粒度。用例的粒度指的是用例所包含的系统业务或功能单元的多少。用例的粒度越大，用例包含的功能越多，反之则包含的功能越少。

用例的粒度对于用例模型来说是很重要的，它不但决定了用例模型的复杂度，而且也决定了每一个用例内部的复杂度。在确定用例粒度时应该根据每个系统的具体情况具体分析。对于比较简单的系统，可以将复杂的用例分解成多个用例，每个用例包含的功能较少。对于比较复杂的系统，需要加强控制用例模型的复杂度，即将复杂度适当地移往用例内部，让一个用例包含较多的需求信息量。

(4) 用例规约。用例图只是总体上大致描述了系统所提供的各种服务，让用户对系统有一个总体的认识。但对每一个用例还需要有详细的描述信息，以便让其他人对于整个系统拥有更加详细地了解，这些信息包含在用例规约之中。用例规约通常应对用例的前置条件、事件流、后置条件等进行详细说明。

3) 系统边界

系统边界是系统包含的功能与系统以外的功能之间的界限(图 3.11)。通常所说的系统是由一系列的相互作用的元素形成的具有特定功能的有机整体。系统同时又是相对的，一个系统本身可以是另一个更大系统的组成部分。系统与系统之间需要使用系统边界进行区分，系统边界以外的同系统相关联的其他部分称为系统环境。因此，系统与环境之间存在着边界，子系统与其他子系统之间存在着边界，子系统与整体系统之间存在着边界。

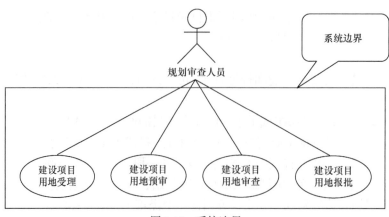

图 3.11　系统边界

4) 关系

为了减少模型维护的工作量、保证用例模型的可维护和一致性，可以在用例之间抽象出包含关系和扩展关系。这两种关系都是从现有的用例中抽取出公共信息，作为一个单独的用例，再通过不同的方法来重用这部分公共信息。

(1) 包含。包含关系是指一个用例可以简单地包含其他用例具有的行为，并把它所包含的用例行为作为自身行为的一部分。图 3.12 中，用例"修改项目用地信息"和"删除项目用地信息"都包含用例"查询项目"。

在处理包含关系时，具体的做法就是把几个用例的公共部分单独地抽象出来成为一个新的用例。主要有两种情况需要用到包含关系：①多个用例拥有一部分共同的行为，则可以把这部分共同的行为单独抽象为一个用例，然后让其他用例来包含这一用例。②某一个用例的功能过多、事件流过于复杂时也可以把某一部分事件流抽象为一个被包含的用例，以达到简化用例图的目的。

(2) 扩展。扩展关系可以在不改变原有用例的情况下，为原有用例扩展新的功能，获得的新用例称为扩展用例，原有的用例称为基础用例。图 3.13 中，"规划修改"是基础用例"判断是否符合规划"的扩展用例。一个基础用例可以拥有一个或者多个扩展用例，这些扩展用例可

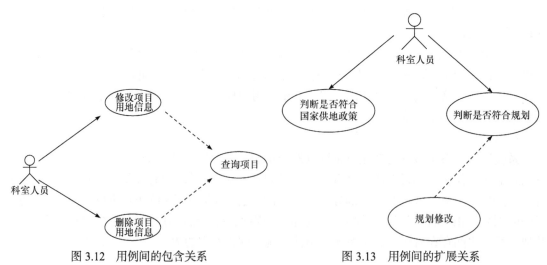

图 3.12　用例间的包含关系　　　　　　图 3.13　用例间的扩展关系

以一起使用。扩展关系和包含关系具有以下不同点：①在扩展关系中，基础用例提供了一个或多个插入点(也称为扩展点)，扩展用例为这些插入点提供了需要插入的行为。而在包含关系中插入点只能有一个。②基础用例的执行不一定会涉及扩展用例，扩展用例只有在满足一定条件时才会被执行。而在包含关系中，当基础用例执行后，被包含用例是一定会被执行的。③即使没有扩展用例，扩展关系中的基础用例本身也是完整的。而对于包含关系，基础用例在没有被包含用例的情况下就是不完整的。

第四节　系统可行性研究

上一阶段初步调查的目的就是要事先了解系统的基本情况，为开发者构思并提出一个切实可行的新系统方案奠定基础。在对系统做初步调查以后，开发者应该根据实际情况对下述问题做出抉择：该项目是否具有立项的必要性？如果立项建设，应该按何种方式和规模组织开发？这些方案的可行性如何？另外，开发任何一个信息系统都会受到时间和资源上的限制，GIS 受到的限制因素更加复杂。因此，在接受项目之前必须根据用户可能提供的时间要求、资源条件和技术条件等进行可行性研究，以避免人力、物力和财力上的浪费。

上述均是 GIS 可行性研究面临的问题。因此，可行性研究工作的主要目的在于判定 GIS 研发的可行性。对于不可行的方案，建议终止；对于可行的方案，对以后的研发技术路线提出建议，制定研发计划。GIS 可行性研究内容主要包括数据可行性评估、技术可行性评估和经济可行性评估。

3.4.1　数据可行性评估

数据是 GIS 运行的基础，系统建设中数据的准备工作繁杂、工作量巨大。因此在立项之前要对系统数据源、数据结构和数据模型等进行全面分析，调查已有数据的情况，确定它们的可用性，对所缺少的数据要确定其收集方法，测算数据收集的工作量。以国土空间规划信息系统为例，系统数据包括社会经济数据、基础地理数据、现状本底数据、规划成果数据、业务管理数据、网络大数据等。其中，经济社会数据定期从统计部门获取，基础地理数据、现状本底数据由自然资源和规划部门组织定期调查，规划成果数据、业务管理数据由自然资源和规划、生态环境、交通、水利、农业等部门在规划编制和实施管理中形成，网络大数据包括手机信令、微博签到、公交刷卡等与空间位置和活动轨迹相关的地理信息，通过互联网和移动互联网采集。系统定义过程中应明确这些数据的存储格式、采集精度、入库方式、更新周期等，确保数据能按照系统设计的要求收集和使用。

3.4.2　技术可行性评估

技术可行性评估是根据系统功能、性能及实现系统的各项约束条件，从技术角度研究实现系统的可能性。GIS 软件开发涉及多方面的技术，包括开发方法、硬软件平台、系统架构、输入输出等技术。

技术可行性评估应该全面和客观地分析软件开发所涉及的技术，以及这些技术的成熟度和现实性。成熟技术经过长时间、大范围使用、补充和优化，其精细程度、优化程度、可操作性、经济性等要比新技术好。因此，GIS 软件开发过程中，在可以满足系统开发需要、能够适应系统发展、保证开发成本的条件下，应该尽量采用成熟技术。然而，有时为了解决系统的特定问题，为了使所开发系统具有更好的适应性，需要采用某些先进或前沿技术。在选用前沿技术时，需要全面分析、慎重选择，避免选用处于实验阶段的技术。

此外，技术可行性评估还要评估 GIS 研发技术人员的数量、结构和水平等是否满足项目实施的需要。即使 GIS 软件开发所用的技术是成熟和可行的，但如果开发团队没有掌握相关技术的人员，那么该技术方案也是不可行的。

3.4.3　经济可行性评估

GIS 经济可行性评估主要内容包括评估 GIS 的经济合理性、给出系统开发的成本论证和对比估算的成本和预期的利润。GIS 应用迅速普及的根本原因在于 GIS 应用促进了社会经济的发展，给用户乃至社会带来了经济效益和社会效益。因此，GIS 研发的成本-效益分析是可行性研究的重要内容。它用于评估 GIS 的经济合理性，给出系统开发的成本论证，并将估算的成本与预期的利润进行对比，从而以最小的投入取得最大的产出，即以最小的成本开发符合需求的 GIS。

由于项目开发受项目特性、规模等多种因素的制约，系统分析员很难直接估算 GIS 的成本和利润。一般说来，GIS 的成本由五个部分组成①购置并安装软硬件及其相关设备的费用。②生产系统所需数据的费用。③软件开发费用。④系统安装、运行和维护费用。⑤人员培训费用。在系统分析和设计阶段只能得到上述费用的预算，即估算成本。在系统开发完毕并交付用户运行后，上述费用的统计结果就是实际成本。

GIS 的效益包括经济效益和社会效益两部分。经济效益指应用系统为用户增加的收入，它可以通过直接的和统计的方法估算。社会效益大多只能用定性的方法估算。

第五节　GIS 系统定义报告

"GIS 系统定义报告"(类似于计算机软件工程中的"软件需求规格说明书")作为系统分析阶段的技术文档，描述了系统的需求。系统定义报告一旦审议通过，则成为有约束力的指导性文件，成为下一阶段 GIS 设计的依据。图 3.14 列出系统定义报告的主要内容。

```
1  引言
  1.1  编写目的(阐明编写目的，指明用户对象)
  1.2  GIS 项目背景
  1.3  定义(术语的定义)
  1.4  参考资料(引用的资料、标准和规范)
2  GIS 项目概述
  2.1  GIS 项目目标
  2.2  现行系统运行情况
  2.3  GIS 运行环境
  2.4  条件与限制
3  GIS 数据描述
  3.1  GIS 静态数据
  3.2  GIS 动态数据(输入数据、输出数据)
  3.3  数据更新与维护
4  GIS 功能需求
  4.1  功能划分
  4.2  GIS 数据流图
  4.3  GIS 数据字典
  4.4  GIS 加工逻辑说明
```

图 3.14　系统定义报告的主要内容

```
5  GIS 性能需求
    5.1  精度需求
    5.2  速度需求(如响应时间、更新处理时间、数据转换与传输时间、运行时间等)
    5.3  适应性需求(在操作方式、运行环境、与其他软件的接口以及开发计划等发生变化时,应具有的适应能力)
    5.4  其他需求(如可操作性、安全保密、可维护性、可移植性、稳定性等)
6  GIS 运行需求
    6.1  用户界面(如界面风格、报表格式等)
    6.2  网络环境
    6.3  硬件环境
    6.4  软件环境
7  系统可行性评估
    7.1  数据可行性评估
    7.2  技术可行性评估
    7.3  经济可行性评估
    7.4  其他可行性评估(人力、时间、其他约束)
    7.5  小结(系统定义成果自检情况,专家论证结论,系统总体设计人员审阅情况)
8  结论
    总结系统建设目标与任务,给出系统可行性评估、能否继续下一阶段设计工作的结论
```

图 3.14　(续)

思　考　题

1. 系统定义阶段所要完成的任务是什么?

2. 试比较系统需求调查的几种方法的优劣。

3. 如果请你进行某专题信息系统(如国土空间规划信息系统)需求调查,你准备如何开展工作?

4. 结构化系统定义采用 GIS 数据流图来描述数据处理逻辑,如何绘制分层数据流图?

5. 试比较加工逻辑说明三种工具的优劣。

6. 请对系统可行性分析的内容和具体工作进行说明。

7. 在哪些情况下可判定 GIS 研发方案不可行?

第四章 系统总体设计

第一节 系统总体设计的任务

在系统定义阶段确定系统建设的目标和任务之后，即可进行系统的总体设计。系统总体设计阶段的目标是将系统定义成果转换为数据结构和软件架构，即数据设计和架构设计。数据设计根据系统定义阶段所梳理的数据管理和应用需求来设计地理数据库总体结构。考虑到地理数据库设计在 GIS 设计中的重要地位，本书将地理数据库总体设计、详细设计以及其建库的过程集中在第六章进行详细介绍。架构设计则是配置 GIS 所需要的硬软件环境，根据系统的功能需求确定软件架构，形成软件的模块结构图，并设计模块之间的关系。在总体设计阶段，各模块还处于黑盒子状态，便于设计人员可以在较高的层次上进行思考，从而避免过早地陷入具体的条件逻辑、算法和过程步骤等实现细节，以便更好地确定模块之间的结构。

因此，系统总体设计主要内容包括：确定 GIS 软件架构与硬软件配置，根据系统定义成果进行系统功能模块的划分，明确功能模块间的层次结构及调用关系，设计系统用户界面，最终形成"GIS 总体设计报告"。

第二节 GIS 硬软件配置方案设计

4.2.1 硬件环境

GIS 的硬件环境是指支撑 GIS 开发和运行的硬件平台。它是 GIS 软件得以运行的物质基础，其合理与否将直接影响 GIS 的功能实现和效益发挥。在选择硬件平台时，应根据用户对数据容量、系统性能等方面的需求，结合其自身业务情况和经济承受能力，合理选择不同配置的硬件平台，在保证实现各自功能的同时，尽量降低硬件投入。

1. GIS 硬件类型

GIS 硬件用于存储、处理、传输和显示地理数据，包括主机、外部设备和网络设备等：①主机是用于应用服务、数据管理、存储和处理的设备，如服务器、工作站、计算机等。②外部设备是用于图形输入、输出的设备，如扫描仪、打印机等。③网络设备是用于网络安全管理和数据传输的设备，如防火墙、交换机等。

2. GIS 硬件选择的原则

(1) 优先选择符合国际开放性系统兼容的产品。

(2) 硬件满足系统功能、性能及用户要求。

(3) 设备具有足够的扩充、升级灵活性，新增设备要能与原有设备连接和协同工作。

(4) 采用性价比高、可维护性好、可靠、安全保密性好的设备。

(5) 设备售后服务有保证。

(6) 应用软件丰富，便于使用。

(7) 接口丰富，能适应扩展升级、不同类型网络接入的需要。

(8) 有较好的图形显示和处理功能。

4.2.2 软件环境

GIS 软件环境是指支持 GIS 开发和运行的软件平台。GIS 软件环境的选择对 GIS 的开发、运行和维护有重要的意义。一个好的 GIS 软件平台不仅使 GIS 的开发维护简单易行，而且能保证开发出的新 GIS 系统运行高效、可靠。

1. GIS 软件类型

GIS 软件是指地理信息系统运行所必需的各种软件，主要包括系统软件、数据库软件和 GIS 专业软件等。

系统软件是指控制和协调计算机及外部设备、支持应用软件开发和运行的系统，通常包括操作系统、驱动程序、办公软件等。

数据库软件是存储、管理和维护地理数据的软件，主要有 Oracle、MsSQL Server、Postgre SQL 等。数据库软件一般通过空间数据引擎或扩展模块提供对空间数据存储和管理的支持，如 Oracle Spatial、MsSQL Spatial、PostGIS 等。

GIS 专业软件主要实现地理数据输入和检验、数据存储和管理、数据变换、数据输出和显示等功能，主要有 ArcGIS、SuperMap、MapGIS 等。

2. GIS 软件环境选择的原则

(1) 所选的 GIS 软件环境必须符合开放式系统的要求。目前，软件发展的最主要趋势是开放式系统，即遵循标准化的有兼容性、可移植性、互操作性的系统。一个符合开放式系统要求的 GIS 软件，应该与硬件环境相独立，并能与相关 GIS 软件或系统互连和互操作。

(2) GIS 软件环境必须有必要和足够的软件工具，并符合系统功能、性能的要求。所选的 GIS 软件环境应该具备数据输入与转换、地图制作与输出、图形与文本编辑、空间与属性数据库管理、空间分析等常用工具，以提高 GIS 开发的效率。同时，也必须充分考虑所选 GIS 软件环境对新技术的支持和扩充能力。

(3) 满足 GIS 设计与实现成本控制的需求。应兼顾用户需求和 GIS 建设的经费预算，选择满足成本要求的 GIS 软件。

总之，在软件环境选择中，开放性是保证系统适应以后技术发展的关键。另外，软件的可靠性、性价比、功能以及建设部门的经济承受能力等也都是必须考虑的因素。

第三节 GIS 软件架构设计

4.3.1 软件架构的概念

软件架构描述构成系统的构件及其相互间的联系。从简单的形式来看，软件架构从系统的高层次描述了软件对需求的支持能力及方式，阐述了软件系统是由哪些构件及构件的连接件组成的，同时描述了这些构件所用的数据结构。

从上面的定义中可以看出，软件架构并非可运行软件，它为开发者提供整体的视图并保证得到正确的理解。它有两个基本着眼点：一是系统结构，二是需求与实现之间的交互。在进行软件架构设计时需要考虑系统采取的架构类型、组成系统的构件和构件之间的关系。

4.3.2   GIS 软件架构的类型

GIS 软件架构经历了从单机系统到客户端/服务器(client/server，C/S)，从客户端/服务器(C/S)到浏览器/服务器(browser/server，B/S)结构，再到如今面向地理服务的 WebGIS、云 GIS。软件架构的层次也从一层架构发展到二层架构、三层架构乃至多层架构。一层架构中，所有处理都集中在主机上完成；二层架构中，处理工作由客户端和服务器共同分担；三层架构中，处理工作由用户界面层、应用逻辑层和数据访问层分担。随着软件系统规模的增大，应用逻辑层也可演变成多层次架构。

1) 单机架构

20 世纪 60 年代，计算机基本上是单机系统，GIS 软件所有的功能都在一台计算机上实现。在主机结构下，GIS 软件输入输出、数据和应用程序被集中在主机上，通常只有少量的图形用户界面(graphical user interface，GUI)，对远程数据库的访问比较困难。随着计算机技术的发展，该架构逐渐在应用中被淘汰。

2) 客户端/服务器(C/S)架构

C/S 架构，是 20 世纪 80 年代末逐步成长起来的一种模式。C/S 架构由两部分组成，即客户应用程序和数据库服务器程序，二者可分别称为前台程序与后台程序。运行数据库服务器程序的机器，称为应用服务器，一旦服务器程序被启动，就随时等待响应客户程序发来的请求；客户程序运行在用户自己的计算机(即客户端)上。当需要对数据库中的数据进行操作时，客户程序就自动寻找服务器程序，并向其发出请求，服务器程序根据预定的规则做出应答，返回结果。C/S 架构中数据的储存管理功能是由服务器程序独立进行的，并且通常把不同前台应用的数据检验规则(如触发器、函数等)在服务器程序中集中实现。在 C/S 架构的 GIS 中，地理数据被存储在地理数据服务器上，而数据的浏览和编辑操作则在客户端上实现。

3) 浏览器/服务器(B/S)架构

Internet 的发展给传统应用软件的开发带来了深刻的影响，尤其是 Web Service 等技术的飞速发展，导致了很多应用系统的架构从 C/S 架构向更加灵活的多级分布架构演变，即 B/S 架构。在这种架构下，GIS 用户界面通过浏览器来实现，极少部分事务逻辑在客户端实现，主要事务逻辑在 GIS 服务器端实现。如果将事务处理逻辑模块从客户端的任务中分离出来，单独组成一层(应用层)，可以形成更灵活的三层架构，即客户端、应用层和数据层。面向服务的架构(service-oriented architecture，SOA)是 B/S 架构、Web Service 技术之后的自然延伸。SOA 是一种粗粒度、松耦合服务架构，不同的应用服务之间可以通过简单、精确定义的接口进行通信，实现应用服务的分布式部署、按需组合和使用。

4) 云架构

云架构将云计算的技术和资源用于支撑地理数据的存储、建模、处理与分析，改变了传统GIS 的应用方法和建设模式。云架构可以提供四类服务：基础设施即服务(infrastructure as a service，IaaS)、平台即服务(platform as a service，PaaS)、软件即服务(software as a service，SaaS)和数据即服务(data as a service，DaaS)。云架构的 IaaS 向个人或组织提供虚拟化 GIS 计算资源，如虚拟机、存储、网络和操作系统；PaaS 是为 GIS 开发人员提供在线构建应用程序和服务的平台；SaaS 通过互联网提供按需软件付费的 GIS 应用软件；DaaS 在线提供海量地理数据服务。

第四节　系统总体设计工具

4.4.1　结构化系统总体设计工具

1. 层次图

层次图(hierarchical chart)是在系统总体设计阶段常用的工具之一，用来描绘软件层次结构，适合自上向下设计软件时使用。图 4.1 为国土空间规划信息系统层次图，图中的每个方框代表一个模块，方框间的连线表示模块的调用关系。绘制层次图时，可以将一组相关的模块组织在一起，进行整体的插入、删除、移动等操作。

2. HIPO 图

HIPO(hierarchy plus input-process-output)图是在层次图的基础上描述系统结构和模块内部处理功能的工具，由 H 图和 IPO 图两部分组成。H 图是在层次图的基础上对每个方框进行编号，以便了解每个模块在软件结构中的位置。编号规则如下：最顶层方框不编号，第一层中各模块的编号依次为 1.0，2.0，3.0，…；如果模块 2.0 还有下层模块，那么下层模块的编号依次为 2.1，2.2，2.3，…；依次类推。以国土空间规划信息系统为例，图 4.2 是采用 H 图表达图 4.1 的内容。

H 图中每个最底层模块都有一张 IPO 图与之相对应，用于描述这个模块的信息处理过程。IPO 图使用方框来方便地描述数据输入、数据处理和数据输出三部分的内容。HIPO 图中的每个 IPO 图都应该明显地标出它们所描绘的模块在 H 图中的编号，以便了解这个模块在软件结构中的位置。以国土空间规划信息系统为例，图 4.3 描述的是图 4.2 中监测预警模块的信息处理过程，对应的模块编号是 5.2.3.2。

3. 结构图

结构图(structured chart)描述模块的功能和模块之间的关联，是进行软件结构化设计的另一种有力的工具。结构图和层次图类似，也是用来描述软件结构的，但其描述能力比层次图更强。如图 4.4 所示，结构图中每个方框代表一个模块，框内注明模块的名称或主要功能，模块的名称通常是动宾结构的短语，方框之间的箭头(或直线)表示模块间的调用关系。

结构图通常还用带注释的箭头表示模块调用过程中来回传递的信息，如果希望进一步标明传递的信息是数据还是控制信息，则可以利用注释箭头尾部的形状来区分：尾部是空心圆表示传递的是数据，尾部是实心圆表示传递的是控制信息。此外，还可以附加一些符号以表示模块的选择调用或循环调用关系。

在结构图中，关键要描述的内容有两个：①模块的功能，通常用模块的名称来标识。②模块之间的接口。构造结构图时，要注意以下几个问题：首先，一个模块可以被不同的模块调用；其次，在同一层次中，模块的调用次序一般是自左向右。模块的调用次序在很多情况下可以根据模块所传递的数据和控制来区分(图 4.5)。以国土空间规划信息系统为例，对于建设项目用地跟踪监管模块，需要依次调用实际用地范围输入、监测预警和监测结果制图三个子模块，故属于顺序调用关系；对于用地审批的输出结果，需要选择屏幕显示、更新业务数据库和通知用地监察人员中的一项进行执行，故属于选择调用关系；对于用地审批查询统计模块，需要循环执行读取用地图斑、分类统计面积和输出统计结果三个子模块，故属于循环调用关系。

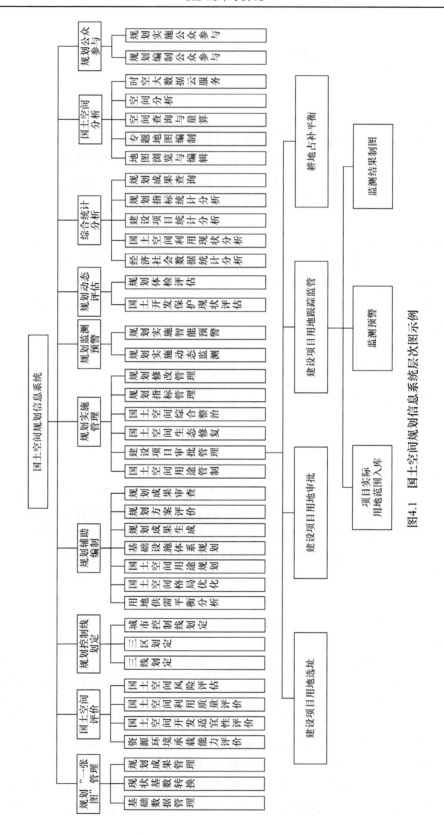

图4.1　国土空间规划信息系统层次图示例

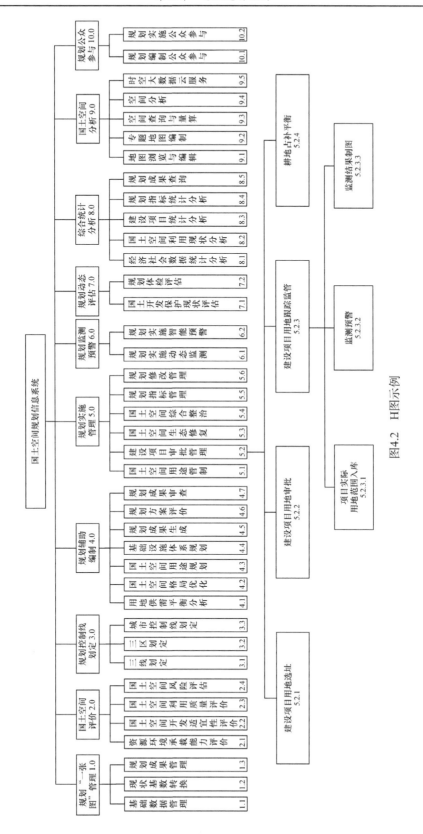

图 4.2 H 图示例

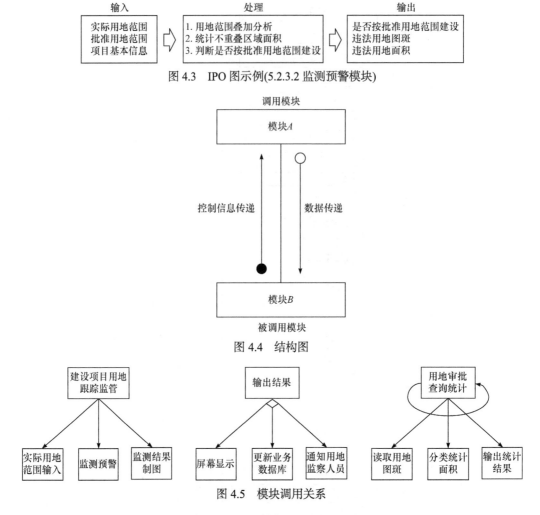

图 4.3　IPO 图示例(5.2.3.2 监测预警模块)

图 4.4　结构图

图 4.5　模块调用关系

4.4.2　面向对象系统总体设计工具

面向对象的设计方法采用类图来组织和构造系统总体设计过程。类图显示了系统的静态结构, 标识了不同的实体是如何彼此关联的。类图不仅包含系统定义的各种类, 也包含它们之间的关系, 如依赖、泛化和关联等。

1. 类的基本概念

类是面向对象设计方法中的系统组织结构的核心, 是对一组拥有相同特征(属性)、行为(操作)、关系和语义的事物的抽象。这些事物包括了现实世界中的物理实体、商业事务、逻辑事物、应用事件和行为事物等, 也包括纯粹的概念性事物。根据系统抽象程度的不同, 可以在模型中创建不同的类。类应该以清晰的、无歧义的方式映射到现实世界, 如国土空间规划信息系统中的建设用地项目类或年度计划指标类等。一般来说, 类总能符合三种基本构造型中的一种: 边界类、实体类和控制类, 每一种构造型都有具体的语义。

1) 边界类

边界类是用于建立系统与其参与者之间交互的模型。这种交互通常包括接收来自用户和外部系统的信息与请求, 以及将信息与请求提交到用户和外部系统。系统登录边界类如图 4.6 所示, 用于系统使用者和系统主功能界面之间的交互。

2) 实体类

实体类用于对系统运行中需要存储和管理的信息及相关行为进行建模。用户实体类如图 4.7 所示，自带整数型的属性 Userid。

3) 控制类

控制类用于协调完成某项任务的其他对象的活动和封装与某个具体用例有关的控制。控制类还可以表示与系统存储的长效信息没有关系的对象，如业务逻辑对象。系统可以没有控制类，也可以有多个控制类。处理登录控制类如图 4.8 所示，用于接受登录请求并检验用户、密码是否合法。

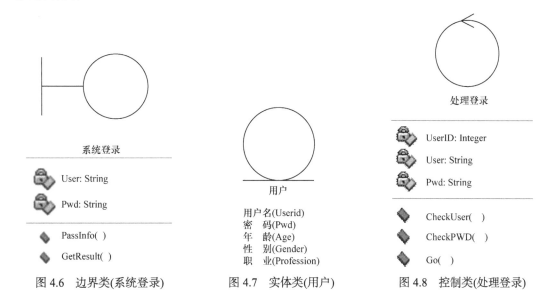

图 4.6　边界类(系统登录)　　　　图 4.7　实体类(用户)　　　　图 4.8　控制类(处理登录)

2. 类图的组成

类图是对类及其关系进行建模的一种图形化表达方式，用来反映功能模块中存在的类、类的内部结构以及它们与其他类之间的关系。类图的目的在于描述系统的构成方式，而不是系统协作运行方式。类图是由类以及它们之间的关系构成的。

1) 类

在 UML 中类被表述为具有相同结构、行为和关系的一组对象的描述符号。类的表示图形是一个矩形，由类的名称、类的属性和类的操作三个部分构成。类的名称位于矩形的顶端，类的属性位于矩形的中间部位，而矩形的底部显示类的操作，如图 4.9 所示。

类的名称：类的名称是每个类的图形中所必须拥有的元素，用于与其他类进行区分。类的名称通常来自系统的问题域，并且尽可能地明确表达要表达的事物，不会造成类的语义冲突。图 4.9 代表的是一个名称为"建设用地项目"的类。

类的属性：属性是类的一个特性，也是类的一个组成部分，描述了在软件系统中所代表的对象具备的静态部分的公共特征抽象，这些特性是这些对象所共有的。在图 4.8 中，建设用地项目类拥有三个属性：建设项目、建设单位和用地面积。

图 4.9　类的示例

类的操作：操作是指类所能执行的动作，也是类的一个重要组成部分，描述了在软件系统中所代表的对象具备的动态部分的公共特征抽象。类的操作可以根据不同的可见性由其他任何对象请求以影响其行为。属性是描述类的对象特性的值，而操作用于操纵属性的值改变或执行其他动作。操作有时被称为函数或方法，在类的图形表示中它们位于类的底部。一个类可以有 0 个或多个操作，并且每个操作只能应用于该类的对象。在图 4.8 中，建设用地项目类拥有一个操作：计算面积。

　　2) 类之间的关系

　　类与类之间的常用关系有三种，即依赖关系、泛化关系和关联关系(表 4.1)。

表 4.1　类之间关系的种类

关系	功能	表示图形
依赖关系	两个模型元素之间的依赖关系	------------->
泛化关系	描述类之间的关系	———————▷
关联关系	类实例之间连接的描述	————————>

　　依赖关系：依赖关系表示的是两个或多个模型元素之间语义上的连接关系。它只将模型元素本身连接起来而不需要用一组实例来表达它的意思，即依赖类的某一项操作需要调用被依赖类才能实现。

　　以国土空间规划信息系统为例，图 4.10 中显示了用地规划审查类、用地范围地类之间的依赖关系。用地规划审查类的规划审查方法使用了用地范围类的对象作为参数，因此两个类之间存在着依赖关系。

图 4.10　依赖关系示例

　　泛化关系：泛化关系用来描述类的一般和具体之间的关系。类的具体描述建立在类的一般描述的基础之上，并对其进行了扩展，加入具体描述，形成子类。因此在具体描述中不仅包含一般描述中所拥有的所有特性、成员和关系，还包含具体描述的补充信息。

　　在泛化关系中，一般描述的类称为父类，具体描述的类称为子类。以国土空间规划信息系统为例，图 4.11 中，建设项目用地作为父类，城镇分批次建设用地、单独选址用地、农村居民建房用地作为子类，从子类指向父类的空心三角箭头表示泛化关系。

　　关联关系：关联关系是一种结构关系，是一种强依赖关系，用来表达一个类是另一个类的属性或作为全局变量被另一个类引用。关联关系描述了系统中对象或实例之间的离散连接关系，它将一个含有两个或多个有序表的类在允许复制的情况下连接起来。一个类关联的任何一个连接点都称为关联端，与类有关的许多信息都附在它的端点上。关联端有名称、角色、可见性及多重性特性。

　　以国土空间规划信息系统为例，图 4.12 所示关系为审批环节和建设项目之间的关联关系，一个建设项目可以有多个审批环节，同时一个审批环节可以审批多个建设项目。

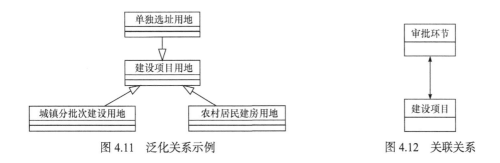

图 4.11　泛化关系示例　　　　　　　　　　图 4.12　关联关系

第五节　GIS 功能模块设计

GIS 功能模块设计的主要任务是根据系统开发的目标来划分系统的功能模块、确定各个模块的功能、设计功能模块结构。

4.5.1　系统功能设计的原则

(1) 功能结构的合理性：即系统功能模块的划分要以系统论的设计思想为指导，合理地进行集成和区分，具备的功能特点要清楚、逻辑清晰、设计合理。

(2) 功能结构的完备性：根据系统应用目的要求，包括的功能种类齐全，适合各应用目的和范围。

(3) 系统各功能的独立性：各功能模块应相互独立，各自具备一套完整的处理功能，且功能相对独立，重复度最小。

(4) 功能模块的可靠性：模块的稳定性好，操作可靠，数据处理方法科学、实用。

(5) 功能模块操作的简便性：各子功能模块应操作方便、简单明了、易于掌握。

4.5.2　模块结构及表示

一般通过功能划分过程来完成软件结构设计。功能划分过程从需求分析确立的目标系统的模型出发，对整个问题进行分割，使其每一部分用一个或几个软件模块加以解决。

1. 模块

一个软件系统通常由很多模块组成，一个功能模块是能够独立完成一定功能的程序语句的集合，如函数和子程序。对于大的模块，一般还可以继续分解或划分为功能独立的较小模块，不能再分解的模块为原子模块。如果一个系统全部的实际加工(即数据计算或处理)都由原子模块来完成，而其他所有非子模块仅仅执行控制或协调功能，这样的系统就是完全因子分解的系统。完全因子分解的系统被认为是最好的系统，但实际上，这只是力图达到的目标，大多数系统做不到完全因子分解。

通常，可以按照在软件系统中的功能将模块划分为以下四种类型。

(1) 输入模块：功能是取得数据或输入数据，经过某些处理，再传送给其他模块。输入模块传送的数据流称为逻辑输入数据流，数据可能来自系统外部，也可能来自系统的其他模块。

(2) 输出模块：功能是输出数据，在输出之前可能进行某些处理，数据可能被直接输出到系统的外部，也可能会输出到其他模块进行进一步的处理，但最终目标是输出到系统的外部。输出模块传送的数据流称为逻辑输出数据流。

(3) 变换模块：也称为加工模块，它从上级调用模块取得数据，进行特定的处理，转换成其他形式，再将加工结果返回给调用模块。变换模块加工的数据流称为变换数据流，大多数计算模块都属于这一类。

(4) 协调模块：该类型模块一般不对数据进行加工，而是通过调用、协调和管理其他模块来完成特定的功能，如结构化程序设计中的主程序。

2. 模块结构

模块结构表明了大模块和小模块之间的层次结构，反映了系统的组成及相互关系，它通常是树状结构或网状结构，如图 4.13 和图 4.14 所示。其中，树状结构常常蕴含了在程序控制上的层次关系。要注意的是，模块结构是软件的过程表示，但它未表明软件的某些过程性特征，如软件的动态特性在模块结构中就未明确体现。

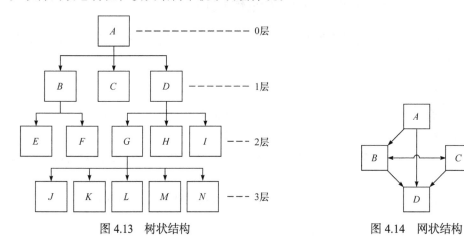

图 4.13　树状结构　　　　　　　　　　　　图 4.14　网状结构

(1) 树状结构。在树状结构中，顶层模块位于最上层的根部，它是程序的主模块。与其联系的有若干下属模块，各下属模块还可以进一步引出更下一层的下属模块。从图 4.13 所示的树状结构可以看出模块的层次关系：模块 A 是顶层模块，为第 0 层，其下属模块 B、C 和 D 为第 1 层，模块 E、F、G、H 和 I 为第 2 层，模块 J、K、L、M 和 N 为第 3 层。由此可知，树状结构的特点是：整个结构只有一个顶层模块，上层模块调用下层模块，同一层模块之间不可互相调用。

(2) 网状结构。在网状结构中，任意两个模块间都可以有调用关系。由于不存在上层模块和下层模块的关系，任何两个模块都是平等的，没有从属关系。在图 4.14 所示的网状结构中，形式上模块 A、B、C、D 之间不存在层次结构关系，模块之间可以相互调用。

4.5.3　GIS 功能模块划分

在功能模块设计过程中，根据系统定义的成果——GIS 数据流图，对系统模块进行梳理并细分，将该系统划分为若干个相互独立而又互有联系的业务子系统，每个子系统按照其内部功能的相对独立性又划分为若干个模块，每个模块执行一系列相互关联的具体功能。如图 4.15 所示，通过对国土空间规划信息系统的功能梳理，将其细分为十大子系统，即规划"一张图"管理、国土空间评价、规划控制线划定、规划辅助编制、规划实施管理、规划监测预警、规划动态评估、综合统计分析、国土空间分析和规划公众参与子系统。

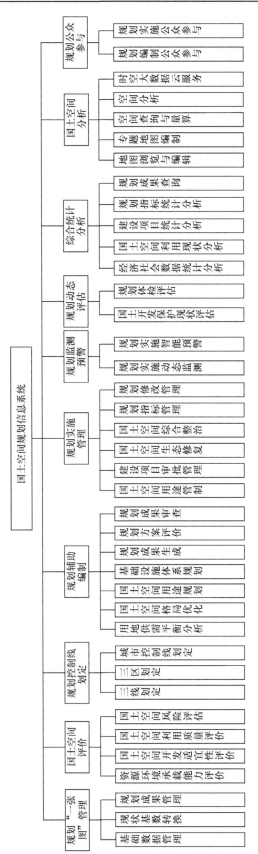

图4.15 系统功能模块划分

第六节　GIS 用户界面的设计原则

GIS 用户界面是介于用户与系统内核之间的、实现用户和系统交互沟通和信息交换的媒介。在总体设计阶段，应该统一 GIS 用户界面的风格和设计要求，并初步设计系统主界面。等到系统详细设计阶段，要细化用户界面设计，确定功能模块的用户界面、输入输出内容和形式。

一个成功的 GIS 应具备完善的功能和友好的图形界面，能使用户集中于它们的任务本身，给用户带来愉悦而没有"障碍"的感觉。因此，GIS 用户界面设计应以用户为中心，具体应遵循以下原则。

1) 易用性原则

坚持以用户体验为中心的设计原则，用户界面应直观、简洁、操作方便快捷，尽可能使用户对界面上的功能一目了然、不需要太多培训就可以使用系统。用户界面要尽量隐藏复杂的内部实现细节，使用户可以集中精力解决专业应用问题。人机交互方式应符合主流的用户操作习惯，提供信息反馈、操作提示和帮助文档，便于用户快速上手。

2) 规范性原则

GIS 用户界面应根据客户端的类型，遵循相应的行业标准。如 Windows 窗口程序一般采用图形用户界面(GUI)，包括菜单条、工具栏、状态栏、滚动条、右键快捷菜单等内容。用户界面中的术语应准确，符合行业部门和专业领域的表达规范。GIS 用户界面往往包含专题地图，专题地图的境界线、要素内容、地图符号等应遵循相关标准规范。

3) 合理性原则

要充分考虑海量数据与有限屏幕显示的矛盾，从可读性的角度合理安排屏幕上的多个窗口及信息载负。在进行 GIS 用户界面设计时，应根据子系统、模块功能确定界面菜单、按钮等的数量、内容和布局。用户界面布局要合理，不宜过于密集或松散，应将功能相近的操作或按钮放在邻近位置。

4) 协调性原则

GIS 用户界面应具有统一界面风格，即子系统、功能模块界面风格与主界面风格协调一致。用户界面的风格应兼顾美观性和专业性。系统中的各个界面应统一字体、统一色调、统一提示用词、统一窗口布局。GIS 中一些常用的功能(如查询、统计等)，在不同模块中应有相同的或相似的操作界面。

第七节　GIS 总体设计报告

系统总体设计阶段的最终成果是"GIS 总体设计报告"(类似于计算机软件工程中的"系统总体设计报告")，它是下一阶段 GIS 详细设计的依据。图 4.16 列出 GIS 总体设计报告的主要内容，包括系统架构设计、硬软件配置设计、功能模块设计、地理数据库总体设计和用户界面设计。

```
1  引言
   1.1  编写目的(阐明编写目的、用户对象)
   1.2  系统建设目标(系统定义成果概述)
   1.3  定义(术语的定义)
```

图 4.16　GIS 总体设计报告

1.4　依据(引用的资料、标准和规范)
2　系统架构设计
　　2.1　系统总体架构
　　2.2　GIS 硬软件配置
　　2.3　网络架构
　　2.4　业务逻辑架构
　　2.5　GIS 软件架构
3　GIS 功能模块设计
　　3.1　GIS 功能模块一
用总体设计工具来说明各层模块的划分及其相互关系,原则上划分到程序单元,每个单元必须单独执行一个功能,
简要介绍每个功能的主要内容
　　3.2　GIS 功能模块二
　　……
4　地理数据库总体设计
　　4.1　地理数据库标准规范
　　4.2　地理数据库总体要求
　　4.3　地理数据库管理平台
　　4.4　地理数据分层
5　用户界面设计
　　5.1　用户界面设计原则(含界面风格)
　　5.2　系统主要界面设计(用户登录界面、系统主界面、输入输出界面)
　　5.3　交互操作方式设计
6　结论(架构、功能模块、数据库、界面)

图 4.16　(续)

思　考　题

1. GIS 软件架构有哪些类型? 彼此之间的区别和优缺点是什么?

2. 不同 GIS 软件架构应该如何确定合理的硬件和软件配置方案?

3. HIPO 图中的输入、处理、输出如何确定?

4. 系统定义阶段形成的数据流图,哪些内容可以用于绘制 HIPO 图?

5. 在 GIS 功能模块结构设计的时候,如何表达多个模块都需要调用的 GIS 空间分析功能(如空间叠置分析)?

6. 阐述功能模块中通用的模块结构,并分别举例(使用系统总体设计工具)。

第五章　系统详细设计

第一节　系统详细设计任务

系统总体设计阶段已经确定了软件体系结构，划分出不同的 GIS 目标子系统，即各个功能模块，并编写了"系统总体设计报告"，但此时每个模块仍是"黑盒子"，需要进行更进一步的详细设计。

系统详细设计的任务是设计 GIS 功能模块具体实现方案，即为在总体设计阶段处于"黑盒子"状态的各模块设计具体的实现方案。系统详细设计的主要内容是：在具体进行程序编码之前，根据系统总体设计成果，细化系统总体设计中已划分出的每个功能模块，确定模块间的调用关系，确定模块使用的数据类型和数据组织，为之选择具体的算法，并清晰、准确地描述出来，从而在具体编码阶段可以把这些描述直接翻译成用某种程序设计语言书写的程序。系统详细设计成果可用程序流程图描述，也可用伪码描述，还可用形式化软件设计语言描述。

系统详细设计以系统总体设计阶段的成果为基础，但又不同于总体设计阶段，这主要表现为以下两个方面：①在总体设计阶段，数据项和数据结构以比较抽象的方式描述。例如，总体设计阶段可以声明输入数据为一幅遥感图像，详细设计就要确定用什么数据结构来表示这样的遥感影像。②详细设计要提供关于算法的更多细节，使得程序员能够准确理解模块的处理逻辑，并正确编码实现。例如，总体设计可以声明一个模块的作用是对一个表进行排序，详细设计则要确定使用哪种排序算法。

关于地理数据组织和建库将在第六章中进行专门的论述，因此本章仅介绍系统详细设计的以下内容：①GIS 功能模块实现方案设计。②功能模块的接口设计。③功能模块的用户界面设计。④"GIS 详细设计报告"撰写。

第二节　系统详细设计工具

5.2.1　功能模块具体实现方案设计

在详细设计阶段，要将功能模块从"黑盒子"变为"白盒子"，即设计每个功能模块的具体实现算法，该算法方便用某种程序设计语言实现。功能模块具体实现方案设计的内容包括：①模块算法，根据功能模块实现的功能，选择具体实现算法。②输入输出，确定功能模块所用数据的类型、输入输出方式等。③数据组织，明确功能模块数据结构、存储方式。④处理过程，描述每个功能模块的内部处理流程。⑤模块调用，与其他有关联功能模块间的调用关系。

GIS 功能模块具体实现方案设计路径为：①基于"系统总体设计报告"中的 HIPO 图，细化功能模块的处理过程。②对功能模块细化分解，确定细化后功能模块(或函数)之间的相互调用关系。③根据功能模块(或函数)的处理过程，选择具体的实现算法。④利用结构化系统详细设计工具，描述算法处理过程。

5.2.2　结构化系统详细设计工具

系统详细设计阶段，要给出系统架构中各个功能模块的内部处理过程描述，也就是模块内部的算法设计。根据 GIS 工程学思想，在 GIS 软件(尤其是大型 GIS 软件)开发过程中，系统设计和系统实现是两个阶段的任务，通常由不同的人员来进行。因此，需要采用一种标准的、通用的设计成果表达工具来实现两阶段的沟通，使系统设计人员设计的系统，系统实施人员通过分析设计的文档就能得到无歧义的理解，即详细设计表达工具的选择可以促进系统设计成果的表达和实现。

系统详细设计工具要能提供对设计成果的无歧义的描述，即能指明控制流程、处理过程、数据组织以及其他方面的实现细节，以便在系统实现阶段把设计成果转化为程序代码。本节主要介绍程序流程图、N-S 盒式图、问题分析图、类程序设计语言等系统详细设计工具。

1. 程序流程图

程序流程图(program flow chart，PFC)又称为程序框图，它是用统一规定的图形符号描述程序运行具体步骤的方法，是应用最广泛的描述功能模块处理过程的方法，具有简单、直观、易于掌握的优点，特别适用于功能具体、处理步骤简单的功能模块设计。表 5.1 为程序流程图常用符号。

表 5.1　程序流程图常用符号

名称	图形	说明
处理框		表示各种处理功能，例如，执行一个或一组确定的操作，从而使信息发生变化
数据符号		表示数据，其中可注明数据名、来源、用途或其他文字说明
流程线(控制流)		有向线段，指出流程控制方向
判断框		表示条件判断处理。该符号只有一个入口，两个出口
连接符		表示转向流程图的别处，或从流程图的别处转入，转入和转出成对出现
端接符		表示转向流程图的外部或从外部环境转入。经常表示流程图的开始和结束

在程序流程图中，结构化单元可以嵌套，例如，一个 if-then-else 构造单元的 then 部分是一个 repeat-until 构造单元，else 部分是一个选择构造；而这个外层的选择构造单元又是顺序构造中的第二个可执行单元。图 5.1 为结构化单元嵌套示意图，以此嵌套结构可以导出复杂的程序结构。图 5.2 为国土空间规划信息系统用地范围叠加分析实例。

程序流程图也存在不足之处，主要表现在以下几个方面。

(1) 程序流程图本质上不是逐步求精的好工具，它使系统设计人员过早地考虑程序的控制流程，而不去考虑程序的全局结构。

(2) 程序流程图中用箭头代表控制流，因此程序员有可能完全不顾结构化程序设计的精神，随意转移控制。

(3) 程序流程图难以表达数据结构。

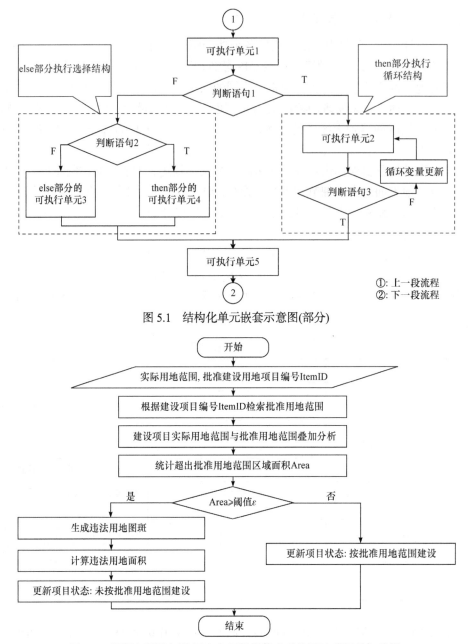

图 5.1　结构化单元嵌套示意图(部分)

图 5.2　程序流程图实例(国土空间规划信息系统用地范围叠加分析)

(4) 详细的程序流程图每个符号对应于源程序的一行代码, 对于提高大型系统的可理解性作用甚微。

2. N-S 盒式图

N-S(Nassi-Shneiderman)盒式图是没有流程线的程序流程图, 又称 N-S 图, 每个 "处理" 用一个盒子表示, 不同盒子可以嵌套, 盒子只能从上部进入, 从下部走出。同程序流程图(PFC) 相比, N-S 盒式图易于表达 "处理" 的嵌套关系和作用范围, 数据作用范围明确。作为详细设计的工具, N-S 盒式图易于培养软件设计的程序员结构化分析问题与解决问题的习惯, 它以结构化方式严格地实现从一个处理到另一个处理的控制转移。每一个 N-S 盒式图开始于一个大的矩形，表示它所描述的模块，该矩形的内部被分成不同的部分，分别表示不同的子处理过程，这些子处理过程又可进一步分解成更小的部分。N-S盒式图的基本结构见图5.3，以国土空间规划信息系统用地范围叠加分析为例，如图5.4所示。

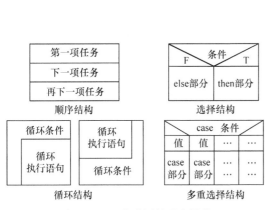

图 5.3　N-S 盒式图的基本结构

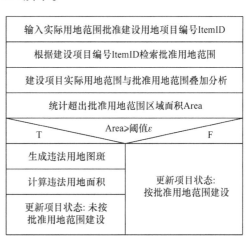

图 5.4　N-S 盒式图实例(国土空间规划信息系统用
地范围叠加分析)

N-S 盒式图具有如下一些特征：①是一种清晰的图形表达式，能定义功能域(如循环或选择结构的工作域)。②控制不能任意转移。③易于确定局部或全局的数据作用范围。④易于表示递归。

3. 问题分析图

问题分析图(problem analysis diagram, PAD)是由日本日立公司开发的一种系统详细设计工具。PAD 的主要优点是结构清晰，能直接导出程序代码，并可对其进行一致性检查。PAD 可用于 Basic、Pascal、C 等编程语言，它不仅支持软件的详细设计，还支持软件需求分析和总体设计，也是当前广泛使用的一种软件设计方法。

PAD 按照自顶而下、逐步细化的原则，用二维树形结构表达程序的逻辑结构。根据系统总体设计成果，利用 PAD 的基本符号(表5.2)，可细化、形成系统的 PAD。以国土空间规划信息系统为例，如图5.5所示。

表 5.2　PAD 的基本符号

符号	名称	说明
	输入框	框内写出输入变量名
	输出框	框内写出输出变量名
	处理框	框内写出处理名或语句名
	子程序框	子程序处理，框内写出子程序名
	循环框	先判定，再循环，框内写出循环条件

符号	名称	说明
	循环框	先执行，然后判定，再循环
	定义框	框内写定义名
	选择框	可一路、二路、三路或多路选择
	语句符号	圆内写出语句标号

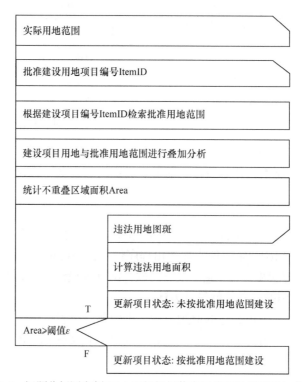

图 5.5   问题分析图实例(国土空间规划信息系统用地范围叠加分析)

4. 类程序设计语言

类程序设计语言(program design language，PDL)又称为伪码，是一种以文字表达为主的系统详细设计工具。PDL 是一种混杂语言，它使用一种结构化程序设计语言(如 C 语言等)的语法控制框架，而在内部却可灵活使用一种自然语言(如英语等)来表示数据结构和处理过程。PDL 虽然不如图形工具描述得直观清晰，但其对算法的描述更为自由、灵活，且便于翻译成高级语言程序，是介于自然语言与程序设计语言之间的一种伪码。PDL 与实际的高级程序设计语言的区别在于：PDL 的语句中嵌有自然语言的叙述，是不能被计算机识别和编译的。

总体上，PDL 具有以下特点：①关键字的固定语法，提供所有结构化构造、数据说明以及模块化的手段。②自然语言的自由语法，用于描述处理过程和判定条件。③数据说明的手段，既包括简单的数据结构(如变量和数组)，又包括复杂的数据结构(如链表)。④模块定义和调用的技术，提供各种接口描述模式。

使用 PDL 描述的具体形式如下(以国土空间规划信息系统用地范围叠加分析为例)：

```
FUNCTION Detection
        INPUT polygons of built-up area, ItemID of approved parcels
        SEARCH approved land parcels by ItemID
        OVERLAY between built-up and approved land parcels
        CALCULATE area of non-overlapping
        IF area ⩾ threshold ε THEN
                GENERATE polygons of illegal land-use
                CALCULATE area of illegal land-use
                UPDATE status as illegal land-use
        ELSE
                UPDATE status as legal land-use
        END IF
END FUNCTION
```

5.2.3 面向对象的系统详细设计工具

在面向对象系统设计中，系统详细设计要细化总体设计形成的抽象体系架构，分析和设计系统的动态结构，建立动态模型，描述对象协同完成系统功能的过程。动态模型描述了系统随时间变化的行为，它主要是建立系统的交互图和行为图。交互图包括序列图和协作图，行为图包括状态图和活动图。本节主要讨论序列图和活动图。序列图用来描述对象之间的交互，强调对象之间消息传递的时间顺序。活动图用于对业务过程和对象交互过程进行建模。

1. 序列图

1) 基本概念

序列图按照对象之间消息传递的时间顺序，可视化表达对象之间的交互逻辑。序列图的主要用途是进一步细化用例表达的需求。一个用例可以被细化为一个或者更多的序列图。

序列图可以对两种情况进行建模，分别是对系统的动态行为建模和对系统的控制流建模。在对系统的动态行为进行建模时，序列图通过描述一组相关联、彼此相互作用的对象之间的动作序列和配合关系，以及这些对象之间传递、接收的消息来描述系统为实现自身的某个功能而展开的一组动态行为。在对系统的控制流进行建模时，序列图可以针对一个用例、一个业务操作过程、系统操作过程或整个系统，描述具体功能调用的逻辑顺序，即消息在系统内是如何按照时间顺序被发送、接收和处理的。

序列图将交互关系表示为一个二维图，其中纵向是沿竖线向下延伸的时间轴，横向代表参与协作的各个对象，按照交互发生的一系列时间顺序显示对象之间的交互。图 5.6 是国土空间规划信息系统建设项目用地审批的序列图示例。

2) 组成

序列图由对象、生命线、激活和消息等构成。

(1) 对象。序列图中的对象可以是系统的参与者或者任何有效的系统对象。对象以矩形来表示，矩形内有带下划线的对象名及其类名，二者用冒号隔开，如"对象名：类名"(图 5.7)。

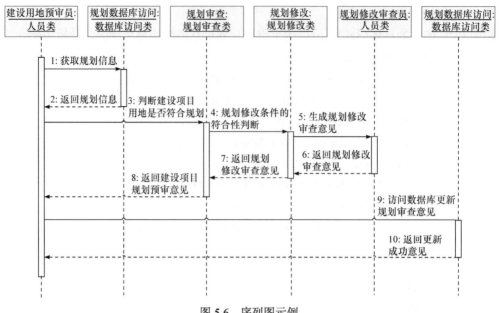

图 5.6　序列图示例

(2) 生命线。生命线是一条从表示对象的矩形底部中心向下延伸的垂直虚线，用来表示序列图中的对象在一段时间内存在。每个对象都带有生命线，从对象的矩形底部一直延伸到序列图的底部，表现了对象存在的时间段(图 5.7)。

(3) 激活。激活表示一个对象执行操作的时间段。当一个对象没有被激活时，该对象处于休眠状态，不执行任何操作，但其仍然存在。当一条消息传递给该对象时，它被激活，开始执行相应的操作。在序列图中，激活使用一个细长的矩形框表示，它的顶端与对象被激活的时间对齐，而底端与操作完成的时间对齐。图 5.8 的示例包含一个递归调用和两个其他操作。

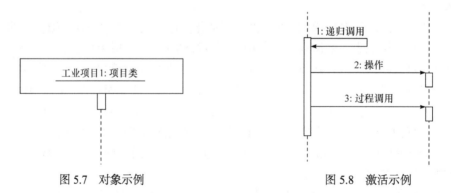

图 5.7　对象示例　　　　　　　　　图 5.8　激活示例

(4) 消息。消息是对象之间某种形式的通信，是从发送者到接收者的控制信息流。在序列图中，消息的表示形式为从一个对象(发送者)生命线指向另一个对象(接收者)生命线的箭头。消息具有多种类型，分别使用不同类型的箭头表示。图 5.9 展示了序列图中常见的消息类型。

2. 活动图

1) 基本概念

活动图是通过描述操作序列来展示系统行为的视图，它用来展现参与行为的对象的活动或动作。活动图可以描述对象的交互过程，也可以描述单个用例或业务过程的逻辑流程。活动图描述的过程或流程可以包含顺序执行和并发执行的动作。

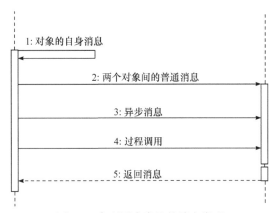

图 5.9　序列图中常见的消息类型

活动图的作用主要体现在以下几点：①描述一个操作执行过程中所完成的动作。②活动图可以说明用例是如何执行动作以及如何改变对象状态的。③显示如何执行一组相关的动作，以及这些动作如何影响它们周围的对象。④活动图可以明确业务处理过程是如何进行的，有利于GIS 设计人员与用户及领域专家进行交流。

2) 活动图的组成

活动图的起点用黑的实心圆来表示，活动图的终止点用一个内部包含实心圆的空心圆来表示。活动图主要由如下元素组成：动作、组合活动、分叉与汇合、分支与合并、泳道、对象流。

(1) 动作。动作是不可再分的、不可中断的操作或可执行单元。动作要么不执行，要么就完全执行，不能被中断。动作不可以分解成更小的部分，它是构造活动图的最小单位。动作使用平滑的圆角矩形表示，动作执行的操作写在矩形内部。图 5.10 表示录入信息这个动作，这个动作可能在活动图中多处出现。

录入信息

图 5.10　动作示例

(2) 组合活动。活动可分为简单活动和组合活动。简单活动只有一个动作，不含其他内嵌动作。组合活动包含了若干个活动或动作。组合活动用于描述一组相关联的活动，一个组合活动表面上看是一个状态，但其本质却是一组子活动的概况。为了清晰表达，活动图只引用组合活动的名称，该组合活动的内部流程则用单独的活动图表达。

图 5.11 为申请材料录入系统组合活动，这是内嵌了三个简单活动的组合活动，即申请材料录入系统时不但有基础信息的入库，还包括面积信息、图斑信息的入库。

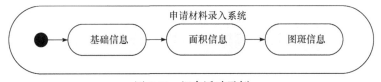

图 5.11　组合活动示例

(3) 分叉与汇合。对于一些复杂的大型系统而言，业务处理过程往往不只存在一个流程，而是存在两个或者多个并发运行的流程，即两个或者两个以上的流程在同一时间段内执行。为了对并发的流程建模，引入了分叉和汇合的概念。分叉用于表示将一个流程分成两个或多个并发运行的流程。汇合表示两个或多个并发流程的同步，即当所有的并发流程都到达汇合点时，

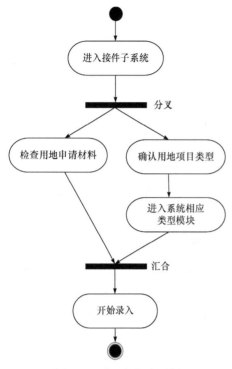

图 5.12　分叉与汇合示例

后续流程才被执行。

以国土空间规划信息系统为例，图5.12所示是关于接件人员录入建设用地申请信息的活动图。从起点开始，然后转换到活动状态"进入接件子系统"；接下来分叉，产生两个并发流程"检查用地申请材料"和"确认用地项目类型"；只有当"检查用地申请材料"和"进入系统相应类型模块"都完成时，并发流程才汇合，执行后续动作"开始录入"。

(4) 分支与合并。分支将流程分成多个分支流程，在不同条件下执行不同流程。当流程执行分支时，会根据判断条件来决定要执行的分支流程。每个分支流程的执行条件应该是互斥的，这样可以保证只有一条分支流程被执行。合并表示分支流程的结束。合并和分支常常成对使用。

在活动图中，分支与合并都是用空心的菱形表示。以国土空间规划信息系统为例，如图5.13所示，根据是否符合国土空间规划，分别执行分支流程"生成规划审查表格"或"检索是否符合规划修改条件"，而且在"检索是否符合规划修改条件"中也有两个分支"生成意见并转至规划修改环节""生成规划审查意见"。最终分支流程合并，执行"输出审查结果"后结束。

(5) 泳道。为了描述谁来执行活动，将活动按其责任对象进行分组，每个组称为一个泳道。每个泳道代表一个特定对象的职责区，该对象负责执行对应泳道中的活动。每个活动只能明确地属于一个泳道。在活动图中，每个泳道通过垂直线与它的相邻泳道相分离，泳道的上方是泳道的名称，不同的泳道中的活动既可以顺序进行也可以并发进行。

以国土空间规划信息系统为例，如图5.14所示，建设项目用地审批流程中，将规划科室人员、计划科室人员分为两个泳道。预审中的"是否符合供地政策"和"是否符合国土空间规划"在规划科室顺序进行，然后流转到计划科室"预支年度计划指标"，完成后再流转到规划科室"生成预审意见"。

(6) 对象流。对象流用于描述活动和对象之间的关系，即一个对象值从一个活动流向另一个活动。对象流可以描述活动使用对象，也可以描述活动给对象产生的影响。活动图中的对象用矩形表示，其中，包含带下划线的类名，在类名下方的中括号内则是状态名，表明了对象此时的状态。对象流用带箭头的虚线表达。如果箭头从活动指向对象流状态，则表示输出，即活动施加给对象的影响，包括创建、修改、撤销等。如果箭头从对象流状态指向活动，则表示输入。

以国土空间规划信息系统为例，图5.15描述了对象(建设项目用地审批)接件、预审、公示的工作流。用地申请项目被接件并核查后，发送至规划科室；规划科室接收项目后开始按步骤预审，生成预审意见后预审结束，并将结果发送至接件科室；接件科室将项目预审结果公示。

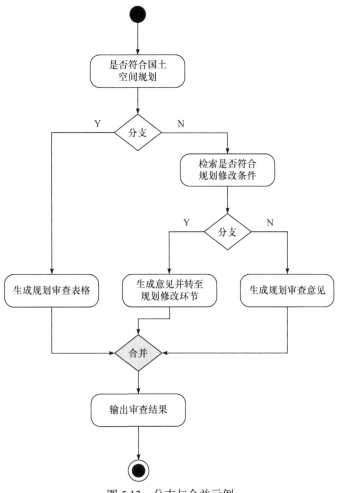

图 5.13 分支与合并示例

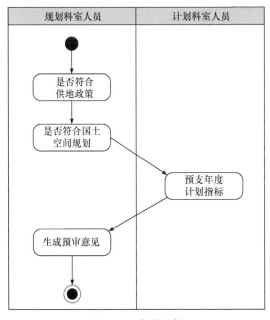

图 5.14 泳道示例

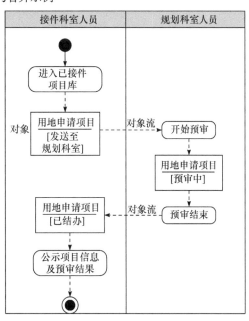

图 5.15 对象流示例

第三节　GIS 接口设计

GIS 接口是系统各部分(如硬件、软件)进行信息交换的通道。广义的 GIS 接口设计主要包括以下内容：系统与标准数据的接口、GIS 互操作接口、GIS 与系统硬软件环境之间的接口等。

5.3.1　系统与标准数据的接口

当我们设计一个 GIS 软件时，需要设计系统与标准数据的接口。标准数据是指常用的商业 GIS 软件的数据格式，如 SuperMap 的 SDB、ArcGIS 的 Shapefile、MapGIS 的 WT/WL/WP、AutoCAD 的 DWG/DXF 等。接口的形式有两种：一种是直接存取，所开发的软件提供对该数据格式的支持。这种方法使用较为方便，也不存在数据损失，但是实现起来较为复杂。而且，目前常用的 GIS 数据格式种类很多，很难实现对所有格式的支持。另一种是通过导入/导出机制进行数据转换，提供一种标准数据格式，用来与其他标准数据格式进行转换，如中国标准矢量交换格式 VCT 等。使用该方法与标准数据的交换，在数据格式变换过程中可能存在一定的数据损失。

5.3.2　GIS 互操作接口

互操作接口设计是指设计 GIS 之间、GIS 内各子系统之间和子系统内各个模块之间的接口，使它们能够较好地进行通信和实现功能共享。GIS 互操作接口的设计，要理清 GIS 与其他系统之间的交互内容，考虑系统硬软件平台差异、网络条件等，确定互操作接口。

1. 异质环境下的 GIS 互操作设计

对于异质环境下的 GIS 互操作，要考虑到因网络、操作系统、GIS 软件平台等的不同而带来的接口设计问题。通常，异质环境下的 GIS 接口设计，主要通过数据交换中心或中间件来实现。数据交换中心将分散建设的若干应用信息系统进行整合，使系统之间能进行信息/数据的传输、共享及互联互通，完成数据的抽取、集中、加载、可视化(图 5.16)。中间件处于应用

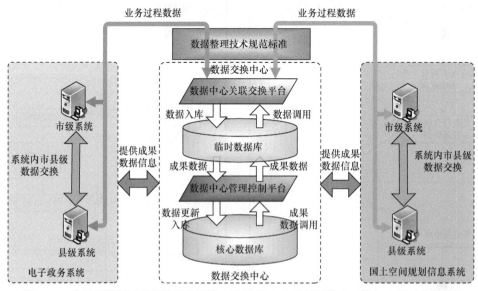

图 5.16　建设项目用地审批数据交换接口示例(国土空间规划信息系统与电子政务系统)

软件和系统软件之间, 是客户与服务器之间的连接件, 它能屏蔽硬件、网络环境、操作系统和异构数据库等的差别。一个好的中间件支持各种通信协议和各种通信服务模式, 传输各种数据内容, 支持数据格式转换和流量控制等。

2. GIS 子系统之间以及子系统内各模块之间的接口设计

GIS 内部接口设计需确定接口约定, 主要包括以下内容。

1) 命名约定

命名约定用来解决不同程序员和不同编程语言在命名方面的差别所带来的问题。各种语言对用来标识程序对象的标识符(或称名字)都有自己的规定, 程序员只有遵守它, 相应的语言编译程序才能实现它。

2) 调用约定

调用约定主要解决子程序的参数传递顺序问题。子程序的调用者和被调用者之间并非直接传递参数, 一般是通过堆栈进行的。调用约定规定子程序调用者以什么顺序将子程序的参数推入堆栈, 被调用者以什么顺序从堆栈中读取参数。

3) 参数传递约定

参数传递约定主要包括消息传递和直接引用。其中, 消息传递是面向对象程序设计中对象之间发送和接收消息的通信机制; 直接引用是指一个模块直接存取另一个模块的某些信息, 如全程变量、共享的通信区等。

5.3.3　GIS 与系统硬软件环境的接口

GIS 与系统硬件环境的接口设计。GIS 与外部硬软件环境是 GIS 与硬件连接、网络数据传输通道, 要理清 GIS 与其他系统之间的交互内容, 考虑系统硬软件平台差异、网络条件等, 设计与外部硬软件环境的接口。例如, 网络硬件应考虑交换机的性能、网络带宽等。

GIS 与系统软件环境的接口设计。GIS 与不同系统软件的接口设计可有效串联不同系统功能, 增强系统之间的交互与高效复用。例如, 计算机辅助设计(computer aided design, CAD)、办公自动化(office automation, OA)是政府部门 GIS 工程方案中系统软件环境的组成部分。CAD 是指某些部门(如自然资源和规划局)用计算机辅助设计软件(如 AutoCAD)建立起来的数据, OA 是指电子政务系统, 主要是通过网络分发数据、文档、图形(含地图)和通知等。建立 GIS 与 CAD 和 OA 等外部软件的接口, 可以更好地提高业务办公效率。GIS 软件可通过直接读取的方式实现与 CAD(DWG 或 DXF 格式)数据的交互, 或通过导入/导出机制来实现数据集成和应用。GIS 与 OA 的接口可采用 COM 组件技术等来实现。

第四节　GIS 用户界面详细设计

用户界面是用户对 GIS 最直接的感受途径, 因此用户界面往往受到最终用户和专家最多的关注, 面临修改甚至重新设计的可能性较大。在 GIS 用户界面设计和开发过程中, 一般采用原型法。根据用户需求快速设计建立界面原型, 然后由用户进行评价, 再根据用户的意见进行调整, 建立新的用户界面原型。此过程反复进行, 直至产生用户满意的界面产品为止。目前, 以 C#、Java 等为代表的可视化编程语言和大量界面快速设计工具的出现, 为快速生成窗口环境界面提供了便捷。

GIS 用户界面的详细设计主要包括两部分: GIS 输入设计和 GIS 输出设计。

5.4.1　GIS 输入设计

　　GIS 输入设计主要是根据总体设计和数据库设计的要求来确定数据输入的具体形式。输入到地理数据库的数据有两类，即空间数据和与之相联系的属性数据。空间数据描述了地理实体的空间位置，属性数据提供如道路名称、土地权属和植被类型等的描述信息。空间数据和属性数据输入 GIS 后应正确地链接起来(即属性必须与描述的地物位置正确匹配)，还应有严格的质量检查过程，以检验数据是否满足质量标准。

　　常用的数据输入方式包括键盘/鼠标输入、模-数转换输入、网络数据传送、光/磁盘读入等。这些输入方式各有优缺点(表 5.3)。其中，键盘输入虽然是最常用和易于实现的输入方式，但也是最烦琐的输入方式。通常在设计系统的输入时，应尽量利用已有的设备和资源，避免大量的数据重复多次从键盘输入。

表 5.3　常用数据输入方式比较

类别	输入设备	优点	缺点	适用性
键盘/鼠标输入	键盘和鼠标	直观、简便、易于操作	工作量大、速度慢、出错率高	需人工甄别或难以由计算机自动处理的信息的输入
模-数转换输入	光电设备	快速、可靠、安全	应用范围有限，有时需进行后续处理	传感器信息采集
网络数据传送	网线	快速、便捷、可靠、安全	数据传输，需网络连接	物联网等大数据获取；节点间数据远程传输
光/磁盘读入	光介质和磁介质	安全、可靠、操作方便	受传送介质容量的限制	系统间的数据交换

5.4.2　GIS 输出设计

　　GIS 输出设计是根据系统总体设计成果，确定系统输出的内容、形式与介质。其中，输出形式包括地图、图像、表格、文本、多媒体等，输出介质包括显示器、打印机、光盘、网络、VR/AR/MR 设备等。图 5.17 展示了 GIS 产品输出的形式和介质。

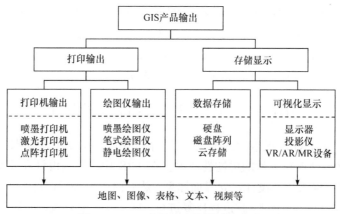

图 5.17　GIS 产品输出的形式和介质

　　GIS 输出内容中，地图是 GIS 输出设计的重点。一个好的 GIS 应能提供良好的、交互式的专题地图辅助制作和输出功能。当地图作为输出产品时，必须满足下述要求。

1) 地图内容的可靠性

地图内容的可靠性是产品质量的重要保证，它包括输入数据的正确性、所采用分析方法的合理性以及分析结果的适用性。为了减少人工操作、保证地图输出的可靠性，GIS 应尽可能将不需要人机交互的地图制作和输出的过程自动化或半自动化。

2) 地图表达方法的适用性

专题地图的表达要遵循地图学理论和相关技术标准，针对专题要素的特点、地图输出的形式进行合理的地图设计，包括地图符号化方法、地理信息的科学分类和分级、地图图面负载量的均衡等。

第五节　GIS 详细设计报告

"GIS 详细设计报告"要求包括：① "GIS 详细设计报告"要与"GIS 总体设计报告"逻辑一致；②GIS 详细设计成果表达符合有关标准规定；③内容涵盖功能模块具体实现方案、接口、用户界面设计成果。

"GIS 详细设计报告"(类似于计算机软件工程中的"系统详细设计规格说明书")用来描述和表达详细设计的成果(图 5.18)。"GIS 详细设计报告"中的模块说明表是对功能模块的详细设计成果的概括(表 5.4)。

```
1  引言
   1.1  编写目的(阐明编写目的，指明用户对象)
   1.2  定义(术语的定义)
   1.3  参考资料(引用的资料、标准和规范)
2  GIS 模块的组织结构
   用图表列出 GIS 内每个模块的名称、模块之间的层次关系
3  GIS 功能模块具体实现方案设计
   3.1  功能模块 1 具体实现方案设计
      3.1.1  模块概述
         本模块要实现的功能
      3.1.2  模块性能
         本模块要达到的性能要求
      3.1.3  输入项
         描述每一个输入项的特征(如标识符、数据类型、数值范围、输入方式等)
      3.1.4  输出项
         描述每一个输出项的特征(如标识符、数据类型、数值范围、输出方式等)
      3.1.5  处理过程
         用程序流程图等详细表达处理过程
      3.1.6  模块调用
         列出和本模块有调用关系的所有模块
   3.2  功能模块 2 具体实现方案设计
      ......
4  GIS 接口设计
   4.1  外部接口设计
      4.1.1  与外部数据的接口
      4.1.2  与硬件环境的接口
      4.1.3  与软件系统的接口
   4.2  内部接口设计
      4.2.1  命名约定
      4.2.2  调用约定
      4.2.3  参数传递约定
```

图 5.18　GIS 详细设计报告

```
5   用户界面设计
    5.1   子系统界面设计
    5.2   模块界面设计
6   结语(模块，接口，界面)
附件 模块说明表
```

图 5.18　(续)

表 5.4　模块说明表

模块名：建设 项目用地监测	模块编号：3.2		所属模块：规划实施管理库		设计者：张三
调用本模块的模块名：规划实施管理模块					
本模块调用的其他模块名：空间叠加分析模块、监测预警模块等					
功能概述：判断建设范围是否在批准的建设项目用地范围内					
处理描述：输入实际用地范围、批准用地范围，将实测数据和建设项目数据叠置分析，输出监测结果					
调用格式：Detection (polygon &landBuilt, polygon &landApproved)					
返回值：True/False					
内部接口	名称	数据类型	数值范围	I/O 标志	备注
	CalArea	double	[0, 区域面积]	T/F	计算面积
外部接口	名称	数据类型	I/O 标志	格式	媒体	备注
	FileRead	文件	T/F	*.shp	磁盘	读取实际用地 范围信息

　　系统详细设计完成后，需要对 GIS 详细设计报告进行评审。GIS 详细设计报告审议项目包括一致性、科学性、规范性、完整性(表 5.5)。

表 5.5　GIS 详细设计报告审议项目列表

审议项目	审议内容
一致性	详细设计报告与总体设计报告是否逻辑一致？
科学性	模块独立性、接口关系、规模是否适中？
	数据结构、输入与输出是否合理？
规范性	功能模块具体实现方案表达是否规范？
	接口设计是否遵循相关行业标准？
完整性	系统详细设计文档是否齐全？
	系统详细设计内容是否完整？

思　考　题

1. GIS 系统详细设计的任务有哪些？

2. 结构化系统详细设计的工具有哪些？各自有什么特点？

3. 如果 GIS 功能模块处理过程很复杂，难以用单个程序流程图表达，应该如何表达？

4. 如何将程序流程图(PFC)转换成 N-S 盒式图？

5. 面向对象的系统详细设计工具有哪些？

6. 从系统定义到总体设计、详细设计，是如何逐步细化 GIS 功能模块设计的？

第六章　地理数据库设计

第一节　地理数据库设计任务

地理数据库设计是 GIS 设计的核心内容之一，不论是小型单机版 GIS 还是复杂的企业级 GIS，都需要使用地理数据库来存储和维护地理数据。地理数据库的性能是衡量 GIS 软件性能的重要指标。

地理数据库系统设计的主要任务是：调查并梳理用户对数据管理、应用等的需求；梳理能反映现实世界的地理实体及其之间的联系；确定数据模型、存储结构、存取方法，并提出地理数据库相关功能的实现方案。通常地理数据库设计还应包括地理数据库实现的内容，其主要任务是：明确地理数据库的创建与部署流程，建立地理数据库管理系统；明确数据采集流程并将收集来的地理数据入库。

地理数据库设计过程中首先要进行的一项工作是地理数据库的需求分析，包括分析系统需要使用的数据内容、这些数据的来源或生产方式、系统需要对数据进行的处理、这些数据之间的关系以及用户对数据管理和使用的要求。地理数据库需求分析包括三个步骤：一是用户需求调查；二是地理数据现状分析；三是数据管理系统现状分析(图 6.1)。

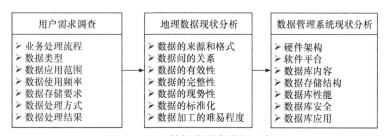

图 6.1　地理数据库需求分析示意图

其中，用户需求调查在地理数据库需求分析中具有重要地位。建立地理数据库是为了用户更好地利用和共享地理数据资源，而用户对地理数据及其处理方法的需求多种多样，希望能通过地理数据库有效、灵活和经济地解决烦琐复杂的地理数据处理工作，这就需要全面调查和分析用户对地理数据及数据处理的需求。用户需求调查方法通常采取与 GIS 用户面对面讨论的形式，为形成地理数据库设计报告奠定基础。地理数据库设计报告形成后，应送交用户评议以证实地理数据库设计的准确性和完整性，用户的修改建议必须在最终设计报告中反映出来。

第二节　概念模型：空间实体-关系模型设计

6.2.1　E-R 模型

实体-关系(entity-relation，E-R)模型，又称基本 E-R 模型，由 Peter Chen 于 1976 年提出，是一种用实体、关系、属性来描述现实世界的数据模型，是构建信息系统或数据库概念模型的一种有效工具或有效方法(也称为 E-R 方法)。虽然近几年面向对象数据模型十分流行，但 E-R

模型仍很实用。

E-R 模型可以超脱于具体的数据库管理系统,注重表达数据与数据间的关系,而非实体的属性,具有直观、自然、语义丰富等特点。其目的是:试图建立一个统一的数据模型,以概括层次、网状和关系三个传统的数据模型;作为三种传统数据模型相互转换的中间数据模型,以比较自然的方式描述现实世界。E-R 模型用实体、属性、关系来描述现实世界,并在此基础之上逐步转换为面向具体数据库管理系统的数据模型。

1) 实体(entity)

实体是所关心的客观事物的抽象,并且可以被唯一地标识。这些客观事物可以是任何一类的人、物或概念,是系统管理、操作的数据对象。识别实体的原则是:其一,如果数据对象相对独立,并可唯一标识,且具有自己的属性,则该数据对象可能是一类实体;如果它仅是某类实体的特征,则它是一类属性。其二,如果数据对象与已识别的实体间存在关系/联系,则该数据对象(已是某类实体属性的数据对象除外)可能是一类实体。

2) 属性(attribute)

属性是实体的特征。一个实体总是通过其属性来描述的,对实体的管理和分析的操作是通过对属性的操作来实现的。

3) 关系(relationship)

实体之间的联结称为关系。因为现实世界中的客体是彼此联系的,所以信息世界中的实体间也是有关系的。例如,职工和单位之间是存在关系的,职工在单位中工作,属于该单位,而单位又必须有职工。关系的种类主要包括拥有/属于关系、集/子集关系、父/子关系、实体的组成关系等,这些关系又可分为一对一($1:1$)、一对多($1:N$)、多对多($M:N$)等类型。而且实体有自己的属性,关系也可以有自己的属性。

E-R 模型要通过 E-R 图表达出来。在 E-R 图中,矩形框表示实体,矩形框内写明实体名称;椭圆图框表示实体的属性,椭圆图框内写属性名;菱形框表示实体型之间的关系,菱形框内写关系名;实心线段将有关系的实体连接起来,线段旁边标注关系的类型($1:1$、$1:N$ 或 $M:N$)。

图 6.2 为国土空间规划信息系统中用户管理模块的部分 E-R 模型示例图,图中共有 4 个实体,即用户、角色、用户详情、操作记录。另外,图中还给出了这 4 个实体的属性以及实体间的关系。

6.2.2　空间 E-R 模型

根据地理数据的空间特征对基本 E-R 模型进行扩展,这种模型便称为空间 E-R 模型,它最初由 Calkins 提出,在 GIS 中有成功的应用。

1) 地理实体及其表达

空间 E-R 模型能够对现实世界中的地理实体进行表达和描述。地理实体是对地理对象的抽象,可以被唯一地标识。它除了一般实体的普通属性外,还具有区别于一般实体的空间特征。空间特征一般用点、线、面或 grid cell、tin、image pixel 表示。

Calkins 定义了三种地理实体类型:①具有空间特征的一般实体;②需用多种空间尺度(类型)表达的实体,如道路在一些 GIS 中既可表达为线,又可表达为面;③需表达多时相的实体,如十年的土地利用状况。上面三种地理实体分别用单个特定矩形框、两个层叠的特定矩形框、三个层叠的特定矩形框表示。

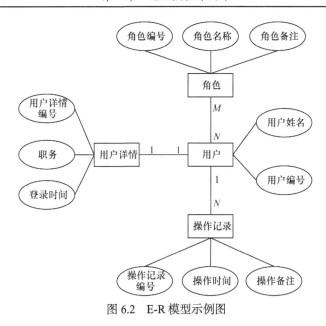

图 6.2 E-R 模型示例图

2) 地理实体的关系及其表达

与地理实体一样,地理实体间的关系也具有双重性,既具有一般实体间的关系,如拥有/属于关系、集/子集关系、父/子关系等,也具有地理实体所特有的关系,如拓扑关系(包括点与点的相离、相等;点与线的相离、相接、包含于;点与面的相离、包含于;线与线的相离、相交、接触;线与面的相离、相交、接触、包含于;面与面的分离、交叠、接触等)。Calkins 把地理实体间的关系归纳为三类:一般关系(如拥有、组成等)、拓扑关系、由空间操作导出的关系(如交叠、跨越等),并分别用菱形、六边形、双线六边形表示。表 6.1 针对空间 E-R 模型的特点,将其与基本 E-R 模型进行了比较。

表 6.1 基本 E-R 模型和空间 E-R 模型的异同点比较

对比项目	基本 E-R 模型	空间 E-R 模型
例子	学生(姓名、性别、年龄、入学时间、住址)	允许建设区(允许建设区编号、允许建设区面积) 行政区(行政区名称、行政区代码)
实体构成	实体 → 一般实体及其属性	地理实体 → 一般实体及其属性 / 地理实体及其属性
实体表达	学生	地理实体类型 → 允许建设区 polygon G T 实体名称 坐标标识 拓扑标识
实体类型	一种:一般实体(无空间实体对应)	三种:一般实体(与地理实体对应) 多空间/尺度/类型的地理实体

续表

对比项目	基本 E-R 模型	空间 E-R 模型
实体类型	一种：一般实体(无空间实体对应)	多时相的地理实体
关系类型	一种：	三种： 一般关系
		拓扑关系
		由空间操作导出的关系
属性	姓名、性别、……	允许建设区编号、允许建设区面积、……

图 6.3 是行政区与建设用地空间管制分区的空间 E-R 图。图中，矩形框代表的是地理实体，如国土空间规划信息系统中的"行政区""允许建设区""有条件建设区"。图中出现的实体带有地理实体类型、坐标和拓扑关系，称为地理实体。以"行政区"为例，该地理实体的空间数据类型为多边形(polygon)，G 存放的是该实体空间坐标，T 存放的是该实体的拓扑关系。图 6.3 中的六边形框表示实体间的拓扑关系。

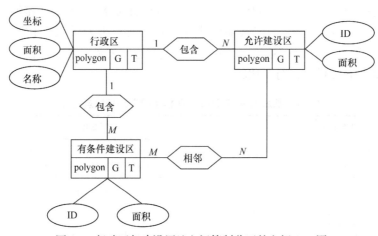

图 6.3　行政区与建设用地空间管制分区的空间 E-R 图

第三节　逻辑设计：地理数据模型设计

数据模型是对现实世界数据特征的抽象，描述了数据的静态特征、动态行为和约束条件，为数据库系统的信息表示与操作提供一个抽象的框架。数据模型设计的任务是把实体-关系模型设计阶段产生的 E-R 模型变换为适应于特定数据库管理系统所支持的数据模型。在所有的数据模型中以关系数据模型最为常用。

6.3.1　关系数据模型

关系数据模型是以关系代数为理论基础发展出来，以集合为操作对象的数据模型。关系数据模型将实体、实体间的关系均看作一种关系，用二维表的形式表示实体和实体间关系，二维表的集合就构成了关系数据模型。表 6.2 所示为地类图斑基本信息的一种关系模型。

表 6.2　地类图斑属性表

图斑编号	地类名称	地类编码	地类面积/hm²
01	耕地	01	40.70
02	林地	03	15.67
03	草地	04	3.82
04	工矿仓储用地	06	99.64
05	住宅用地	07	31.95
06	公共管理与公共服务用地	08	1.53
07	交通运输用地	10	30.80
08	水域及水利设施用地	11	31.71
09	耕地	01	22.57
10	园地	02	12.36
11	林地	03	9.21
12	草地	04	8.98
13	商服用地	05	6.76
14	工矿仓储用地	06	100.14
15	住宅用地	07	33.87
16	公共管理与公共服务用地	08	1.65
17	交通运输用地	10	32.24
18	水域及水利设施用地	11	4.84

关系模型虽然数据结构单一，但能表达丰富的语义。下面介绍 GIS 关系数据模型中的基本术语。

1) 关系(relation)

关系就是二维表，它满足如下条件：①关系表中不能重名；②表中的行、列次序每一列都是不可再分的基本属性；③表中各个属性顺序并不重要，如果交换列的前后顺序，不影响表达的语义。

2) 属性(attribute)

二维表中的每一个列称为一个属性。每个属性的名字称为属性名，二维表中对应某一列的值称为属性值；二维表中列的个数称为关系的元数。如表 6.2 所示的地类图斑关系(表)中有图斑编号、地类名称、地类编码、地类面积 4 个属性。

3) 值域(domain)

二维表中属性的取值范围称为值域。例如，在表 6.2 中，"地类编码"列的取值为土地利用现状分类所规定的代码，不能超出土地利用类型编码的范围。

4) 超键(super key, SK)

在一张表中,能唯一标识一个元组的单个属性或一组属性(属性集),称为超键。表中任何两个实体的元组(或记录),该属性或属性集值的组合都不同。

5) 候选键(candidate key, CK)

在一张表中,能够唯一标识表中一个元组(或一条记录)且没有冗余属性的超键,称为该表的候选键。候选键是没有冗余属性的超键。一张表可以有多个候选键,如表 6.2 中,"图斑编号""地类名称""地类编码"都是该表的候选键。

6) 主键(primary key, PK)

当一张表中有多个候选键时,指定一个候选键作为主键,用以标识各个元组。每一张表都有并且只有一个主键,主键可以由多个属性共同组成,通常用较小的属性组合作为主键。如表 6.2 中,因为候选键都只有一个属性,可以指定"图斑编号""地类名称""地类编码"中任意属性作为该表的主键。

7) 外键(foreign key, FK)

假设有两张表,表 A 和表 B 都包含某个属性,该属性不是表 A 的主键,但它却是表 B 的主键,则称这个属性为表 A 的外键。每一张表可以有若干个外键,外键表达了两张表之间的关系。

6.3.2　E-R 模型到关系数据模型的映射

E-R 模型可以按规则转换为多种类型的逻辑数据模型。关系模型是当前使用最为广泛的逻辑模型,大多的商业数据库系统都支持关系数据模型。在基于关系数据库系统的数据库设计过程中,需要将需求分析产生的 E-R 模型按照关系模型的要求进行规范化和标准化设计,包括实体、实体关系的设计等。E-R 模型到关系数据模型的映射就是将 E-R 模型中的实体和实体间的关系按照一定的规则转换为关系表的过程。

E-R 模型到关系模型的映射主要有以下步骤。

(1) 将每个实体映射成一张表。实体的属性映射成表的属性(图 6.4)。

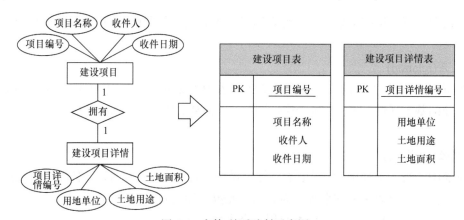

图 6.4　实体-关系映射示意图

(2) 对于 1:1 的关系,将任一张表的主键添加为另一张表的外键(图 6.5)。

(3) 对于 1:N 的关系,把"1"侧表的主键作为"N"侧表的外键(图 6.6)。

(4) 对于 $M:N$ 的关系, 则处理方式不同。每个 $M:N$ 联系被映射成一个新的表。表的名称就是关系的名称, 而表的主键由参与实体的主键对组成。若关系有属性的话, 则成为新表的属性(图 6.7)。

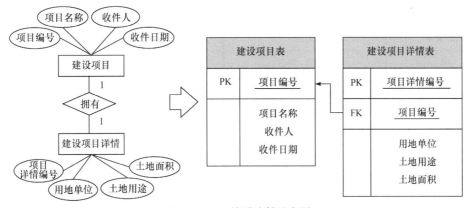

图 6.5　1:1 关系映射示意图

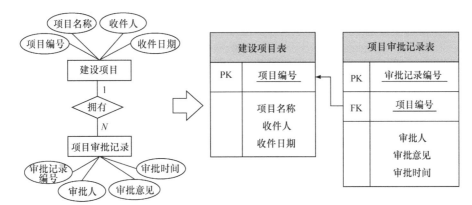

图 6.6　1:N 关系映射示意图

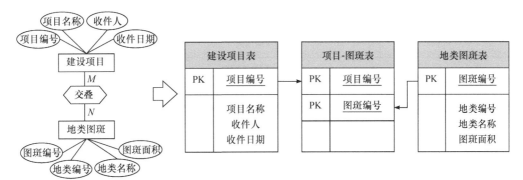

图 6.7　M:N 关系映射示意图

6.3.3　关系数据模型规范化

为了在数据模型设计中更好地减少数据冗余、提高存储效率, 需要对关系数据模型进行规范化。范式(normal form, NF)是英国人 Codd 在 20 世纪 70 年代提出关系数据库模型后总结出来的。范式是关系数据库的理论基础, 也是在数据模型设计过程中所要遵循的规则。

1) 第一范式(1NF)

每列属性的值都是不可分割的，即每条数据每个属性只包含一个内容。如表 6.3 中的地类包含多个内容，需要拆分成多个属性(表 6.4)。

表 6.3　第一范式(1NF)优化前数据表

图斑编号	地类	图斑编号	地类
01	耕地、01	07	住宅用地、07
02	园地、02	08	公共管理与公共服务用地、08
03	林地、03	09	特殊用地、09
04	草地、04	10	交通运输用地、10
05	商服用地、05	11	水域及水利设施用地、11
06	工矿仓储用地、06	12	其他土地、12

表 6.4　第一范式(1NF)优化后数据表

图斑编号	地类名称	地类编码
01	耕地	01
02	园地	02
03	林地	03
04	草地	04
05	商服用地	05
06	工矿仓储用地	06
07	住宅用地	07
08	公共管理与公共服务用地	08
09	特殊用地	09
10	交通运输用地	10
11	水域及水利设施用地	11
12	其他土地	12

2) 第二范式(2NF)

满足第一范式后，针对组合主键而言，其他每一列属性都和主键完全相关，即不能只与主键中的某一部分属性一一对应。如表 6.5 中，行政单元和地类编码为联合主键，而地类名称只与地类编码相关，即只与联合主键的部分属性一一对应，因此不符合第二范式。

表 6.5　第二范式(2NF)优化前数据表

行政单元	地类编码	地类名称	地类面积/hm²
新南村	01	耕地	40.70
新南村	03	林地	15.67

续表

行政单元	地类编码	地类名称	地类面积/hm²
新南村	04	草地	3.82
新南村	06	工矿仓储用地	99.64
新南村	07	住宅用地	31.95
新南村	08	公共管理与公共服务用地	1.53
新南村	10	交通运输用地	30.80
新南村	11	水域及水利设施用地	31.71
省庄村	01	耕地	22.57
省庄村	02	园地	12.36
省庄村	03	林地	9.21
省庄村	04	草地	8.98
省庄村	05	商服用地	6.76
省庄村	06	工矿仓储用地	100.14
省庄村	07	住宅用地	33.87
省庄村	08	公共管理与公共服务用地	1.65
省庄村	10	交通运输用地	32.24
省庄村	11	水域及水利设施用地	4.84

　　将不完全和主键相关的属性分离，形成多张表，既能使得表的内容更加清晰，同时也减少了数据冗余。按照第二范式，将表 6.5 拆分为行政单元地类及其面积表[表 6.6(a)]和地类编码及名称表[表 6.6(b)]。

表 6.6　第二范式(2NF)优化后数据表

(a) 行政单元地类及其面积表

行政单元	地类编码	地类面积/hm²
新南村	01	40.70
新南村	03	15.67
新南村	04	3.82
新南村	06	99.64
新南村	07	31.95
新南村	08	1.53
新南村	10	30.80
新南村	11	31.71
省庄村	01	22.57

(b) 地类编码及名称表

地类编码	地类名称
01	耕地
02	园地
03	林地
04	草地
05	商服用地
06	工矿仓储用地
07	住宅用地
08	公共管理与公共服务用地
10	交通运输用地

行政单元	地类编码	地类面积/hm²
省庄村	02	12.36
省庄村	03	9.21
省庄村	04	8.98
省庄村	05	6.76
省庄村	06	100.14
省庄村	07	33.87
省庄村	08	1.65
省庄村	10	32.24
省庄村	11	4.84

地类编码	地类名称
11	水域及水利设施用地

3) 第三范式(3NF)

在第二范式的基础上，第三范式要求，每一列属性都与主键直接相关。如表 6.7 为地类图斑信息表，符合第一范式和第二范式，但地类名称通过地类编码与主键(图斑编号)间接相关，不符合第三范式。

表 6.7　第三范式(3NF)优化前数据表

图斑编号	行政单元	地类编码	地类名称	地类面积/hm²
01	新南村	01	耕地	40.70
02	新南村	03	林地	15.67
03	新南村	04	草地	3.82
04	新南村	06	工矿仓储用地	99.64
05	新南村	07	住宅用地	31.95
06	新南村	08	公共管理与公共服务用地	1.53
07	新南村	10	交通运输用地	30.80
08	新南村	11	水域及水利设施用地	31.71
09	省庄村	01	耕地	22.57
10	省庄村	02	园地	12.36
11	省庄村	03	林地	9.21
12	省庄村	04	草地	8.98
13	省庄村	05	商服用地	6.76
14	省庄村	06	工矿仓储用地	100.14
15	省庄村	07	住宅用地	33.87
16	省庄村	08	公共管理与公共服务用地	1.65
17	省庄村	10	交通运输用地	32.24
18	省庄村	11	水域及水利设施用地	4.84

按照第三范式，将表 6.7 中与主键间接相关的属性分离，形成行政单元地类及其面积表[表 6.8(a)]和地类编码及名称表[表 6.8(b)]。

表 6.8　第三范式(3NF)优化后数据表

(a) 行政单元地类及其面积表

图斑编号	行政单元	地类编码	地类面积/hm²
01	新南村	01	40.70
02	新南村	03	15.67
03	新南村	04	3.82
04	新南村	06	99.64
05	新南村	07	31.95
06	新南村	08	1.53
07	新南村	10	30.80
08	新南村	11	31.71
09	省庄村	01	22.57
10	省庄村	02	12.36
11	省庄村	03	9.21
12	省庄村	04	8.98
13	省庄村	05	6.76
14	省庄村	06	100.14
15	省庄村	07	33.87
16	省庄村	08	1.65
17	省庄村	10	32.24
18	省庄村	11	4.84

(b) 地类编码及名称表

地类编码	地类名称
01	耕地
02	园地
03	林地
04	草地
05	商服用地
06	工矿仓储用地
07	住宅用地
08	公共管理与公共服务用地
10	交通运输用地
11	水域及水利设施用地

第四节　存储设计：数据存储结构设计

地理数据存储结构是指数据记录的存储方式，包括顺序存储、散列存储和索引存储。

6.4.1　顺序存储

顺序存储是一种将逻辑上相邻的数据块存储在物理位置相邻的存储单元中的数据存储结构。顺序存储结构的主要优点是节省存储空间，因为分配给数据的存储单元全部用来存放节点的数据，节点之间的逻辑关系没有占用额外的存储空间。这种方法可实现对数据的随机存取，即每一个数据对应一个序号，由该序号可以直接计算出来数据的存储地址。但顺序存储方法的缺点是不便于修改，对数据进行插入、删除运算时，可能要移动一系列的数据。

6.4.2　散列存储

散列存储，是一种将数据元素的存储位置与关键码(如地理要素的 ID 号)之间建立对应关系的数据存储结构。其基本思想是以关键码为自变量，通过一个确定的函数关系，计算出相应的函数值，数据存储在这个函数值所对应的存储单元中。通过散列存储，在查找时可以根据要查找的关键码，用同样的函数快速地计算出存储地址，从而提高存取效率。但是，这种存储结构存在数据存储不均衡、资源浪费等缺点。

6.4.3　索引存储

索引存储结构存储数据块和索引(如位置指针等)，然后根据索引来确定数据块的存储位置。对于地理数据，索引又特指空间索引，是指依据空间对象的位置和形状或空间对象之间的某种空间关系按一定的顺序排列的数据结构，其中包含空间对象的概要信息，如对象的标识、外接矩形及指向空间对象实体的指针。

作为一种辅助性的地理数据结构，空间索引介于空间操作算法和空间对象之间，通过筛选作用，大量与特定空间无关的地理数据被过滤，从而提高地理数据检索的速度和效率。空间索引的性能直接影响地理数据库和 GIS 的整体性能。常见的空间索引有四叉树、R 树等。

1) 四叉树

四叉树是由 Finkel 与 Bentley 在 1974 年提出的一种树状数据结构，是 GIS 中常用的空间索引之一。四叉树索引的基本思想是将地理空间递归划分为不同层次的树结构。它将已知范围的空间等分成四个相等的子空间，如此递归下去，直至树的层次达到一定深度或者满足某种要求后停止划分。四叉树结构简单，并且当地理数据对象分布比较均匀时，具有比较高的地理数据插入和查询效率。四叉树的结构如图 6.8 所示，地理空间对象都存储在叶子节点上，中间节点以及根节点不存储地理空间对象。

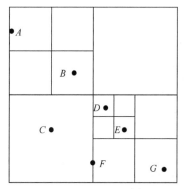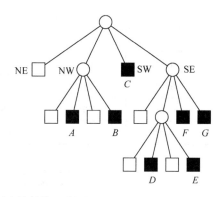

图 6.8　四叉树存储结构示意图

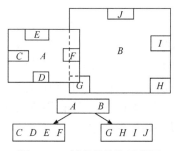

图 6.9　R 树存储结构示意图

2) R 树

R 树由 Guttman 在 1984 年提出。R 树的核心思想是聚合距离相近的节点，并在树结构的上一层将其表示为这些节点的最小外接矩形(minimal bounding rectangle，MBR)，这个最小外接矩形就成为上一层的一个节点(图 6.9)。叶子节点上的每个矩形都代表一个对象，节点都是对象的聚合，并且越往上层聚合的对象就越多。

第五节 功能设计：数据存取、检索与共享设计

6.5.1 数据存取设计

数据存取方法是快速存取地理数据库中数据的技术。数据库管理系统会提供多种数据存取方法，具体采用哪种方法要根据数据的存储结构来确定。

1. 空间数据引擎

空间数据引擎(spatial database engine，SDE)是 GIS 中介于应用程序和地理数据库之间的中间件技术，它为用户提供了访问地理数据库的统一接口，是 GIS 地理数据库设计中的关键技术。

从体系结构上空间数据引擎一般分为三种体系：两层体系结构、三层体系结构、两层与三层混合结构，常用的是两层体系结构。图 6.10 显示了两层体系结构 SDE 的工作原理：GIS 客户端发出请求，SDE 服务器端处理这个请求，转换为数据库管理系统(database management system，DBMS)能处理的请求事务；DBMS 处理完相应的请求后，SDE 服务器端再将处理的结果实时反馈给 GIS 的客户端。

通用的地理数据的存储方式是将空间数据与属性数据分别存储，空间数据因其复杂的数据结构，多以文件的形式保存，而属性数据多利用关系数据库存储。通过 SDE 则可以把这两种数据同时存储到数据库中，提高了数据存储效率并保证了完整性。不仅如此，SDE 提

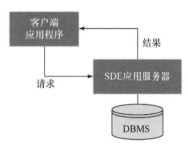

图 6.10 两层体系结构 SDE 的工作原理

供快速的空间数据提取和分析功能，可进行基于拓扑的查询、缓冲区分析、叠加分析、合并和切分等。目前，商业 GIS 软件的空间数据引擎较多，常见的有以下几种：①美国环境系统研究所(Environmental Systems Research Institute，ESRI)公司的 ArcSDE，支持目前大多数大型商用数据库，同时还支持个人数据库。②北京超图股份有限公司的 SDX+，提供了通用的访问机制来访问存储在不同引擎里的数据。各种空间几何对象和影像数据都可以通过 SDX+引擎存放到关系型数据库中，形成空间数据和属性数据一体化的空间数据库。③深圳中地数码控股有限公司的 MAPGIS-SDE，通过将空间数据类型加到关系数据库中存储和组织数据库中的空间要素，从而不改变和影响现有的数据库或应用。

2. 地理数据输入

地理数据输入包括空间数据的输入和属性数据的输入。空间数据有地图、遥感图像、实测数据等；属性数据是有关空间实体的属性信息。空间数据输入的主要方式包括坐标导入、矢量数据格式转换、遥感影像解译等，而属性数据输入的主要方式包括手动输入、与外部数据关联赋值、字段运算赋值等。

地理数据输入设计主要考虑如下几点因素：①数据的组织和存放。②完整的符号库，包括点状符号、线状符号、面状符号等。③良好的输入界面和数据接口。

良好的地理数据输入设计必须遵循以下原则：①良好的交互性。如设计确认输入、确认删除、确认取消等提示，为用户提供必要的反馈和帮助信息。②允许用户进行简单的数据编辑。

③提供恢复功能，允许恢复到出现错误前的正确状态。④对于手动输入的数据，要提供缺省值、输入格式、有效性检验等功能，使用户快速而准确地输入数据。

3. 地理数据输出

地理数据输出是指按实际应用的要求和可视化原则，将 GIS 操作和分析的结果展示给用户的过程。输出方式包括地图打印、屏幕显示、AR/VR/MR 显示和 3D 打印等。在输出设计时，应注意以下几点。

(1) 从美学原则出发，确定地图的版式、各个要素的位置、符号的大小和色彩等。

(2) 地理数据的输出应带有一定的灵活性，允许用户对输出内容进行动态组合。

(3) 为经常输出的地理数据设计专题地图模板，以便于用户使用系统。

(4) 地理数据输出的形式尽可能多样化，如地图打印、屏幕显示、AR/VR/MR 显示等。

6.5.2 数据检索设计

地理数据检索的目的是从地理数据库中快速高效地检索出所需要的数据，其实质就是按一定条件对地理实体的空间数据和属性数据进行查询检索，形成一个新的地理数据子集。检索设计主要根据 GIS 应用的实际要求，用 SQL 语言、扩展 SQL 语言和具有检索功能的 GIS 命令来实现。表 6.9 归纳了 GIS 应用中的各种数据检索类型及其特点。

表 6.9　数据检索类型及其特点

检索类型	检索方法	特点
鼠标定位检索	鼠标定位于图形区域得到相应属性数据；鼠标指向属性数据则高亮显示相应空间数据	实现了空间数据和属性数据的双向查询检索
分层检索	在分层组织和存储的 GIS 数据中，检索某一特定图层的空间数据和属性数据	提高了检索速度
开窗检索	在屏幕上任意开一个窗口，检索窗口内的空间数据和属性数据	对于 GIS 叠置分析大有好处，也可进行缓冲区检索
条件检索	根据属性条件来检索空间数据，常用的地址匹配检索就属于条件检索	用属性数据的数据项与运算符来构建条件表达式
空间检索	是基于空间关系的检索，包括拓扑关系、顺序关系(如左、右、上、下、前、后等)、度量关系(如距离)	复杂度高，检索速度慢

其中，空间检索是目前地理数据检索研究的热点，最常见的地理数据检索是基于拓扑关系(包括邻接、关联、包含等)的空间检索。下面列出了主要的基于拓扑关系的空间检索分类。

(1) 面-面关系检索。面-面的关系有 8 种，面-面关系检索主要是查询并判断多个面实体之间是否相邻、包含、相交以及方向距离关系等。如查询与长江邻接的土地利用类型有哪些；与江苏省相邻的省份有哪些等。

(2) 线-线关系检索。线-线关系检索主要是查询并判断线与线之间是否有邻接、相交、平行、重叠以及方向距离关系等。如查询河流的支流，就是查询同干流相交的河流。

(3) 点-点关系检索。主要是查询并判断点与点之间距离、方向以及重叠等关系。如查询某消防支队方圆 5km 内的化工厂。

(4) 线-面关系检索。主要是查询并判断线与面之间的距离、方向、相交及重叠等关系。如查询沪宁高速公路穿越的行政区有哪些。

(5) 点-线关系检索。主要是查询并判断点与线之间距离、方向、相交及重叠等关系。如查询从湖北到上海区段内，长江上有几座大桥；有哪几条高速公路及河流贯穿上海。

(6) 点-面关系检索。主要是查询并判断点与面之间距离、方向及包含等关系。如在西北干旱地区，检索某县内所有的水井。

(7) 边缘匹配检索。它指空间检索在多幅地图的数据文件之间进行时，需要应用边缘匹配处理技术，建立跨越图幅边界的多边形，提取与查询相关联的图幅数据，然后将这些数据自动地组织到连续的窗口范围内。

6.5.3　数据共享设计

地理数据共享可以避免信息孤岛、避免地理数据重复采集和资源浪费，是 GIS 界一直关心的问题。此处介绍四种数据共享的途径。

(1) 数据转换。包括有语义约束的数据格式转换和没有语义约束的数据格式转换。因为不同的软件表达空间实体的方式往往有差异，不能保证所有的信息都能转换成功，存在数据损失。所以，在数据转换后还需要进行手工编辑。

(2) GIS 互操作。它是以统一的标准通信协议为基础实现地理数据共享的行为，采用该方式不仅能实现地理数据共享，还可以实现 GIS 功能的互操作。GIS 互操作使不同系统之间能够更安全地获取和处理对方的数据，使用户能够方便地查询和使用所需的信息，使信息管理者能够管理好数据、向用户提供资源。

(3) 地理数据共享平台。即在一个物理数据交换平台上同时支撑多部门、多业务、多系统的地理数据交换。通过地理数据共享平台，相互隔离的不同系统间可实现地理数据交换，有效地解决各应用系统间地理数据共享问题。

(4) 地理信息服务(GIS services)。地理信息服务通过对多尺度、多时相、多源、多类型、动态化的地理信息数据库的转换和整合，建立地理空间框架数据和完整的服务资源目录，提供电子地图服务、数据访问服务和数据处理服务等，实现地理信息资源共享。

第六节　地理数据采集与建库设计

6.6.1　建库前准备工作

1. 数据源质量控制

从获取原始数据至数据入库，其中每个环节的错误都会影响所建立的地理数据库质量。为此，每一步骤均应遵循严格的质量标准和数据管理的责任制度。数据源的质量控制主要包括数据源选择和数据质量标准两个方面。

1) 数据源选择

GIS 地理数据库的建立，首先应考虑数据源的科学基础及更新的技术保证。就全国范围来看，部门、地区之间数据源质量是很不平衡的。主管部门应充分考虑本行业和本地区的具体条件，因势利导，在数据源和更新条件有保障的部门和地区逐步试建数据库。在地理数据库设计的时候，要根据应用需求保证数据的精度和获取途径。

GIS 的数据类型随应用领域的不同而有所差异，根据数据源的种类，可分为以下几种：①实测数据，如野外实地勘察数据、测量数据，台站的观测记录数据等。②分析数据，如利用物理、化学方法或地理数据分析技术生产的数据。③地图数据，如各种类型的专题地图以及地形图的地图数据或资料等。④统计调查数据，如各种类型的统计报告、社会调查数据等。⑤遥感和 GNSS 数据，如利用遥感和 GNSS 技术获得的对地观测数据等。

2) 数据质量标准

地理数据库应制订数据质量标准和采集存储原则，作为鉴定和验收数据质量的依据，包括：①数据的分类系统。②数据类型(或项目)的名称和定义。③数据获取方法的评价。④数据获取所使用的仪器设备及其精度的规定。⑤数据获取时的环境背景和测试条件的规定。⑥数据的计量单位(量纲)和数据精度分级的规定。⑦数据的编码或代表符号的规定。⑧数据的更新周期的规定。⑨数据的密级和使用数据的规定。

各类数据质量标准的制定原则：如果已经有国家数据质量标准或国际通用数据质量标准，应优先采用；目前尚无国家数据质量标准的，可采用权威专业部门拟订的数据质量标准。

在严谨的数据源质量控制下，调查并收集已有的数据，并且针对一些缺失或者有特殊需求的数据，进行实地测量，补充收集。

2. 数据存储方式

地理数据可存储于云存储或数据库服务器。对于局域网或企业内网的应用场景，地理数据往往存储于数据库服务器中。对于数据量大、数据共享要求高的应用场景，地理数据存储方式一般选择云存储。通过集群应用、网格技术或分布式文件系统(distributed file system，DFS)等技术，云存储使网络中大量不同类型的存储设备协同工作，共同对外提供高可用性、高可靠性的数据存储功能。

为了提高数据安全性和数据存取效率，无论是云存储还是数据库服务器，地理数据存储往往采用分布式文件系统，即将海量的矢量数据、栅格数据、三维空间数据、切片缓存数据分割为多个小数据块，分别存储在多个数据节点或磁盘中。这种策略既能提高地理数据存储的可靠性、可用性和存取效率，还易于扩展和数据共享。

3. 数据预处理

收集来的原始数据，一般要经过数据预处理才能转换成地理数据库可用的数据。预处理工作的内容应视数据源本身的情况而定，包括数据清理、数据转换和数据归约。

数据清理：发现并纠正地理数据中可识别的错误，包括检查数据的完整性、逻辑一致性、拓扑关系等。

数据转换：对地理数据进行格式转换、坐标转换、地图投影变换、语义转换，从而形成格式统一、坐标统一、地图投影统一、语义统一的地理数据。

数据归约：在尽可能保持地理数据内容的前提下，剔除或整合冗余数据，最大限度地精简数据量。

6.6.2 地理数据库建设流程

以 ArcGIS 平台为例，简要介绍地理数据库建设流程。

1. 建立地理数据库基本组成项

在 ArcCatalog 目录树中选择一个文件夹，点击"File Geodatabase"，输入数据库名称生成一个空的地理数据库。

在新建的数据库下新建要素数据集，确定要素数据集名称、坐标系统，然后在要素数据集上右键新建一个要素类，输入要素名称和类型，配置关键字。在要素数据集中，新建一个关系表(图 6.11)。

图 6.11　建立地理数据库组成项

2. 进一步定义地理数据库

在建立地理数据库和数据表后，还需对数据库进一步定义，可以通过建立索引、创建子类和属性域、创建关系类，创建注释类等方式来进行(图 6.12)。

图 6.12　地理数据库定义

3. 定义主键、外键

接下来，按照地理数据库设计成果，对数据库中要素类之间的关系进行定义，通过主键、外键的方式来定义要素类之间的关系(图 6.13)。

图 6.13　定义数据库中关系的主键、外键

4. 加载数据入地理数据库

然后，就可以将数据导入建好的地理数据库中(图 6.14)。

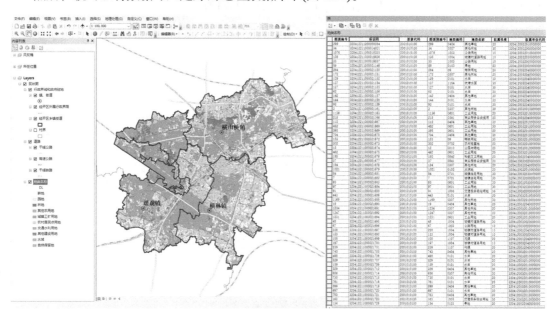

图 6.14　数据库加载数据示意图

第七节　地理数据库设计报告

地理数据库设计阶段的最终成果是"地理数据库设计报告"。图 6.15 列出地理数据库设计报告的主要内容，包括引言、地理数据库需求分析、地理数据库总体设计、空间 E-R 模型设计、地理数据库数据组织和存储、地理数据采集与建库方案、附录等。

```
1  引言
   1.1  编写目的(阐明编写目的、用户对象)
   1.2  数据库规范
   1.3  参考资料(引用的资料、标准和规范)
2  地理数据库需求分析
   2.1  数据现状分析
   2.2  数据来源分析
   2.3  数据类型分析
3  地理数据库总体设计
   3.1  地理数据库标准规范
   3.2  地理数据库总体要求
   3.3  地理数据库管理平台
   3.4  地理数据分层
4  空间 E-R 模型设计
   4.1  实体
   4.2  属性
   4.3  关系
   4.4  空间 E-R 模型
5  地理数据库数据组织和存储
   5.1  数据存储结构设计
   5.2  数据存取设计
   5.3  数据共享设计
6  地理数据采集与建库方案
   6.1  数据采集与收集
   6.2  数据预处理
   6.3  地理数据建库
   6.4  地理数据质量控制
7  附录(相关数据库标准)
```

图 6.15 地理数据库设计报告

思 考 题

1. 结合自己熟悉的方面,谈谈如何识别空间 E-R 模型中的空间关系?

2. 地理数据模型哪些?它们之间有什么异同?

3. 优化关系数据模型时,三种数据库设计范式有什么区别?三种范式的使用顺序如何?

4. 建立地理数据库的步骤有哪些?

5. 如何设计和建设遥感影像数据库?

6. 在系统定义、总体设计、详细设计阶段,如何与地理数据库设计有机结合?

第七章　地理模型库设计

地理模型是对地理要素及其变化规律的一种概括或抽象表示。它是基于一定的研究目的，采用适当的抽象化手段，对地理实体的特定特征进行概括，并采用适当的表示规则进行简洁描述的定量化模型。通过地理模型，可以了解地理实体的本质，便于对地理现象与地理过程进行定量分析和科学处理。地理模型包括数值计算模型(图 7.1)和数字实体模型(图 7.2)。其中，数值计算模型将一些原本复杂非线性的过程进行公式化、模型化，以简化计算；数字实体模型按照原始尺寸或按比例缩放，并采用三角网等数据类型表达现实地理对象。在 GIS 设计中，数字实体模型仅作为数据存储和使用，所以本章主要讨论数值计算模型。后面章节中，如没有特别说明，所说的地理模型均为数值计算模型。

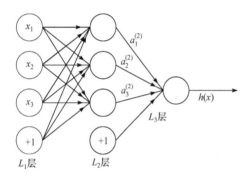

图 7.1　数值计算模型

图 7.2　数字实体模型

地理建模的过程就是运用数学语言、地理知识和程序设计工具，对地理实体加以信息提取、数据转换、空间分析与制图输出等的程序化过程。地理模型的建立一般经过问题定义、模型假设、演绎求解及推断过程，给出数学上和地理上的分析、预测、决策或控制，再经过解译回到现实世界中，完成"实践-理论-实践"的循环。如果检验结果正确或可行，即可用于 GIS 分析和操作；否则就要重新进行分析、归纳与修改地理模型，直至得到满意的检验结果。

地理学研究的对象是地理空间系统，这是一个随时空动态变化的复杂巨系统。目前的 GIS 平台能较好地解决部分空间分析问题，如缓冲区分析、叠置分析、网络分析等静态分析功能，但在过程建模方面具有局限性，对复杂地理空间系统建模和模拟方面较为欠缺，已不能满足当前地理研究和应用的需要。一般而言，可以把 GIS 作为提供支持建模计算分析与图形显示的基础环境，通过集成其他空间建模工具，进一步开发面向领域的地理模型及模型库系统。

应用型 GIS 作为 GIS 在专业领域进行空间分析与制图的基础平台，应具备较好的面向领域问题的空间系统综合分析能力，不仅要完成管理海量地理数据的任务，更为重要的是完成地理分析、评价、预测和辅助决策等任务。因此，在应用型 GIS 建设过程中开发适用的地理分析模型，是 GIS 软件走向实用的关键。

第一节　地　理　模　型

7.1.1　地理模型概述

地理模型是用来描述地理系统中各地理要素之间相互关系和客观规律的一种抽象表达，通常反映了地学过程及其发展趋势或结果。对于 GIS 来说，专题分析模型是根据关于目标的知识将系统数据重新组织，得出与目标有关的更为有序的新的数据集合的有关规则和公式，这是应用 GIS 进行生产和科研的重要手段。模型化是将主观性的思考以模型的形式反映出来，不同的理论观点、不同的体系可以产生不同的结果。

在建立地理模型时，必须遵守以下原则：①正确原则。地理模型要能较好地反映地学要素的相互关系和地学过程的规律，地理模型的运行结果应与所模拟的地学要素和地学过程有较高的吻合度。②抽象原则。在深入认识地理实体的前提下，抽象出更深层次的理性表达。③简洁原则。在满足精度和应用需求的前提下，地理模型尽可能简化，以降低求解难度。④可控原则。在现有科技水平、支撑的条件下，地理模型的构建、数据获取、运行效率等应在可控的范围内。

7.1.2　地理模型的特点

地理模型是联系 GIS 基础软件与专业领域应用的纽带，具有以下特点：①抽象性。地理模型是在一定假设条件下对地理系统/过程的简化。②与原型的相似性。地理模型与地理原型之间存在着一定的对应关系。③可验证性。可从理论和实践应用两个方面验证地理模型的有效性。④多时空尺度。地理模型具有多尺度时间和空间特征。

7.1.3　地理模型对 GIS 设计的要求

应用型 GIS 都是围绕着一定的应用目标而建立的，而地理模型是应用型 GIS 的重要内容。因此，在 GIS 设计时，必须充分考虑地理模型的管理、运行、数据存储等方面的需要。具体包括以下三个方面。

1) 地理数据库设计

根据 GIS 设计目标，结合地理模型的数据要求，在数据库建设时预先规划好数据采集的范围、精度、量测方法等。如果毫无选择地录入数据，只会使系统增加负担，降低效率，无法突出主要因素，甚至因为数据采集周期过长而使地理数据库建设失去意义。同时，在设计数据结构时也应以最好地表示地理现象和易于模型实现为标准。

2) GIS 硬软件环境的选择

在 GIS 硬软件环境设计时，应根据地理模型的输入、输出和性能的要求，选择经济实用的硬件；根据地理建模环境要求，选择适当的平台软件。

3) GIS 软件功能模块设计

在 GIS 软件功能设计中，应根据地理模型的管理和运行需要，设计地理模型管理、调用、维护等软件功能模块。以通用 GIS 平台软件 ArcGIS 为例，它提供了一个处理地理任务的工具箱，称为 ArcToolbox。以往的 GIS 空间处理操作是输入一个数据集，执行一个操作(如数据转换、缓冲区分析等)，返回一个输出结果，再等待进入下一次操作。ArcGIS 则提供了一种新的地理处理的任务框架，它可以把多个操作结合在一起，采用一种类似于批处理的模式进行处理，并且可通过多种方式来运行。用户可以单独使用其中的某一个工具，也可以围绕某一任务(如基于 DEM 的流域提取任务)把多个相关工具连接起来建立一个专题地理模型。同时，还可以把这些空间处理工具引用到应用系统开发中，作为定制脚本引入，从而可以在专业 GIS 系统中创建自己的专业工具集或工具箱(如国土空间规划工具箱、水文分析工具箱等)。

7.1.4 地理模型的分类

GIS 凭借功能丰富的软件模块、客观表达地理空间的数据模型以及易用的图形化用户界面，具有广泛的应用场景。构建地理模型就是根据具体的应用目标和问题，借助于 GIS 自身的技术优势，使现实世界中抽象形成的概念模型具体化为信息世界中可操作的定量化模型的过程。这种模型的构建，不但是解决实际复杂问题的必要途径，也是 GIS 取得经济、社会、生态效益的重要保证。

地理模型的作用，正是用一定程度的简化和抽象，通过逻辑演绎，去把握地理系统各要素之间的时空关系、本质特征。

1. 按对地理对象理解程度分类

地理模型根据所表达的空间对象的不同，可分为三类，见表 7.1。

表 7.1   应用模型的空间对象分类(陈述彭等，1999)

模型分类	理论依据	应用领域(举例)	模型示例
理论模型	物理原理	定量遥感	绝对辐射校正模型
经验模型	启发式或统计关系	土地利用变化	建设用地扩展潜力分析模型
混合模型	半经验性	土地调查	土地适宜性评价模型

理论模型：一般应用数学分析方法来建立数学表达式，反映地理过程本质的理化规律，如绝对辐射校正模型、海洋和大气环流模型等。近年来，随着地理信息系统应用的深入，面向不同领域的数学模型将进一步分化，以物理模型为理论基础的专业化模型将是近期地理分析模型的主流。例如，遥感图像识别中有关图像几何纹理的数学模型在分解混合像元的基础上展开；农业估产模型的建立已深入到植物光合作用机理的研究；目前常见的分布式水文模型也是建立在降水与下垫面交互作用机制研究的基础上。虽然目前统计分析在建立模型和参数分析上仍然发挥着重大作用，但是单纯的数学分析模型的重要性正在相对减少。

经验模型：是通过数理统计方法和大量观测实验建立的模型，如水土流失模型、建设用地扩展潜力分析模型等。

混合模型：这类模型中既有基于理论原理的确定性变量，也有应用经验加以确定的不确定性变量，如资源分配模型、选址模型、土地适宜性评价模型等。

以上三种模型相比较而言，理论模型由于因果关系清楚，可以精确地反映系统内各要素之间的定量关系以及系统结构和过程，易于用来对自然过程施加控制，但常常是大大简化的理想情形，通常难以包括太多的要素，因而削弱了其实用性；经验模型可以通过大量的实践建立，具有简单实用、适用性广、可以处理大量相关因素的优点，缺点是过程不清，一般采用"黑箱"或"灰箱"方法建立，难以控制；混合模型则结合上述两种模型的特点，在地理建模中应用较为广泛。

2. 按对象状态分类

按照研究对象的瞬时状态和发展过程来划分，可将地理模型分为静态地理模型(图 7.3)和动态地理模型(图 7.4)。

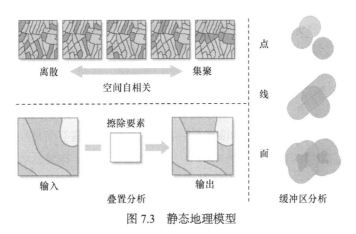

图 7.3　静态地理模型

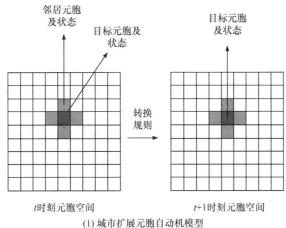

(1) 城市扩展元胞自动机模型

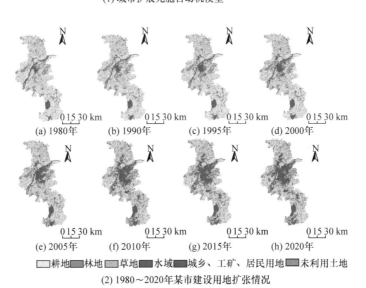

(2) 1980～2020年某市建设用地扩张情况

图 7.4　动态地理模型

静态地理模型：面向地理空间格局分析，用于分析地理现象及要素的空间相互作用，这是目前较为常见的地理模型，大部分 GIS 平台都具备较完备的空间分析工具用于静态模型的构建。

动态地理模型：主要面向地理过程研究，用于预测研究目标的时空动态演变规律。地理现象的时空发展过程往往形成地理空间格局及分布的变化，如城市扩展、土地利用变化、人口迁移、疾病扩散、火灾蔓延、洪水淹没等。只有清楚地了解地理事物的发展过程，才能够对其演化机制进行深层次的剖析，才能获取地理现象变化的规律，这是应用型 GIS 进行地理建模时应重点关注的内容。

目前，GIS 技术的应用，已经从数据存储管理、数据查询、静态空间制图发展到以时空分析为主体，向着支持区域系统空间结构演化的预测、动态模拟及其空间格局的优化的新阶段发展。科学预测、动态模拟和辅助决策是 GIS 应用的高层次阶段，构建区域空间动力学应用模型将是区域可持续发展研究和 GIS 应用向纵深发展的新阶段。

3. 按功能分类

按照功能分类，地理模型可以分为空间统计模型、空间分析模型、空间预测模型、空间模拟模型、空间决策模型等。

空间统计模型，是通过空间位置建立数据的统计关系的地理模型，包括空间自相关分析、空间插值、空间回归、地统计分析等模型。其核心是使用统计方法解释空间数据，认识与地理位置相关的数据之间的空间依赖和空间关联关系。

空间分析模型，是在 GIS 地理数据基础上建立起来、用于 GIS 空间分析的数学模型，是对现实世界科学体系问题域的抽象，包括叠置分析、缓冲区分析、最佳路径分析等模型。

空间预测模型，是通过构建融合大量空间信息来形成统计偏好相似性的地理模型，可用来生成 GIS 空间统计特征、预测未来地理现象发生的可能性，包括地理加权回归、系统动力学等模型。

空间模拟模型，是描述地理系统中各地学要素之间相互关系，探索未来地理过程时空演变规律的地理模型，包括城市扩张模拟、碳循环模拟等模型。

空间决策模型，是辅助决策者以人机交互方式进行结构化、半结构化或非结构化决策的地理模型，包括滑雪场选址、村庄布局优化等模型。

第二节　地理建模过程

在应用型 GIS 建设中，一般采用在通用型 GIS 平台(如 ArcGIS)上进行二次开发的建设模式。在这种情况下，地理模型也是基于通用型 GIS 平台所提供的空间处理与分析设计基础环境进行建设的。表 7.2 列出 GIS 平台所具备的主要空间数据处理与空间分析功能。

表 7.2　GIS 平台所具备的主要空间数据处理与空间分析功能

种类	功能
GIS 空间数据处理	①编辑处理：图形数据和属性数据的编辑，图形数据的拼接和分割等 ②变换处理：投影变换、坐标变换、比例尺变换、几何校正等 ③编码和压缩处理：数据编码、多余节点去除以及栅格数据压缩等 ④数据的插值：点的内插、区域的内插等 ⑤数据类型转换：矢量与栅格数据转换、系统间数据格式的转换等

续表

种类	功能
GIS 空间分析	①查询分析：如拓扑查询、条件查询等 ②几何分析：如面积周长距离量算、开窗分析、多边形合并等 ③地形分析：如空间内插分析、等值线分析、坡度和坡向分析、分水岭分析、淹没分析、流域分析、地形剖面分析、三维地形显示与分析等 ④叠置分析：如多边形叠置分析、视觉信息复合分析、条件与非条件叠置分析等 ⑤邻域分析：如缓冲带分析、走廊分析、泰森多边形分析、拟合分析等 ⑥网络分析：如最佳路径分析、时空规划分析、网络流量模拟分析等 ⑦图像分析：如图像增强、图像分割、图像细化、空间滤波、高程影像叠置分析等 ⑧多元分析：如聚类分析、主成分分析、判别因子分析、趋势面分析、回归分析等 ⑨应用模型分析：与 GIS 应用密切相关的各种应用模型分析

7.2.1　地理建模的一般过程

在掌握 GIS 的一般空间处理和分析方法之后，要想使用 GIS 在实践中进行空间分析还需要针对特定的应用需求进行 GIS 地理建模。一般而言，地理建模通常是在地理研究实践中通过不断观察和总结，首先形成研究实体的概念模型，在积累经验的基础上采用数理统计方法摸索统计规律，上升到理论模型，再采用综合方法建立实用的分析模型。

地理建模同时也是一项复杂而具有创造性的活动(改造已有模型或创造新模型)，要求设计者具有较为丰富的地理知识(包括 GIS 知识)、数学知识和专业知识。建立地理模型没有固定的模式，图 7.5 大致归纳了地理建模的一般过程。

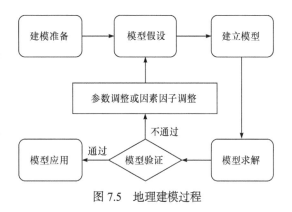

图 7.5　地理建模过程

1) 建模准备

建模准备包括了解地理问题的实际背景、明确地理建模的目的、掌握地理对象的各种信息(如数据资料等)以及搞清对象的特征(如运动状态、变化规律等)。针对应用领域的问题，建模者需要进行深入细致的调查研究，特别是在具体问题解决方面要虚心与领域专家开展学习与交流，按建模的需要，有目的地收集所需资料。

2) 模型假设

模型假设是根据地理对象的特性和建模目的，对问题进行必要的简化，并且用精确的语言做出假设。模型假设是地理建模的关键，如果假设过于详细、试图把复杂的实际现象的各个因素都考虑进去，则可能使得建模者很难继续下一步的工作。因此，在模型假设过程中，要善于辨别问题的主要方面和次要方面，尽量将问题线性化。

3) 建立模型

建立模型是指根据所做的假设，利用适当的数学工具，确定各因子之间的联系，通过表格、图形或是其他数学结构建立地理模型。为了完成这项地理建模的主体工作，建模者需要掌握较为广泛的数学知识，有时还要用到规划论、排队论、图论、对策论等知识，但并不要求建模者对数学的每个分支都精通。事实上，建模的原则就是尽量采用简单明了的数学工具，供更多的人了解和使用。

4) 模型求解

对以上建立的模型进行数学上的求解，求解方法包括解方程、画图形、逻辑推理、稳定性讨论等。模型求解不仅要求建模者掌握相应的数学知识，还要掌握一些常用数据分析软件，如集计算和可视化于一体的 Matlab 软件及用于统计分析的 SPSS 软件等。

5) 模型验证

对模型求解的结果进行数学和地理上的分析，用实际现象或数据检验模型的合理性和适用性，即检验模型的正确性。若检验结果正确，即模型可用；若检验结果有误，则需要修改(如参数调整)或重新建模，直到模型通过验证。其中，修改或重新建模往往从建模假设重新开始。经验表明，模型假设是最易导致结果有误的环节。

7.2.2　地理建模的常用方法

地理建模的具体方法有很多，按照地理模型的功能，可以将其分为统计分析模型、预测模型、决策模型、过程模拟模型、GIS 空间分析模型等。常见的建模方法有统计分析模型，包括主成分分析法、回归分析模型、相关分析模型和时间序列分析模型等；预测模型包括灰色预测方法、马尔可夫预测法；决策模型包括层次分析法、多目标规划法；过程模拟模型有元胞自动机、人工神经网络、系统动力学方法等；空间分析模型有常规 GIS 空间分析、空间自相关分析、空间回归分析、地统计分析方法等。在实际建模过程中，一般综合使用多种方法。

下面简要介绍地理建模中常见的几种方法。

1. 主成分分析法

主成分分析(principal components analysis，PCA)法，又称为主分量分析或主成分回归分析法，是一种基于降维技术的统计方法。该方法借助于一个正交变换，将与其分量相关的原随机向量转化成与其分量不相关的新随机向量，这在代数上表现为将原随机向量的协方差阵变换成对角形阵，在几何上表现为将原坐标系变换成新的正交坐标系，使之指向样本点散布最开的 p 个正交方向，然后对多维变量系统进行降维处理，使之能以一个较高的精度转换成低维变量系统。

地理问题往往涉及大量相互关联的自然和社会要素，而要素众多常常会给模型构造增加难度，同时也增加了运算的复杂性。主成分分析法通过分析，求得各要素间在线性关系上有实质意义的表达式，从而将众多的要素信息降维表达为若干具有代表性的合成变量。主成分分析法用较少的几个综合指标替代原来较多的变量指标，即要求这些较少的综合指标既能尽量多地反映原来较多变量所反映的信息，又要求它们之间是相互独立的。在完成主成分分析后，选择信息最丰富的少数因子进行各种聚类分析，构造地理模型。

主成分分析法主要的计算步骤包括：①建立观测值矩阵；②计算相关系数矩阵；③计算特征值与特征向量；④计算主成分贡献率及累计贡献率；⑤计算主成分载荷，得到各主成分的得分。

2. 系统聚类分析法

系统聚类分析(hierarchical cluster analysis，HCA)法是将类由多变少的一种方法。其基本原理是：假设要评价的地理要素有 n 个评价单元，每个单元测得 P 个指标(变量)评价值，首先将 n 个单元(或样本)各自看成一类，然后根据单元(或样本)间的相似程度，将最相似的两类加以合并；然后计算新类与其他类之间的相似程度，再选择最相似者并类，这样每合并一类，就减少一类，继续这一过程，直至将所有相似单元(或样本)合并为一类为止。上述过程中的相似程度由距离或相似系数定义，主要有绝对值距离、欧氏距离、切比雪夫距离、马氏距离、兰氏距离、相似系数、指数相似系数和定性指标的距离等。

3. 层次分析法

层次分析法(analytic hierarchy process，AHP)以其科学、简明、实用的特点在许多地理决策建模中得到广泛的应用。地理决策问题关联着很多因素因子条件，每个因素之间的重要程度是不同的，因素内部各因子的权重也不同。根据这一原理，层次分析法把相关联的要素按隶属关系划分为若干层次，请有经验的专家们对各层次、各因素的相对重要性给出定量指标，利用数学方法综合众人意见给出各层次、各要素的相对重要性权值，作为综合分析的基础；同层次因子的综合影响程度反映了上一级层次对决策问题影响程度上所占的分量，决策问题的认识从最低层次开始，逐步上升到高层次的因素分析，最终得到因素因子的综合影响。

层次分析方法的一般步骤是：①建立层次结构模型。将有关的各个因素按照不同属性自上而下地分解成若干层次，最上层为目标层，最下层通常为方案或对象层，中间可以有一个或几个层次，通常为准则或指标层。②构造判断矩阵。从层次结构模型的第 2 层开始，对于从属于(或影响)上一层每个因素的同一层诸因素，通过两两对比评定因素重要性程度排序，直至最下层。两两对比结果构成判断矩阵。③计算权向量并做一致性检验。对每一个成对比较矩阵计算最大特征根及对应特征向量，利用一致性指标、随机一致性指标和一致性比率做一致性检验。④计算组合权向量并做组合一致性检验。

4. 模糊综合评价法

模糊综合评价(fuzzy synthetic evaluation，FSE)法是一种运用模糊数学原理分析和评价模糊系统的分析方法，它的特点是以模糊推理为主、定性与定量相结合、精确与非精确相统一。模糊数学把经典集合论中的只能取 0 和 1 两个值的特征函数，拓展到在[0, 1]闭区间上取值得到隶属函数，把绝对的属于与不属于的"非此即彼"扩展为更加灵活的渐变函数。

模糊综合评价法在处理各种难以用精确数学方法描述的复杂系统问题方面，表现出了独特的优越性，近年来已在许多学科领域中得到了十分广泛的应用。在地理学中，模糊现象、模糊概念和模糊逻辑问题是大量存在的，因而模糊综合评价法也常常用于资源和环境条件评价、生态评价、区域可持续发展评价等应用领域。

5. 地统计分析方法

地统计学是以区域化变量理论为基础，以变异函数为主要工具，研究在空间分布上既有随机性，又有结构性，或空间相关联和依赖的自然现象的一门科学。地统计学最基本的两个函数：协方差函数和半变异函数，是以建立区域化变量理论为基础而建立起来的。

在地统计分析方法中有几个重要概念：

(1) 区域化变量：也称为区域化随机变量。区域化变量与普通随机变量的不同之处在于，普通随机变量的取值符合某种概率分布，而区域化随机变量则根据其在区域内的位置不同而取不同值。也就是说，区域化随机变量是普通随机变量在一个区域内确定位置上的确定取值，它是与位置有关的函数。区域化变量具有两个最重要的特性，即随机性和结构性。

(2) 空间协方差：反映区域化变量间的差异，表示为

$$c(h) = \frac{1}{N(h)} \sum_{i=1}^{N(h)} \left[Z(x_i) - \bar{Z}(x_i) \right] \left[Z(x_i + h) - \bar{Z}(x_i + h) \right]$$

式中，h 为两样本点的空间分隔距离；$Z(x)$ 为区域化变量；$Z(x_i)$ 为 $Z(x)$ 在空间位置 x_i 处的

实测值；$Z(x_i + h)$ 为 $Z(x)$ 在 x_i 处距离偏离 h 的实测值，$i = [1, 2, \cdots, N(h)]$；$N(h)$ 为分隔距离为 h 时的样本点总对数；$\bar{Z}(x_i)$ 和 $\bar{Z}(x_i + h)$ 分别为 $Z(x_i)$ 和 $Z(x_i + h)$ 的样本平均数。

(3) 半变异函数：又称半变差函数或半变异矩。区域化变量 $Z(x)$ 在点 x 和 $x + h$ 处的值 $Z(x)$ 与 $Z(x + h)$ 差的方差的一半，称为区域化变量 $Z(x)$ 的半变异函数，记为 $r(h)$。

(4) 克里格插值方法：建立在变异函数理论和结构分析基础之上，是一种在有限区域内对区域化变量的取值进行无偏最优估计的方法，也是地统计学的主要内容之一。

在使用克里格方法进行插值前，要先确定区域化变量是否存在空间相关性；因而在插值之前，要先对区域化变量进行变异分析。如果变异函数和结构分析的结果表明区域化变量存在空间相关性，则可以利用克里格方法对未知抽样点或未知抽样区域进行估计；否则，不适用。克里格方法的实质是利用区域化变量的原始数据和变异函数的特定结构，对未采样点的区域化变量的取值进行线性无偏、最优估计。

具体而言，克里格法是根据待估样本点有限邻域内若干已测定的样本点数据，在考虑了样本点的形状、大小和空间相互位置关系，与样本点的相互空间位置关系，以及变异函数提供的结构信息之后，对待估样本点值进行的一种线性无偏最优估计。目前，克里格方法主要有普通克里格、简单克里格、泛克里格、协同克里格、对数正态克里格、指示克里格、概论克里格、析取克里格等。

6. 人工神经网络法

人工神经网络(artificial neural network，ANN)法，是具有高度非线性的超大规模连续时间的动力系统，它是由大量神经元广泛互联形成的网络。人工神经网络基于并行处理机制，从结构上对人类的思维过程进行模拟，从而实现自学习、逻辑推想、联想记忆和自组织等模型的处理能力。假如给定一系列样本，一个人工神经网络是一个能够学习、描述和计算多变量空间的权重或映射，对于输入的训练数据，神经网络模型比传统的统计分析方法更为敏感。

人工神经网络具有以下优点：①神经网络是非线性的，不需要输入变量和输出数据之间的先验函数关系。②神经网络技术可以构建非常复杂的数据模型，包括连续的、近似连续的或明确的、模糊的输入数据，以及数据实现多元输出。③神经网络的分析训练和检验阶段一旦成功，产生的模型很容易运用于实践。在现代地理学中，人工神经网络方法特别适合用于地理模式识别、地理过程模拟和预测、复杂地理系统的优化计算等问题的求解。

7. 元胞自动机模型

元胞自动机(cellular automata，CA)模型是一种时间、空间、状态都离散以及空间相互作用和时间因果关系皆局部的网格动力学模型，是模拟和预测复杂系统行为的强有力工具(黎夏等，2007)。CA 的基本特征是在时间、空间上都不连续，元胞的状态是离散和有限的，且同一时刻元胞状态的转化由同一转换规则决定，而转换规则则由元胞邻域范围内元胞的状态所决定。元胞自动机最基本的组成要素包括胞空间(lattice)、状态空间(state)、邻居(neighbors)及转化规则(rule)四部分，可以利用形式语言以一个四元组描述：

$$M_{CA} = (L, S, N, f)$$

式中，M_{CA} 为元胞自动机；L 为规则划分的网格空间，也就是元胞空间，每个格网单元就是一个元胞；S 为元胞处于的状态集合；N 为元胞的邻域环境；f 为局域转换规则函数，其基本原理就是一个元胞下一个时刻的状态是上一个时刻其邻域状态的函数。

元胞空间指元胞分布的空间,元胞空间通常是一维或者二维空间,但理论上可以是任意正整数维的欧氏空间。元胞空间在各维度方向上可以是无限延伸的,但是在实际应用中,现有的计算机技术无法实现这种理想条件,因此需要定义边界条件。边界条件主要有三种类型,即周期型、反射型和定值型。

元胞的状态空间是指元胞在某离散的时刻的状态取值的集合,每一个元胞可以对应多个状态变量,它是一个离散的有限集合,$S = \{s_0, s_1, \cdots, s_i, \cdots\}$。简单的元胞自动机模型中,元胞的状态空间可以是$\{0, 1\}$的二元状态集合。

元胞的邻居是指元胞周围按一定形状划定的元胞集合,元胞的演化即由周围这些元胞的状态来决定。要确定由周围哪些元胞的状态来决定,则必须定义一个邻域结构来明确一个元胞的邻域范围。通常二维元胞自动机邻域有如下几种常用的类型:①冯·诺依曼(von Neumann)型;②摩尔(Moore)型;③扩展摩尔型。

在元胞自动机中只有加入了转换规则,才能模拟复杂的动态空间现象,因此转换规则是元胞自动机的核心。转换规则是一个状态转移函数,是根据当前时刻本元胞及其邻居的状态确定下一个时刻本元胞状态的动力学函数,其数学表达式为

$$f : S_t^{t+1} = f\left(S_i^t, S_N^t\right),$$

式中,S_t^{t+1}为元胞在下一时刻的状态;S_i^t为该元胞在t时刻的状态;S_N^t为t时刻的元胞空间邻域的状态集合;f为转换规则函数。

第三节　GIS 与地理模型的集成

随着 GIS 应用的深入和 GIS 的产业化,系统集成正在成为 GIS 发展最具活力的热点。与GIS 集成的各种专业模型是独立于 GIS 在各自的领域内发展起来的,其复杂度不亚于 GIS 系统。此外,空间数据的复杂性也增加了集成的难度。

7.3.1　GIS 与地理模型的集成方法

在不同的发展阶段,GIS 与地理模型集成的方式有所不同。集成式二次开发是目前 GIS 与地理模型的主流开发方式,即以基础 GIS 软件作为 GIS 平台,以通用软件开发工具,尤其是可视化开发工具(如 Visual Studio、Anaconda、Eclipse、PyCharm 等)为开发平台进行二者的集成开发。

现有的 GIS 与地理模型集成方式包含下面几类:源代码集成方式、函数库集成方式、基于组件集成方式、基于插件集成方式、可执行程序集成方式。其中,基于组件集成方式是现在最常用的集成方式。

1. 源代码集成方式

利用 GIS 系统的二次开发工具和其他编程语言,将已经开发好的地理模型的源代码进行改写,使其从语言到数据结构与 GIS 完全兼容,成为 GIS 整体的一部分。这种方式是以前 GIS 与地理模型集成的主要方式,属于完全集成的层次。

源代码集成方式的优点在于:地理模型在数据结构和数据处理方式上与 GIS 完全一致,虽然此方式是一种低效率的集成方式,但比较灵活,能够无缝集成,也是比较有效的方式。

源代码集成方式的缺点在于:GIS 开发者必须深入理解地理模型的源代码,并在此基础上改写源代码,在改写过程中可能会出错。

2. 函数库集成方式

函数库集成方式是将开发好的地理模型以库函数的方式保存在函数库中，集成开发者通过调用库函数将地理模型集成到 GIS 中。现有的库函数类型包括动态链接和静态链接两种。

函数库集成方式的优点是：GIS 系统与地理模型可以实现高度的无缝集成。函数库一般都有清晰的接口，GIS 的开发者不必去研究模型的源代码，使用方便。而且函数库中的库函数是经过编译的，不会发生因改写错误而使模型的运行结果不正确的情况。

函数库集成方式的缺点是：地理模型的状态信息很难在函数库中有效地表达；由于地理模型的结构是一个相对封闭的体系，虽然函数库提供的一系列函数在功能上是相关的，但是函数库本身的结构却不能很好地表达这种相关性；函数库的扩充与升级也是问题，动态链接虽然可以部分克服这一问题，但是接口的扩展却仍然是困难的，静态链接依赖与编程语言和编译系统相关的映像文件，这也增加了函数库扩充的难度。

3. 基于组件集成方式

基于组件集成方式是将 GIS 划分成不同的功能模块，根据这些功能和地理模型构建不同的组件，让组件之间通过标准的接口实现相互通信，从而将地理模型集成到 GIS 中。该集成方式属于紧密集成的层次，是现在最流行的软件系统集成方法。该集成方式具有高效、无缝、开发方便、快速、可扩展性强等特点。随着技术的发展，GIS 系统和模型系统都在争相提供尽可能多的可以方便集成的软件模块。应用这些软件模块和支持组件编程的语言(如 C、C++、C#、Java、Python 等)可以很方便地开发 GIS 与模型集成系统。

目前的组件技术分为五大类：Microsoft 公司推出的 COM、Sun 公司的 JavaBeans、OMG 的 CORBA、Microsoft 公司发展 COM 技术形成的 COM+和.Net 组件技术。现在 GIS 软件已经由平台化的时代过渡到了组件化的时代，主流的 GIS 厂商都提供了组件式的 GIS 软件，这符合时代的发展潮流。

在 Internet 领域，WebGIS 成为 GIS 发展的热点，OpenGIS 成为一种潮流。WebGIS 和 OpenGIS 都是基于组件思想的 GIS 集成开发框架。应用模型组件化极大地促进了 GIS 与模型集成应用的发展。

4. 基于插件集成方式

基于插件集成方式是把整个应用程序分为宿主程序和插件两个部分，其中，宿主程序与插件能够相互通信，在宿主程序不变的情况下，可以通过增减或修改插件来调整和增强应用程序功能，从而实现 GIS 和地理模型的集成。该种集成方式属于松散集成的层次。

基于插件集成方式的优点是：基于插件集成方式要求插件和宿主程序之间遵循一定的应用程序接口，因此插件和宿主程序之间以及插件之间耦合性低、结构清晰、易于理解，宿主程序不会被修改。此外，还具有插件易修改、可维护性强、可移植性强、重用力度大等优点。

基于插件集成方式的缺点是：插件不能独立于宿主程序运行，而且宿主程序和插件要遵循相同的接口，开发难度较大。

5. 可执行程序集成方式

GIS 与地理模型均以可执行文件的方式独立存在，二者的内部和外部结构均不变化，相互之间独立存在。二者的交互以约定的数据格式通过文件、命名管道、匿名管道或者数据库进行。可执行程序集成方式可分为独立方式和内嵌方式两种。

独立的可执行程序集成方式是 GIS 与地理模型以对等的可执行文件形式独立存在，即 GIS 与地理模型系统两者之间不直接发生联系，而是通过中间模块实现数据的传递与转换。独立的可执行程序集成方式的优点是：集成方便、简单、代价较低，需要做的工作就是制定数据的交换格式和编制数据转换程序，不需要太多的编程工作。独立的可执行程序集成方式的缺点是：因为数据的交换通过操作系统，所以系统的运行效率不高，用户必须在两个独立的软件系统之间来回切换，交互式设定数据的流向，自动化程度不高；由于系统的操作界面难以一致，系统的可操作性不强，视觉效果不好，同时这种方式受 GIS 的数据文件格式的制约比较大，二者的交互性和亲和性受到影响。

内嵌的可执行程序集成方式的实质与独立的可执行程序的集成方式一致，即 GIS 与地理模型程序之间的集成通过共同的数据约定进行，GIS 通过对中间数据与空间数据的转换来实现对空间数据的操作，系统具有统一的界面和无缝的操作环境。

内嵌的可执行程序集成方式的优点是：对于开发者，集成是模块化进行的，符合软件开发的一般模式，便于系统的开发和维护；采用此集成方式开发的系统的运行性能优于采用独立可执行程序集成方式开发的系统；用户界面也是统一的，便于操作。

内嵌的可执行程序集成方式的缺点是：这种集成方式的开发难度很大，开发人员必须理解地理模型运行的全过程，并对模型进行正确合理的结构化分析，以实现地理模型与 GIS 之间的数据转换以及相互之间的功能调用。

7.3.2　GIS 与地理模型集成的三个层次

GIS 与地理模型的集成大致可以分为三个层次：松散集成、紧密集成与完全集成。

1. 松散集成

GIS 功能与模型处理是两套系统，只是借助于数据文件的转换，通过各自的接口来实现模型与 GIS 环境之间的交互。例如，通过 ArcGIS 对空间对象处理和分析后，输出其属性数据，采用一些专业的应用分析软件 SPSS、Excel、Matlab 等，用其内置的应用模型对数据进行二次处理；或是先用 SPSS、Excel、Matlab 等软件进行属性数据的处理后导入 ArcGIS 中，再进行空间分析和处理；或是两种软件互相穿插使用。

这种集成方式的优点是比较简单、容易实现，但是集成的效率低、操作复杂、数据结构不能统一，且用户操作的界面不一致，难以满足 GIS 与模型集成的高层次要求，如专业模型与GIS 的集成应用、更复杂的计算机智能化操作、模型的复用等。

2. 紧密集成

这种方式通过建立支持模型的地理数据库，在 GIS 系统上或是一些应用软件系统上进行开发。这样，开发后的系统拥有一个统一的交互界面，既可以为模型提供输入数据，又能对模型运算结构进行处理和显示。紧密集成的具体实现，可以基于 GIS 平台进行二次开发，或基于专业应用软件二次开发接口嵌入 GIS 功能。例如，基于 ArcGIS 提供的 VBA 接口，借助宏语言实现模型功能，在 Excel 中嵌入 ArcEngine 模型，完成与 GIS 的集成。

这种方式的本质与松散集成方式相同，优点是可以充分利用已有的平台软件，节约时间和成本，系统界面一致，操作简便。不足之处在于编程的工作量大，对用户的开发能力要求较高，而且采用此种方式建立的 GIS 与模型，往往需要依附于平台软件之上，不利于模型更高层次的复用和系统软件的推广。

3. 完全集成

完全集成的内容包括数据集成、技术集成和模型集成。数据集成把不同来源、格式、特点性质的 GIS 地理数据在逻辑上或物理上有机地集中，提供全面的数据共享。技术集成是按照一定的技术原理或功能目的，将多个地理模型依赖的 GIS 技术重组成具有整体功能新技术的方法。模型集成通过融合多个具有相同时空特征的地理模型(包括模型组件、模型服务等)，实现对区域内多要素、多过程的关联表达，提高新模型的泛化能力。

其具体实现方式包括统一开发、函数库集成、基于组件的集成等。这样，模型和 GIS 在同一个系统中，共用同一个数据库，不存在数据交换问题，两者完全兼容。这种集成方式的优点是：用户可以灵活地建立各种模型并保持与业务逻辑的一致性、系统的执行效率高、模型的修改和扩展更为容易。这种集成方式的缺点是：需要从底层开发、系统开发周期长、对于模型应用的人员要求较高。

第四节　地理模型库

7.4.1　模型库系统概述

当前，大多数 GIS 系统主要以数据库系统为驱动核心，地理模型和地理模型库在系统中还处于从属地位。在各个应用领域的辅助空间决策过程中，目前 GIS 主要提供数据级支持，而不是实质性的决策方案。同时，相关专业领域都已有了许多具有实用价值的应用模型(水文学领域有许多成熟的应用模型，如新安江模型等)，为辅助决策提供了强有力的支持。然而，上述模型一般都缺乏友好的交互界面，特别是在地图显示与空间分析方面支持不足，致使模型的分析结果不形象、不直观，未充分利用 GIS 在人机交互、可视化等方面具备的强大优势。鉴于此，将专业应用模型集成到 GIS 系统中不仅能增强 GIS 的分析功能，同时也能提高已有模型的应用效率，实现 GIS 与地理模型的无缝集成，挖掘 GIS 在各领域应用的潜力，例如，GIS 与遥感技术支持下的分布式水文模型目前已成为学术界研究的热点。

基于地理模型库建设空间决策支持系统(spatial decision support system，SDSS)是应用型 GIS 研究的一个重要发展方向。模型库技术的发展及其支持下的 GIS 与地理模型集成研究有助于推动空间决策支持系统的发展，从而使 GIS 真正成为辅助用户管理、决策的空间信息系统平台，进而推动 GIS 的深层次应用。

空间决策支持系统使得 GIS 系统的中心发生了变化，从以数据库及其管理系统为中心转变成以模型库及其管理系统为中心，模型在系统中已不再处于从属地位，逐渐成为系统的核心。同时，空间决策支持系统也对地理模型库设计及 GIS 与地理模型的集成研究提出了更高要求。然而，目前模型库支持下的 GIS 与地理模型集成还存在一些问题。具体来说，当前的模型库方式主要解决结构性较强的数学类应用问题，对结构性较差的复杂决策问题则只能以提高系统开发复杂度、增加决策过程中的人工干预为代价，勉强应付。而事实上，一定领域的决策问题，总有一定的规则、约定和规律存在，如果把这些规则、约定、规律加上专家知识经验融入到决策系统中，即由模型与知识规则共同协作来完成对复杂问题的决策分析，将使空间决策支持系统的智能性和空间决策能力上升到一个新的层面。因此有必要对纯粹的模型库支持下的 GIS 与地理模型集成体系作进一步扩展，使之更规范、更灵活、更高效、更智能。

1980 年，Blanning 首次提出了模型库的概念，并设计了模型库查询语言 MQL；1987 年，Geoffrion 设计了一套结构化模型构造语言；1988 年，Muhana 等又将系统论的概念用于模型管理系统；1993 年，Vanhee 建立了基于模型概念的模型运行环境系统。1996 年，Wesseling 设计了动态模型语言来支持空间数据结构；国内的王桥等专家也对模型标准化问题进行了较深入的研究。

在地理模型与 GIS 集成开发方面，孙亚梅和张犁(1993)在 Arc/Info 平台上探讨了建立地理模型库系统的有关理论和技术，将它引入应用型地理信息系统环境，以支持用户对辅助决策功能的需求；在黄土高原三川河流域区域治理与开发信息系统中构建了地理模型库管理子系统；岳天祥(2012)在归纳研究现有数学模型与地理信息系统现有集成方法的基础上，讨论了资源与环境模型标准文档库的构建及其与 GIS 的有效集成开发模式；薛安等(2002)认为模型与地理信息系统集成问题的实质是对象状态数据模型、对象模拟模型和对象分析处理模型的综合表达与处理，将地学模型分为对象状态数据模型、对象模拟模型和对象分析处理模型三大类，并概括为概念级、逻辑级和物理级三级表示形式；于海龙等(2006)详细构建和阐述应用模型分类体系并给出了应用模型的复杂性描述方法，建立了基于统计方法的应用模型复杂性评价方法。

实际应用中，复杂的问题对单一的模型提出了组合的要求，即通过模型的集成对问题形成完整描述。牛振国(2007)以元数据为桥梁，探讨了基于地理模型元数据进行集成的模式和模型元数据在集成中的机理与方法，并提出相应的原型系统。围绕一些综合地理过程，如生态-水文过程(程国栋和李新，2015)、经济-社会-环境过程(李雪松等，2019)等，集成模型系统相继被研究与开发(王铮等，2015；汤秋鸿等，2019)，有助于分析不同地理现象与过程的特性与规律。

多年来，诸多模型集成与管理平台不断被设计、开发、发展和更新(Peckham, et al., 2013)，如模型库系统(model base system，MBS)。MBS 是对模型进行分类和维护并支持模型的生成、存储、查询、运行和分析应用的软件系统，它主要包括基础模型库(basic model base，BMB)、应用模型库(applying model base，AMB)、模型库管理系统(model base management system，MBMS)、模型字典(model dictionary，MD)四部分(图 7.6)。

其中，基础模型库存储通用的可重复使用的模型，是建立应用模型库的基础。而应用模型库存储针对专业问题的应用模型，满足不同用户的应用需求，是联系 GIS 应用系统和专业研究的纽带。GIS 模型库系统之所以分成基础模型库和应用模型库，主要是为了满足不同用户的需求以及模型生成的需要。在模型库系统中开发建模工具，可直接利用基

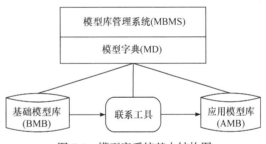

图 7.6　模型库系统基本结构图

础模型库，通过模型聚合建立更复杂的模型，以提高模型的重用性，这是模型库系统的发展方向。

模型库管理系统是对地理模型的建立、运行和维护进行集中管理的系统，是联系应用系统与地理模型的软件工具。模型库管理系统将模型以文件的形式存储，通过模型字典对模型文件进行管理，主要管理功能包括：建立模型文件系统下的存取路径，对模型进行增加、删除、修改及查询，对模型文件进行编辑和编译等。

在模型库系统中，模型字典是模型库管理系统的核心。它包含了模型库中所有地理模型的描述、使用和存储等信息(即模型库元数据)，是存储地理模型描述信息的特殊数据库。模型字典作为模型库管理的重要工具，直接参与对模型的分析、定义、设计、实现、操作和维护。

7.4.2　GIS 地理模型库设计

GIS 地理模型的设计是 GIS 设计的核心内容之一，其优劣直接影响系统功能运行效率。一个好的 GIS 地理模型，要求设计者具有较为丰富的地理知识(包括 GIS 知识)、数学知识和专业知识。设计 GIS 应用模型时，主要考虑要用它来解决什么问题，有哪些数据可用，以何种

建模方法为切入点或有哪些现成模型可供借鉴。因为这些模型大部分都要通过 GIS 的缓冲区分析、叠置分析等功能体现，所以模型结果要高度可视化。另外，要考虑 GIS 与应用模型的结合方式，可以是直接结合，也可以是间接结合。直接结合是指用 GIS 软件提供的二次开发语言来建立应用模型，这种结合方式较为紧密，但应用模型的通用性较差。间接结合是指采用 GIS 与应用模型相对分离的方法，通过动态链接技术(如 OLE、ActiveX 等)实现两者的结合，这种方式较为松散，应用模型的通用性较强。

在利用 GIS 解决实际问题时，常常需要结合多个模型来构成模型库解决特定问题。其中，每个模型以某方面为重点，主要解决某一具体问题，模型之间通过一定的环节连接起来实现相互之间的反馈和协调。下面结合两个实例对应用型 GIS 中模型库的设计进行说明。

1. 实例一：耕地保护预警系统模型库

以耕地保护预警系统(以江苏省江阴市为背景)的模型库为例，介绍 GIS 应用模型库的设计。耕地保护预警系统是在确保区域发展及安定的基础上，在合理配置、利用区域各类资源的同时，为了保证在社会发展一定阶段的人民生活标准的稳定，而对该阶段区域人口发展所确定的最低耕地量的临界警戒线。其目的是为区域的宏观决策提供支持，为区域耕地资源的开发、利用提供度量标准，以实现区域各方面，尤其是区域耕地与社会的协调统一发展。因此，根据区域耕地资源开发利用的先后顺序，可以设计出以下具有特定顺序关系的模型，它们构成了本系统的模型库。

1) 区域耕地资源综合评价模型

区域耕地资源综合评价模型从区域耕地资源系统整体出发，对其数量、质量以及组合进行分析和评价。具体包括耕地资源评价模型、耕地资源潜力估算模型以及耕地资源经济利用评价模型等。

2) 区域耕地资源动态分析和供需预测模型

区域耕地资源动态分析和供需预测模型是分析区域耕地资源动态变化过程及其资源供需预测的基础。前者表现为在时间维上多因素的综合作用；后者则需要从时间与空间变化两个方面来考察。因此，区域资源区位模型和预测推断模型占重要地位。

3) 区域耕地资源开发规划和分配模型

区域耕地资源开发规划和分配模型为区域耕地资源开发和利用提供优化方案或对其原有方案进行优化。在各种资源的优化分配中，土地利用优化是区域资源开发规划的核心。目前，区域土地利用除了农业利用之外，部分还涉及市内工业、交通以及居民点用地，并且农业土地利用结构的设计还涉及许多其他因素(固定的、变化的、随机的等)，这使区域农业土地利用结构模型的结构设计大为复杂。

4) 区域耕地资源承载力分析模型与补充潜力分析

立足资源开发、考虑经济发展和社会进步是区域耕地资源开发的指导因素，而资源的人口承载力研究则是区域资源开发合理程度的度量标准。区域的耕地增加数量总有上限，对区域耕地利用的补充分析是耕地保护利用度的最佳体现。

5) 耕地保护临界预警模型

在上述四个模型的基础上，选择人均粮食量为模型临界阈值，以区域耕地资源的数量、质量、单产、人口预测值为主要因子构建预警临界模型，并确定预警警示的触发分量。这是对区域耕地资源主要评价因子的综合评定，也是对区域耕地保护的总体成效的鉴定。下面重点介绍耕地保护临界预警模型的建立过程，如图 7.7 所示。

第一步，模型因子分析。应着重考虑图7.7中给出的四个基本因子，其他因子(如气候资源、水资源、生物资源、人口劳动力资源、基础设施条件、经济条件等)虽然对区域的耕地保护工作有一定影响，但影响的深度和广度不仅难以评述和量化，而且部分因子与模型因子间存在相关关系或已包含在模型因子中，对模型的应用不产生作用，故将其设为定值，在今后的研究中可根据实际需要进行模型微调。

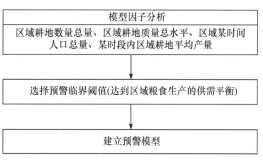

图7.7　耕地保护临界预警模型建立流程图
(白清和李满春，1999)

第二步，选择预警临界阈值。预警临界阈值应能与区域社会、经济、生态发展需要相适应，以达到区域粮食生产的供需平衡。在此，系统阈值采用江苏省农科院确定的人均原粮警戒线(420kg)。

第三步，建立预警模型。在以上分析的基础上，设置系统变量如下。

Q：某一时间区域耕地的面积总量，由系统数据库及图库面积查询得到；

S：某一时间区域耕地的等级指数，由土地质量指数、土地利用系数、土地经济系数三者计算得到；

M：某一时间区域单位面积耕地的生产能力，由联合国粮食及农业组织推荐的农业生态区法(AEZ法)结合灰色GM(1, 1)趋势分析模型相互校正后得到；

R：某一时间区域的人口规模，由区域现有人口数量和区域人口的增长率共同计算得到；

G：区域粮食生产相对于理论需要量的理想满足程度；

Z：某一时间区域的人均原粮量。

确定系统Z值对系统预警的触发分量如表7.3所示。

表7.3　Z值对系统预警的触发分量(白清和李满春，1999)

Z值	缺乏程度D	类型
$Z > 500$	0	非
$450 < Z \leqslant 500$	1	轻警
$420 < Z \leqslant 450$	2	中警
$Z \leqslant 420$	3	重警

2. 实例二：国土空间规划信息系统模型库

国土空间规划信息系统是利用计算机及GIS技术，结合规划管理业务，建立的专业化信息系统，其功能是辅助规划编制人员进行国土空间规划的编制。国土空间规划信息系统模型库划分为规划辅助编制模型库、规划成果管理模型库、规划跟踪监测模型库、规划动态评估模型库等。规划辅助编制模型库的功能是辅助相关人员进行国土空间分析、模拟预测、规划编制等，包括现状评价模型库、规划预测模型库、规划优化模型库等基础模型库。规划成果管理模型库的功能是对规划成果进行浏览、分析、输出等，包括专题制图模型库、成果输出模型库、空间分析模型库等基础模型库。规划跟踪监测模型库可以提供国土开发信息提取与变化监测、建设项目用地跟踪监测等功能，包括信息提取模型库、变化监测模型库、建设项目用地跟踪模型库等基础模型库。规划动态评估模型库的功能是完善规划实施方案、保障规划实施、评价规划实施效果等，包括趋势分析模型库、对比分析模型库、相关性分析模型库等基础模型库。

国土空间规划信息系统所涉及的国土空间规划地理模型种类繁多、功能多样。例如，可以将国土空间规划辅助编制模型库按规划事务划分为国土空间现状评价、规模预测和结构调整、空间优化与决策三类基础模型库，在基础模型库中不同地理模型按需调用，如表 7.4 所示。

表 7.4　国土空间规划辅助编制模型库

规划事务		地理模型
国土空间现状评价	资源环境承载力评价分析	多因素多因子综合判别
	国土空间开发适宜性评价	层次分析法
	国土空间利用质量评价	主成分分析
	国土空间风险评估	层次分析法
规模预测和结构调整	人口预测	系统动力学
	耕地预测	马尔可夫链
	建设用地预测	多元线性回归
		地理加权回归
	土地利用结构优化	多目标规划
		系统动力学
空间优化与决策	国土空间格局优化分析	空间自相关分析
		趋势面分析
	国土空间利用变化模拟	空间回归分析
		多智能体
		神经网络
	规划多方案评价与选择	模糊推理模型
		空间相互作用模型

国土空间规划信息系统模型库的框架结构如图 7.8 所示，界面如图 7.9 所示。

7.4.3　GIS 地理模型库管理

当应用模型很多时，有必要对地理模型及其调用过程、运行结果进行管理。例如，不同时段的同一地理对象的数据经同一应用模型运行后得到的结果，对后续地理对象的时空序列分析极为重要，因此对其进行合理的管理十分必要。对地理模型库的管理有助于系统设计人员和用户对模型的功能、数据、存储位置等产生清晰的认识，便于对模型库中的模型进行增加、修改、删除、查询等操作，使模型库趋于完善。

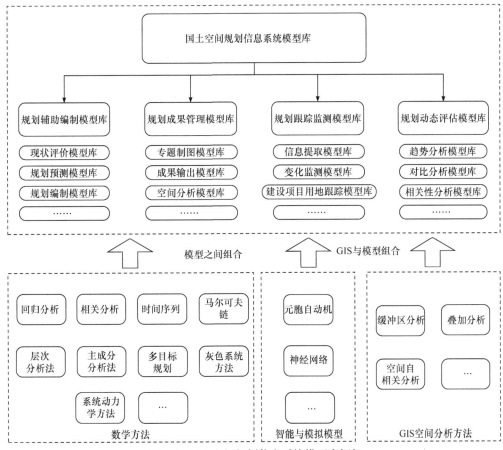

图 7.8 国土空间规划信息系统模型库框架

图 7.9 国土空间规划信息系统模型库

对 GIS 模型库的管理主要包括模型各种参数以及各模块建模过程的说明。管理方式主要有以下两种。

1. 文本形式的管理方式

该方式用文字来描述模型的各种参数，如模型名称、模型功能、存储位置等，并用文本文件存储起来。模型库中各个模型的建模过程的说明也可用文本形式来管理，但这种方式只能起浏览的作用。

2. 数据库形式的管理方式

该方式采用关系型数据库的关系表来存储地理模型的内容，主要包括模型编号、模型名称、功能描述、存放位置、所需数据格式、运行环境、与之相关联的模型、开发者、开发时间等信息。在地理模型库设计时，需要将这些内容设计成模型字典表(表 7.5)。这种管理方式在实际中应用得较多，且可研发地理模型库管理子系统，进行地理模型管理与维护。

表 7.5　模型字典表的一般结构

模型编号	模型名称	功能描述	存放位置	所需数据格式	运行环境	相关联模型	开发者	开发时间
A001	城市商服用地分等定级模型	可以进行缓冲区分析、叠加分析等空间分析，对栅格影像进行基于像素单元的计算，完成城市商服用地的分等定级	E:\GIS 设计与实现\myToolbox.tbx	矢量数据、栅格数据	Windows7 及以上操作系统，ArcGIS10.2 及以上版本	空间选址优化模型	张三	2018/11/27
A002	建设用地占用耕地的监测与预警	对耕地与建设用地的面数据进行叠加分析，判断是否占用耕地。对建设用地进行指定范围的缓冲区分析，后与耕地进行叠加分析，如重叠则进行预警	E:\GIS 设计与实现\myToolbox.tbx	矢量数据	Windows7 及以上操作系统，ArcGIS10.2 及以上版本	缓冲区模型、相交模型	李四	2018/10/22

第五节　地理模型库设计报告

地理模型库设计最终需要提交设计报告。图 7.10 列出"地理模型库设计报告"的主要内容，包括地理模型库需求分析、地理模型库总体架构设计、地理模型库详细设计、地理模型库管理等。

1　引言
　　1.1　编写目的(阐明编写目的、用户对象)
　　1.2　地理建模背景(了解地理问题的实际背景,明确地理建模的目的)
　　1.3　定义(术语的定义)
　　1.4　参考资料(引用的资料、标准和规范)
2　地理模型库需求分析
　　2.1　地理模型的类型
　　2.2　地理模型的数据(输入数据、输出数据)
　　2.3　地理模型的运行环境(硬件环境、软件环境)
　　2.4　地理模型的开发方式
3　地理模型库总体架构设计
　　3.1　地理模型库架构(类似于软件功能的层次结构图)
　　3.2　地理模型的调用关系
　　3.3　地理模型的集成(GIS与地理模型的集成,基础地理模型集成形成综合模型)
4　地理模型库详细设计
　　4.1　模型一:模型名称
　　　　4.1.1　建模准备(掌握地理对象的各种信息,搞清对象的特征)
　　　　4.1.2　模型假设(根据地理对象的特性和建模目的,辨别所需解决问题的主要方面和次要方面,用精确的语言做出模型假设)
　　　　4.1.3　建立模型(利用适当的数学工具,确定各因子之间的联系,通过表格、图形或其他数学结构建立地理模型)
　　　　4.1.4　模型求解(详细阐明地理模型求解步骤,确定模型求解结果)
　　　　4.1.5　模型验证(分析模型求解结果,用现象或数据验证模型的合理性和适用性)
　　4.2　模型二:模型名称
　　　　4.2.1　建模准备
　　　　4.2.2　模型假设
　　　　4.2.3　建立模型
　　　　4.2.4　模型求解
　　　　4.2.5　模型验证
　　4.3　模型n:模型名称
　　……
5　地理模型库管理
　　5.1　地理模型存储设计(模型字典)
　　5.2　地理模型调用(查询、调用)
　　5.3　地理模型维护(增加、删除、修改)
6　结论(地理模型类型、架构、建模、管理等)

图7.10　地理模型库设计报告

思　考　题

1. GIS应用模型有哪几种类型?各有什么特点?

2. 你所了解的地理模型有哪些?这些模型属于哪几类应用模型?

3. 结合某个应用对象,如国土空间规划、土地分等定级估价、水土保持、灾害损失评估等,叙述基于GIS的地学应用模型的建模步骤和方法。

4. GIS与地理模型集成的方法有哪些?各有什么优缺点?你喜欢用哪种方法做集成?并阐述其理由。

5. 针对某一基础GIS软件,说明其采用什么方式管理地理模型,这种管理方式有什么优缺点?

第八章　前沿 GIS 设计

第一节　地理大数据与 GIS 设计

近年来，互联网、移动互联网和物联网迅猛发展，无处不在的移动设备、无线传感器、智能观测台站等每分每秒都在产生数据，数量庞大的互联网用户时刻产生海量的交互信息，遥感卫星、车/船载全球导航卫星系统、地面台站等设备每天都在观测和记录地表信息，时空数据规模猛增，地理研究与应用跨入了大数据时代。

8.1.1　地理大数据

1. 概念和特征

地理大数据是以地球表层为对象、基于统一时空基准、随时间变化且与位置关联的大数据，集大数据的特征与地理数据的价值于一体，常用的 GIS 软件工具难以处理。地理大数据作为大数据的延伸，具有大数据的特征：数据体量浩大、种类和来源繁多、数据增长速度快、价值巨大但密度很低(李国杰和程学旗，2012)；此外，地理大数据还具有时空粒度、时空广度、时空密度、时空偏度和时空精度的"5 度"特征(裴韬等，2019)。

地理大数据"5 度"特征如下。

(1) 时空粒度。粒度是指数据的细化程度的级别，细化程度越高，粒度级就越小；相反，细化程度越低，粒度级就越大。对地观测的时间分辨率和空间分辨率不断细化，人类行为大数据的时间间隔和空间统计单元越来越精细。

(2) 时空广度。即数据获取周期和空间覆盖度。在大数据时代，数据获取不局限于局部区域，可以获取较大范围，甚至全国直至全球范围的数据及其衍生产品，且数据获取的周期不断缩短，时空广度大大提升。

(3) 时空密度。即地理大数据疏密程度。地理大数据的基本特征之一就是面向地理对象的高密度样本。随着传感器性能的提升以及无人机等技术的广泛应用，影像像素分辨率不断提高，像元所代表的信息更加精细；随着全球对地观测台网的升级，对地观测的台站数目不断增加；随着智能卡和互联网应用的普及，人类行为大数据样本的密度也越来越高。这一切致使地理大数据样本密度提升，使得对地理现象的观测更加细致与逼真。

(4) 时空偏度。偏度，通常是统计数据分布偏斜方向和程度的度量，是统计数据分布非对称程度的数字特征。地理大数据的采集载体在时间、空间和属性等方面不能覆盖或代表全部样本，导致所获得的数据往往有一定程度的"偏度"，因此在使用地理大数据时需要谨慎甄别。

(5) 时空精度。精度问题在空间数据中普遍存在，而对地观测等地理大数据的精度问题尤为突出，有时甚至会影响计算结果的可信度。由于其在获取过程中的被动性和自发性，人类行为大数据往往充斥着各种类型的误差，会引发认识的偏差，甚至导致谬误的发生。

地理大数据所具有的冲击力源于其粒度细、广度宽和密度大，这些都是以往小数据所不具备的。然而，地理大数据的偏度差和精度差同样也是小数据所力求避免的，传统的采样理论和误差理论就是针对偏度和精度差而产生的模型体系，可以有效地限制偏度和控制精度。

由此可见，地理大数据与小数据各有优劣，一方不能完全取代另外一方，二者的结合可扬长避短。在地理大数据的应用中，应注重其局限性，避免错误的产生或滥用。

2. 类型

地理大数据包括但不限于以下几类。

(1) 对地观测大数据。遥感是指一切无接触的远距离的探测技术，它从远距离获取目标物体定时、定位、定性、定量的电磁波信息，获取数据的载体主要包括卫星、航空以及地面观测平台。对地观测大数据主要包括卫星遥感、航空遥感、无人机遥感等影像数据，地面测量数据，激光点云数据等。

(2) 物联网大数据。这类数据是通过各种传感器、射频识别系统、红外感应器等设备采集的，既有地学传感网观测数据，也有各种智能设备产生的数据。其中，地学传感网观测数据是与地学相关或基于位置的传感网络产生的数据集合，包括气象、水文、植被、土壤等要素的观测数据和地质灾害、环境质量等的监测数据。智能设备数据是智能交通、智能家居等设备产生的数据，包括道路自动收费系统(electronic toll collection，ETC)数据、门禁刷卡数据、停车场管理数据等。

(3) 互联网大数据。这类数据是在互联网上公开发布的与空间位置有关的数据，是通过数据爬虫软件或网络运营商提供的接口等获取的数据。这类数据内容丰富，但有的非结构化，数据处理和分析难度大，主要数据类型包括兴趣点数据、实时路况数据、房价数据、航班动态信息、舆情信息等。

(4) 轨迹大数据。记录人类移动、社交等各种行为的信息。信息获取的方式主要有手机终端、导航系统、社交媒体应用等，产生的数据包括手机信令数据、GNSS 轨迹数据、车辆导航数据以及社交媒体数据等。

8.1.2　大数据 GIS 设计

1. 大数据 GIS

大数据 GIS 是一个相对的概念，是相对于传统 GIS 来定义的。一直以来，大家公认的 GIS 与其他信息系统和电子地图的区别在于 GIS 同时具有空间数据管理能力、空间分析能力以及基于地图的数据可视化能力。大数据没有改变 GIS 的基本特征，但是对传统 GIS 提出了巨大的挑战，大数据 GIS 将成为新的研究方向(李清泉和李德仁，2014)。

对于从海量数据到大数据的跨越，除了数据量剧增，还有快速、异构、分析和挖掘等关键问题(张帆等，2018)。大数据 GIS 的核心是为构建面向多源大数据而进行存储、分析计算和可视化的体系架构(图 8.1)。该架构除了 GIS 门户和 GIS 服务器是继承传统的 GIS 软件技术以外，其他技术都是大数据 GIS 技术中必要的内容，包括地理大数据存储技术、分析技术、可视化表达技术等(宋关福等，2019)。

2. 大数据 GIS 设计的重点内容

地理大数据的快速发展给传统 GIS 的地理数据存储、地理数据分析、时空数据可视化等带来了巨大的挑战。与小数据 GIS 设计相比，大数据 GIS 设计应关注以下方面。

1) 地理大数据抽取与集成设计

在地理大数据不断产生的过程中，往往出现大量与应用需求不相关的数据，或噪声数据、信息不完整的数据。在大数据 GIS 设计中，要合理设计数据抽取规则，过滤或修正噪声数据、不完整数据。对于多源异构地理大数据，还应设计数据交换平台和集成方案，对多源数据的坐标系统、数据语义等进行转换和映射，便于进行地理大数据处理、分析和应用。

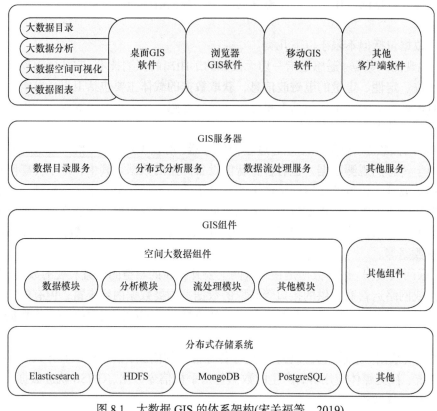

图 8.1　大数据 GIS 的体系架构(宋关福等，2019)

2) 地理大数据分布式存储设计

地理大数据存储技术采用虚拟化的存储系统，通过软件实现硬件磁盘集群的数据存储功能。大数据 GIS 应提供跨多台机器、多个硬盘的统一访问接口，同时支持并发访问、冗余存储和多设备容错、分布式内存缓存等。在大数据 GIS 设计时，需要根据数据体量、传输方式、使用频率等，设计弹性的资源存储平台。大数据的存储设计，要发挥关系型数据库(如 Oracle、SQL Server 等)和非关系型数据库(如 MongoDB、HBase 等)各自的优势。小数据 GIS 通常采用关系型数据库，而大数据 GIS 通常采用非关系型数据库。

3) 地理大数据分析技术设计

地理大数据分析技术是通过创建地理数据分析模型，对数据进行试探和计算的数据分析手段。地理数据分析算法繁多，且不同算法因基于不同的数据类型和格式而呈现出不同的数据特点。但在大数据 GIS 设计中，模型设计过程通常是相似的，即首先分析项目数据，针对特定类型的模式和趋势进行查找，用分析结果逆推分析模型的最佳参数，并泛化至整个数据集，以获得高效的地理分析模型。

4) 地理大数据可视化设计

地理大数据既包括传统的静态地理空间数据,如林地、水系、城市区划等,还涵盖通过 GNSS 或者传感器网络采集的实时动态位置数据。在大数据 GIS 设计中，需要根据数据类型、内部逻辑和分析结果等，设计简单、充实、高效且兼具美感的动态可视化效果。例如，船舶轨迹大数据可以用于展示一段时间内的船舶时空分布，分析海上石油运输热度。

8.1.3　陆海统筹空间通达性分析功能设计

1. 概述

党的十九大报告明确提出"坚持陆海统筹，加快建设海洋强国"，我国的海洋战略目标走向"统筹陆海战略资源，以海强国、依海富国"。国土空间规划作为对国土空间的保护、开发、利用、修复总体部署与统筹安排的顶层设计，陆域和海域都是国土空间的组成部分，陆海统筹对实现全域国土空间治理体系和治理能力现代化具有重要意义，也是践行科学发展观、实施全面协调可持续发展的根本方法。

陆海统筹空间通达性分析功能通过分析自然、经济、政治、军事等因素影响下的空间通达性，为我国国土空间优化、促进海洋经济发展等提供了决策支持，是加快建设海洋强国、加快改进完善国土空间规划、保障我国国家核心战略利益的重要举措。陆海统筹空间通达性分析功能模块服务于综合交通规划，支撑国土空间规划信息系统的规划辅助编制。

2. 功能设计

空间通达性指一个地方到达其他地方的难易程度，反映了区域与其他有关地区进行社会经济和技术交流的机会及潜力。国土空间规划信息系统通过构建陆地道路网和海运航线集成的陆海统筹交通网络体系，综合道路网、海运网的通行成本，分析陆海统筹空间通达性。

1) 数据

陆海统筹空间通达性分析使用的主要数据包括：自动识别系统(automatic identification system，AIS)船舶大数据、交通流时空大数据、开放街道地图(OpenStreetMap，OSM)数据、遥感数据、基础地理数据等。

AIS 船舶大数据：是利用安装在船舶上的 AIS，自动定时采集船舶位置数据，形成的船舶轨迹点数据集。AIS 数据包括静态信息和动态信息两部分。静态信息主要包括船舶唯一识别码、船名、船籍国家等信息，通常在 AIS 初始化时输入系统，一般不会变化。动态信息记录了船舶的航点时间、航点经度、航点纬度、对地航速、对地航向等信息，在船舶航行过程中定时采集。

交通流时空大数据：主要包括车辆轨迹数据、公交地铁刷卡数据、道路交通流量监测数据等。车辆轨迹数据是利用卫星导航定位技术跟踪记录的车辆瞬时位置、速度和起终点等数据。公交地铁刷卡数据是公交地铁 IC 卡等的进/出站刷卡记录，包括卡号、进/出站时间、进/出站终端代号等。道路交通流量监测数据是通过道路上布设的车辆检测器实时采集的车辆交通数据，主要包括车辆交通流量、平均车速、车间距、分类车长和车辆密度等。

OSM 数据：OSM 是一个开放共享且能让所有人编辑的地图。OSM 数据包括城市点位、兴趣点、机场、车站、港口、公路、轨道交通、河流、湖泊、建筑物、土地利用与土地覆盖等矢量数据。

2) 处理过程

(1) 道路网互联互通分析。基于道路网交通大数据构建高质量道路网，准确匹配大数据点对应在道路网上的空间位置、道路方向和定位时间等属性。提取道路网结构中的重要节点、重要路段，综合考虑道路网结构中的车辆轨迹、交通流量等数据，评判不同路段对于道路网的整体通行能力的影响。综合考虑道路网连通性、通行能力、路况等信息，评价道路网的空间通达性。

(2) 海运网互联互通分析。基于 AIS 船舶大数据生成船舶的航行轨迹，并对现有的航线进行优化，构建海运网。综合海运网络拓扑结构与节点交通流量，分析港口访问热度的时空变化情况以及港口间的互联互通情况。统计港口、区域、国家之间的海上交通流量的时空变化，分析海运网交通流量的时空变化情况。

(3) 陆海统筹空间通达性：进行道路网和海运网的网络匹配和优化，构建陆海统筹交通网络。以港口为纽带，将道路网、海运网通达能力作为通行成本，综合地形条件、土地覆被、水文气象等因素，构建陆海统筹空间通达性评价模型。依次从各个港口出发，综合分析不同港口到达同一区域的累计成本，得到陆海统筹空间通达性分析结果。

3. 功能实现

陆海统筹空间通达性分析功能由道路网互联互通分析、海运网互联互通分析和陆海统筹空间通达性分析组成。

(1) 道路网互联互通分析：根据路况、夜间灯光、城市点位、道路，初步建立道路网络数据。进行道路网络拓扑检查和错误修正，建立研究区道路网络。通过点线匹配操作，将交通流时空大数据融入道路网络，提取道路网的重要节点和重要路段，评价道路网的通行能力，通过网络分析得到空间通达性。

(2) 海运网互联互通分析：输入 AIS 船舶大数据和现有航线数据，进行数据清洗和轨迹优化。对处理后的轨迹数据进行聚类分析，得到优化后的海运航线。以航线作为海运网边、港口作为海运网节点，构建海运网络。计算月、季、年不同时间段内的航线上交通流量的大小和港口的访问热度，分析海运网互联互通时空变化情况。

(3) 陆海统筹空间通达性分析：将道路网数据和海运网数据进行网络匹配，修正网络中存在的拓扑关系，构建陆海统筹交通网络。分析地形、土地覆被、台风、海盗袭击等因素对通行能力的影响，将其融入陆海统筹交通网络分析，得到全区域的陆海统筹空间通达性分析结果。

第二节　云计算与 GIS 设计

云计算是继互联网之后信息时代又一项新的革新，它将很多的计算资源、数据资源协调在一起，使用户以按需、易扩展的方式获得所需资源和服务。云计算与 GIS 结合，催生了云 GIS，且已经在 GIS 及相关行业内应用。本节简要介绍云计算，讨论云 GIS 设计中需要重点关注的内容。

8.2.1　云计算

1. 概念及特点

云计算是通过网络集中计算资源并按需使用，达到节约和经济利用计算资源的一种技术，可以实现更大规模的计算。这为解决地理信息领域面临的数据密集、计算密集、并发密集等问题提供了解决方案。云计算有以下三个主要特征。

(1) 按需服务。云计算以服务的形式为用户提供应用程序、数据存储、基础设施等资源，并可以根据用户需求，自动分配资源，而不需要系统管理员干预。

(2) 资源池化。数据、计算、存储等资源以共享资源池的方式统一管理。利用虚拟化技术，将资源分享给不同用户，资源的管理与分配策略对用户透明。

(3) 弹性服务。服务商提供的资源规模可以快速伸缩，以动态适应业务负载的变化。用户使用的资源同业务的需求匹配，避免了因为服务器负载过重或空闲而导致的服务质量下降或资源浪费。

2. 服务模式

云计算服务包括：基础设施即服务(infrastructure as a service，IaaS)、平台即服务(platform as a service，PaaS)、软件即服务(software as a service，SaaS)和数据即服务(data as a service，DaaS)，如图 8.2 所示。

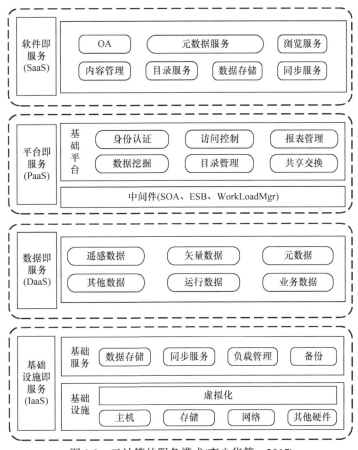

图 8.2　云计算的服务模式(李少华等，2017)

1) 基础设施即服务(IaaS)

向用户提供的服务是包含处理、存储、网络及其他基础资源计算的内在服务。在 IaaS 的服务中，用户可以部署和运行任意软件，包括操作系统和应用程序。用户不需要管理或控制底层的云基础设施，但是可以控制整个操作系统存储和部署的应用程序。

2) 平台即服务(PaaS)

它向用户提供的是包含编程语言、类库、服务、工具等在内的软件部署服务，位于资源提供者创建或获取的云基础设施中。PaaS 提供了一种框架，开发人员可以基于该框架进行构建，从而开发或自定义基于云的应用程序。

3) 软件即服务(SaaS)

向用户提供由资源提供者部署在云基础设施中的软件应用。这些应用可以通过多种终端设备、多种方式访问和使用。其中，访问方式可以是以 Web 浏览器为代表的客户端，也可以通过程序接口接入。

4) 数据即服务(OaaS)

向用户提供在线海量数据服务，这是地理信息领域非常重要的云计算形式。地理信息公共服务平台和数字城市共享平台可以被认为是数据即服务的一种形式。通过这种方式租用 GIS 数据，可以节约采购资金、节省数据处理的时间，并提高数据的使用效率。

3. 部署模式

一般而言，云计算的部署模式包括公有云、私有云、社区云、混合云和云原生。

(1) 公有云。公有云指第三方提供商的对所有企业和个人开放的云服务。它通常由某个公司提供服务、管理和操控，消费者按照服务使用计量缴费。因此公有云也被称为商业云。

(2) 私有云。私有云是指独立的组织专用的云服务。它可能由一个公司、学术研究机构、政府机构或他们的团队所有、管理和操控。它有着与公有云类似的经济和运营优势，但允许公司和组织对其计算和数据资源保留绝对的控制权。

(3) 社区云。社区云是为社区公共利益服务的云服务，例如，为社区的使命、安全、规则、管辖等提供服务。社区云是为一个组织或多个组织专门构建的云，通常由其组织的内部部门或第三方操控和管理。

(4) 混合云。混合云是指为了特定的需求将两种或两种以上的云部署类型组建成组合的云服务。例如，公有云结合私有云可以构建低成本、高效率的混合云，既可以利用私有云的安全，将内部重要数据保存在本地数据中心；同时也可以使用公有云的计算资源，更高效快捷地完成工作。

(5) 云原生。基于分布式部署和统一运营管理的云服务，建立一套面向软件服务和应用开发的云技术产品体系，即为云原生。云原生使用户能在云上构建微服务化的应用，提高开发效率。用户只需考虑应用的业务逻辑，无须关注云服务的底层技术和运营管理。

8.2.2　云 GIS 设计

云 GIS 是将云计算的技术和资源用于支撑地理数据的存储、建模、处理与分析，改变了传统 GIS 的应用方法和建设模式，用户可以通过网络以按需、易扩展的方式获得所需地理信息资源和服务(吴洪桥和张新，2015)。云 GIS 的系统架构、部署方式、资源管理等方面与传统的 GIS 有很大不同。因此，云 GIS 设计要重点关注以下内容。

1) 计算资源虚拟化设计

虚拟化技术是云计算的重要技术之一。虚拟化实际上就是资源整合的处理方式，突破了软硬件系统及其程序间的限制。系统与程序的运行都是通过虚拟化处理的服务器实现的，突破了传统物理计算机的限制，能够跨越软硬件环境的基础构架完成运行。云 GIS 的设计需要根据应用需求，对硬件、GIS 软件等计算资源进行合理划分与配置，选择合理的虚拟化技术，确定计算资源虚拟化策略。

2) 地理数据云存储方案设计

云存储是利用数据库、分布式文件储存、数据集群等技术，使网络中大量各种不同类型的存储设备协同工作，共同向用户提供数据存储和访问功能的一种服务。云 GIS 需要管理大量的地理数据，这些地理数据量大、结构复杂、关联性强，部分地理数据的使用还要遵守专门的数据安全和保密规定。在云 GIS 设计时，要根据数据内容、应用范围、使用频率、安全规定等，设计合理的地理数据云存储方案。

3) 高性能地理计算设计

高性能地理计算是面向复杂时空地理数据快速处理和分析的需求，开展分布式地理数据组织与管理、并行地理空间分析与处理、地理大数据挖掘与可视化等研究与应用的技术体系。在云 GIS 中，针对数据密集、计算密集型的地理计算，应采取不同的并行算法设计思路和计算资源调度策略，提高地理数据分析、业务处理和地理信息可视化等的运行效率。

4) GIS 资源监控设计

资源监控是指对平台中各种计算资源的使用情况、节点负荷压力进行实时监测，便于进行计算资源分配、调度和优化的过程。云 GIS 通过管理复杂的地理数据和大量数据密集、计算密集型地理计算任务，设计合理的云 GIS 资源监控内容、资源配置优化策略，来持续稳定地提供服务。

5) GIS 云服务平台设计

GIS 云服务平台是指具有云基础设施管理、云地理信息服务发布、云自动负载均衡、云存储管理和复杂地理计算等全方位服务能力的以资源信息承载为基础的服务平台。该平台是立足于具有自主知识产权的超融合 GIS 云架构和应用型云 GIS 技术体系，应用云原生的可弹性扩展特征，形成计算资源负载能力强，扩展和移植程度高，高容量、高效率、高性能的地理信息在线管理、可视化、计算和共享服务的 GIS 云服务平台。

8.2.3　地理信息云服务功能设计

1. 概述

《国土空间规划"一张图"实施监督信息系统技术规范》(GB/T 39972—2021)要求国土空间基础信息平台加强数据联动、交互与协同，形成各层级叠合、覆盖全域、动态更新、服务高效的地理大数据云服务平台。地理信息云服务能为国土空间规划编制、实施、监督等业务提供所需的计算资源、存储资源、数据资源、分析模型等，通过云存储、云符号化、云服务自动发布等，实现第三方用户数据的云托管，用户可以直接从云上获取所需资源，有效促进了国土空间规划编制与审批管理的业务衔接，避免国土空间规划的编管脱节和监督缺位。平台依托云服务和 GIS 领域的各项新技术，支持地理大数据存储和处理能力，管控各类要素数据和格式数据，真正实现资源融合，构建国土空间规划"一张图"。

2. 功能设计

1) 云服务架构

地理信息云服务架构包括基础设施服务层、数据服务层、时空信息云服务层、应用服务层。总体架构如图 8.3 所示。

(1) 基础设施服务层。基础设施服务层采用超融合技术和高性能地理计算技术，将计算、存储等资源进行统一整合和管理，提供基础云服务、云存储服务、云计算服务等资源服务。基础设施服务层采用私有云和公有云相结合的混合云架构。其中，私有云面向企业用户，供涉密内网使用；公有云面向公众用户，供互联网(政务外网)和业务网等使用。

(2) 数据服务层。国土空间规划信息系统的数据主要包括国土现状数据、规划成果数据、规划实施数据、社会经济环境等。通过统一坐标、统一语义、统一格式，集成国土空间规划成果数据、行政管理数据以及社会经济数据等，整合叠加各级各类国土空间规划成果，形成国土空间规划"一张图"。

(3) 时空信息云服务层。地理信息云服务平台提供通用云服务和专题云服务。其中，通用

云服务主要包括地理大数据集成、云端快速制图、地理信息服务发布，专题云服务包括规划
成果、协同审批、决策支持、统计查询等。

(4) 应用服务层。应用服务层主要为政府部门、科研机构、企事业单位和社会公众等提供
数据浏览、查询统计、专题地图制作、成果共享、规划审查等方面的应用服务。

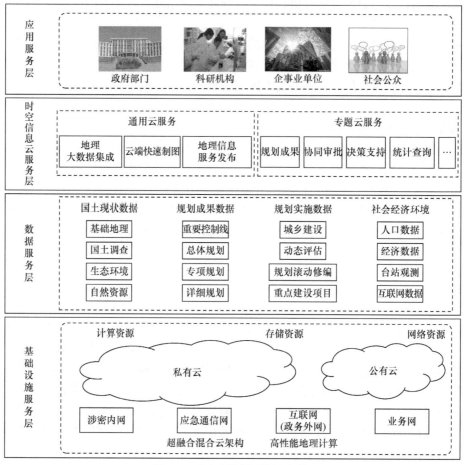

图 8.3　时空大数据云服务架构

2) 关键技术

(1) 超融合架构。超融合架构是指 IaaS 层技术和 PaaS 层技术的大融合，即将虚拟机、服
务器、存储空间、软件运作环境等整合到一个统一的平台，构建资源共享的分布式架构，为
地理信息云服务平台与其他平台(如国家应急测绘资源数据共享平台、国土空间规划数据共享
平台、生态文明审计平台等)的横向扩展和连接提供通用的融合接口，实现国土空间基础信息
平台整合和服务整合。

(2) 多源异构地理大数据集成。地理大数据的来源具有多样性，各级国土资源管理部门采用
不同的数据生产手段，如卫星遥感技术、GNSS 技术、统计调查、外业实地勘测、网络爬虫等，
形成了不同类型的地理大数据，如测绘数据、遥感影像数据、行业专题数据及物联网数据等。

地理大数据的结构具有多样性。由于不同数据生产单位针对不同类型的数据采用不同的
存储软件和存储格式，地理大数据的结构具有巨大差异。例如，测绘数据被扫描后大多以栅
格形式存在或经过输入设备矢量化后以矢量形式存在，也可以直接通过数据测量设备以数字

形式存在。又如，来自航空摄影、遥感卫星的数据，往往以图像数据的形式存在；用于描述地球表面起伏的地形数据，存在形式有等高线、不规则三角网及格网等形式。

地理大数据的多源异构的特性成为数据集成及国土空间规划"一张图"建设的技术难点。将来源不同、性质不同、格式不同、分散在不同地方的地理大数据进行整合，实现多源异构地理大数据集成，按照统一的规范和调用方式提供给其他软件使用。

(3) 高性能地理计算。高性能地理计算是指利用高性能计算快速求解空间问题的科学与技术，是对海量地理空间数据进行实时处理的空间算法，使原本难以计算的全球尺度、长时间尺度的地理空间现象分析模拟得以实现。

针对地理大数据来源广泛与规模庞大、地理计算过程复杂密集与层次耦合、分布式计算环境混合异构与节点多样的并行化难题，应深入开展并行计算空间划分和任务调度理论模型与技术方法的研究，切实、有效实现地理空间数据的均衡分配，提升总体并行计算性能。地理大数据云服务平台面向地理大数据、复杂地理计算过程及 CPU/GPU 混合异构计算环境，着重从空间划分和任务调度两个方面出发，采用适用性强、有效性高的自适应并行计算理论模型与技术方法体系，实现大规模地理空间数据的快速处理与实时分析，为国土资源动态监测与应急响应、生态安全监测与预警等地理学重要应用领域提供理论与技术方法支撑。

3. 功能实现

1) 地理大数据集成

地理信息云服务平台面对千差万别的数据内容、数据格式和数据质量，首先对同一类型的数据进行数据访问、过滤和整合，如测绘数据边界坐标的自动提取和转换、遥感影像数据几何校正和辐射校正、行业专题数据的语义统一和坐标匹配等。然后基于触发器、时间戳、全文对比、日志数据同步等不同运作模式，实现异构数据的有机集成，完成国土空间规划"一张图"建设以及系统之间的无缝共享。

地理大数据获取：国土资源数据分散在各部门和不同系统中，是国土资源大数据的主要来源，利用行业部门和开源数据平台提供的大数据访问接口，汇聚国土资源大数据。数据按照来源可分为关系型数据库数据、数据服务应用程序编程接口(application programming interface，API)数据、消息流数据、文件数据等。地理信息云服务平台针对不同数据源进行了统一适配，实现了多源数据的统一接入。

地理大数据存储：地理信息云服务平台采用集中式与分布式存储相结合的混合存储模式，在保证数据稳定性、兼容性的基础上，保证存储架构的易扩展性、可用性、容错性和易维护性等功能，为地理异构数据(特别是时空数据存储)提供平台及通用存储框架。

2) 云端快速制图

地理信息云服务平台采用本地数据的云端发布与托管，支持在专题图中进行在线符号化渲染，使用户可以通过选择合适的制图模板，利用平台提供的各类整饰工具进行少量定制，即刻实现行业专题图的在线快速制作。

模板制图：地理信息云服务平台提供大量基础图、常用图模板，通过专题图制作向导模式、云制图资源搜索、制图符号化、专题图云端共享与输出，引导用户制作需要的专题图。用户可以对制作的专题图进行保存、修改、删除、打印，方便在制作没有完成的情况下，再次打开系统可以继续工作。

制图模板管理：管理员可以按照国家地图制作标准和行业专题地图制作的要求，对专题图的显示、配色、符号等各个方面进行配置和共享，还可以对制图模板进行命名、增加、删除、保存、修改并共享给平台的公众用户，以更新制图模板库。

3) 地理信息服务发布

地理信息服务发布是将工作空间中的数据资源服务发布到本地或远程服务器上，以 Web 形式达到资源共享(图 8.4)。

图 8.4　地理信息服务发布功能示意图

服务注册：地理信息云服务平台提供各类服务注册功能，通过服务注册，国土空间规划基础信息平台、各部门信息平台等的国土空间规划相关资源均可汇聚到平台资源池，由地理信息云服务平台统一管理、聚合和分发。

服务发布审核：地理信息云服务平台依据相关标准，对资源上传者发布的国土空间规划相关资源及其元数据信息进行自动审核。审核结果通过图表、日志等方式展现，管理员可随时查看服务及审核结果。

服务推送：地理信息云服务平台通过收集用户的使用习惯，识别和预测用户的兴趣和偏好，从而有针对性地及时向用户主动推送所需服务，以满足不同用户的个性化需求。

第三节　人工智能与 GIS 设计

8.3.1　地理人工智能

人工智能(artificial intelligence，AI)是一门研究知识的表示、获取和运用的科学，是对计算机系统如何能够履行那些只有依靠人类智慧才能完成的任务的理论研究，如数据挖掘、模式识别、计算机视觉、自然语言处理、智能机器人、自动驾驶等领域。

机器学习是 AI 的核心。机器学习主要研究如何让计算机模拟或实现人类的学习行为，构建出具有"举一反三"泛化能力的模型。机器学习算法能在不需要任何额外编程的情况下，利用数据和经验进行学习，变得更智能。机器学习算法训练时，根据输入的训练数据构建初步模型，利用误差函数评估模型预测的准确性，调整权重以减少模型误差，直到满足精确性阈值为止。机器学习算法直接从数据中"学习"信息，更有利于数据样本量大、模型机理不明晰的任务建模。

将 AI 技术应用于地理学领域的分析、方法和解决方案，称为地理人工智能(GeoAI)。GeoAI 融合了地理科学、GIS、数据科学、机器学习、数据挖掘和高性能地理计算等方面的理论和技术，可以更好地进行地理数据分析、地学过程建模和预测。2018 年，ESRI 和微软联手将地理信息技术和人工智能融入 Azure 云平台(微软的企业级云计算平台)的 Microsoft Data Science Virtual Machine(DSVM)，推出了基于地理人工智能的数据科学虚拟机(GeoAI DSVM)。在 GeoAI DSVM 中，用户可以使用 AI 和数据科学工具分析地理数据，基于机器学习的算法构建和训练地学预测模型，以创建丰富的地理信息可视化效果。

8.3.2 地理智能计算模型设计

当前，GeoAI 越来越多地应用到 GIS 研究中，在复杂地理计算模型构建中发挥着极其重要的作用。随着地理大数据获取技术的快速发展，数据驱动的地理建模方法为复杂地理现象和地学过程建模提供了新的机遇。GeoAI 为数据驱动的地理建模提供了强大的工具。因此，基于 GeoAI 相关技术构建地理智能计算模型是 GIS 设计的研究热点之一。

地理智能计算模型设计的重点内容包括以下内容。

机器学习算法的选择。针对地理智能计算问题的实际需求，选择科学的机器学习算法。机器学习算法的选择，需要考虑以下因素：问题的复杂性、模型的性能、结果的可解释性、数据集的大小、数据的维度、训练时间和成本。此外，机器学习需要大量的计算资源，难以适应响应时效性要求高、并发访问量大的应用需求。

样本选择。为了训练模型，需要从海量地理数据中选择类型确定的样本作为机器学习模型的训练数据。最理想的情况是选取最少量的样本，模型的精度依然较高。一般来说，不同类型样本数应尽量保持同一数量级，否则会严重影响模型精度。

样本特征优选。如果样本中的每一个独立特征都与目标分类密切相关，那么模型训练就比较容易。样本特征优选就是要提取原始数据中的多种特征，利用这些特征建立的模型在未知数据集上的预测结果可以达到最优。通常，需要主动观察原始数据中的样本特征分布、分类特征的差异，构建合理的特征优选方法。

8.3.3 城镇开发边界划定功能设计

1. 概述

近年来，伴随着城镇化进程快速推进，城镇建设用地规模急剧膨胀的弊端日益显现。城镇开发边界是国土空间规划中的三条控制线之一，是控制城镇无序蔓延、提高土地节约集约利用水平、引导城乡有序发展的重要政策工具。因此，国土空间规划信息系统的城镇开发边界划定功能模块，应能充分考虑城镇扩展潜力、生态和耕地保护约束，集成机器学习和元胞自动机方法，科学划定城镇开发边界。

2. 功能设计

1) 数据

城镇开发边界划定需要使用的数据如表 8.1 所示。

表 8.1   数据类型与作用

类别	数据名称	作用
经济社会数据	地区生产总值	分析经济发展态势
	人口数据	反演常住人口分布密度
矢量数据	土地利用数据	分析城镇用地的时空演变规律
	交通路网	分析城镇扩展潜力
	公共服务设施	分析城镇扩展潜力
	城镇工业园区	分析城镇扩展潜力
	公交、地铁站点数据	分析城镇扩展潜力
	医疗、教育机构数据	分析城镇扩展潜力
	生态保护红线	约束城镇扩展
	永久基本农田	约束城镇扩展
	商业服务点数据	分析城镇用地的变迁与布局情况
栅格数据	数字高程模型	量化城镇扩展阻力因子
	Landsat 遥感影像	提取土地利用信息
	VIIRS/DNB 夜间灯光	反演常住人口分布密度

2) 城镇开发边界划定技术思路

以遥感信息提取和 GIS 空间分析方法为基础，从历史城镇边界的演变规律特征出发，分析影响城镇边界演变的驱动因素和约束因素。结合城镇扩展潜力、生态和永久基本农田保护约束，建立城镇演变影响因子体系，使用随机森林算法进行训练，分析城镇扩展综合潜力。耦合城镇扩展潜力和外部阻隔约束，构建城镇演变模拟元胞自动机模型。结合河流、高速公路、山体等地物阻隔，协调优化城镇边界，划定城镇开发边界(图 8.5)。

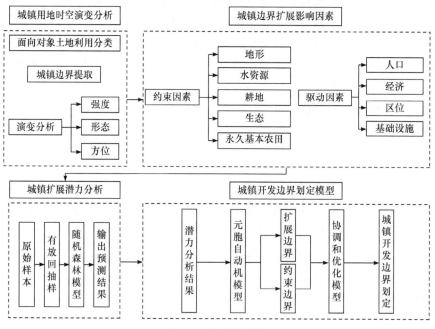

图 8.5   技术路线图

3) 关键技术

(1) 城镇扩展潜力分析模型。从城镇扩展驱动因素和约束因素两方面建立城镇边界时空演变影响因子体系。使用随机森林(random forest, RF)算法进行训练, 量化城镇扩展潜力。随机森林是一种利用多个决策树进行预测的组合算法, 其原理如图 8.6 所示。利用 Bagging 抽样方法从原始样本中有放回地抽取多个样本, 对抽取的样本先用弱分类器进行训练, 然后将这些决策树组合在一起通过投票得出最终的分类或预测结果。其中, 一个元胞的城镇扩展潜力是随机森林中所有决策树的有关该元胞发展为城镇用地的平均预测概率, 计算方法为

$$P_{ij} = N_{ij}/n_{\text{tree}}$$

式中, P_{ij} 为 ij 位置元胞转变为城镇用地的概率; N_{ij} 为在所有决策树中, 将该元胞分类为发展成城镇用地的决策树数量; n_{tree} 为随机森林中决策树的总个数。

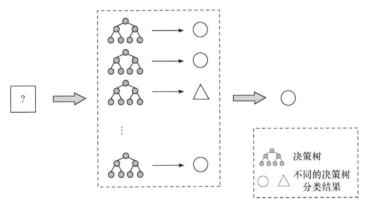

图 8.6 随机森林原理示意图(方匡南等, 2011)

(2) 城镇用地演变模拟。元胞自动机是一种在空间和时间上都离散的演化动力模型。模型由正方形、三角形或者立方体等基本几何元素的元胞(cell)组成, 这些元胞按照一定规则排列可以形成一个空间区域, 然后每个元胞之上都有若干种离散或者连续的状态, 这些状态在不同时间点之间会按照一定的规则发生变化, 于是形成了整个元胞自动机的演化过程。利用元胞自动机模型对土地栅格单元进行多次迭代, 能够模拟实现城镇用地演变过程, 如图 8.7 所示。所以, 在划定城镇开发边界时, 将城镇扩展潜力值输入元胞自动机中, 在每次迭代中优先将城市化潜力更高的元胞转变为新的城镇用地元胞, 通过多次迭代后从实现城镇用地的空间模拟预测。

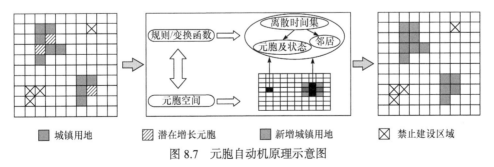

图 8.7 元胞自动机原理示意图

3. 功能实现

如图 8.8 所示, 城镇开发边界划定功能包括以下内容。

图 8.8　城镇开发边界

(1) 城镇用地时空演变分析。参照土地利用调查数据选取样本，进行遥感影像解译，提取城镇边界，分析历年建设用地发展类型。基于历史城镇边界，从强度、形态和方位三个角度分析建设用地时空演变规律特征，解析城镇边界扩展演变影响因素。

(2) 城镇扩展潜力分析。以人口密度地区生产总值增长量、区位、基础设施布局等为驱动因素，分析城镇用地扩展潜力。结合生态重要性、永久基本农田保护等约束因素，量化栅格单元城镇扩展的综合潜力值。

(3) 城镇用地演变模拟。基于元胞自动机方法，考虑全局影响因子、邻域影响因子、禁止建设区、随机干扰项和生态五个影响因子，融合发展与保护的价值理念，构建城镇演变模拟元胞自动机模型。

(4) 城镇开发边界划定。基于历史城镇空间发展规律，结合城镇格局和城镇发展需求，初步划定城镇开发边界。结合河流、高速公路、山体等地物阻隔，协调优化城镇边界，最终划定城镇开发边界。

第四节　虚拟仿真与 GIS 设计

1981 年，小说《真名实姓》出版，构思了一个通过脑机接口获得感官体验的虚拟世界。1992 年，科幻小说《雪崩》出版，描绘了一个庞大的、未来的虚拟现实世界，元宇宙(metaverse)一词从中诞生。地理信息与人工智能、虚拟现实技术等的融合，正在逐步向实现元宇宙迈进，构建如电影中一样平行于世界的三维虚拟世界，令人神往。

其中，虚拟现实(virtual reality，VR)、增强现实(augmented reality，AR)、混合现实(mixed reality，MR)等虚拟仿真技术快速发展，其应用也越来越广泛。VR/AR/MR 提供了视觉、听觉、触觉等感官的模拟，具有更强的沉浸感、交互性。VR/AR/MR 与 GIS 结合，将带来 GIS 的硬件与软件、应用模式、应用领域等方面的变革。

8.4.1　VRGIS

1. VRGIS 的概念

虚拟现实地理信息系统(virtual reality geographic information system，VRGIS)技术是 20 世纪 90 年代开始的一种专门以地学信息为对象的虚拟现实技术。VRGIS 既具有一般 GIS 所具有的地理数据的存储、处理、查询和分析等功能，还支持多种 VR 设备与系统进行交互(郭兰博等，2017；刘丽丽，2018)。VR 技术为 GIS 提供了一种崭新的、灵活的和交互的方式去构建真实世界中的各种地理现象，使人们在虚拟地理环境中获得沉浸式的体验。

VRGIS 的主要特点包括：①更真实地表达地理世界；②用户可以沉浸到地理场景中，从任意角度观察场景对象，并且可以与场景进行实时交互操作；③可以在三维地理场景中进行空间分析，如距离测量、体积量算、空间分析、路径分析等。

VRGIS 关键技术主要包括：①虚拟地理环境构建，获取现实环境的三维数据，并利用获取的三维数据建立相应的虚拟地理环境模型。②立体声合成和立体显示技术，根据人眼立体视觉原理，利用双目视差实现立体成像。③实时三维图形生成技术响应人机交互操作，"实时"生成三维图形。④系统集成技术：包括信息同步技术、模型标定技术、数据转换技术、识别和合成技术等(赵康，2017；李朝新等，2016)。

2. VRGIS 设计案例：三维数字校园

三维数字校园以 VRGIS 平台为基础，结合三维建模、空间网格索引、大数据实时渲染等模型制作和数据管理方式对校园进行三维仿真，将校园场景在虚拟 GIS 平台中重现(图 8.9)。VR 展示的真实性、动态性与 GIS 平台的便携性、易操作性，可为校园综合管理、场景展示、信息服务和紧急事件处理提供可交互的虚拟可视化平台。

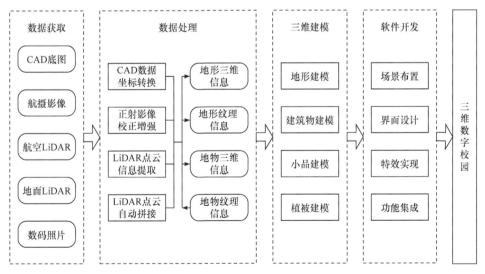

图 8.9　三维数字校园技术路线

三维数字校园系统基于 VRGIS 平台，实现了数字化、网络化、优化决策支持和三维可视化表现等强大功能，可对设施属性和图形数据进行输入、修改、查询检索、显示、统计、分析和输出(图 8.10)。

(a) 南京大学鼓楼校区校史博物馆场景　　　　　　　　　(b) 南京大学仙林校区

图 8.10　三维数字校园界面

8.4.2　ARGIS

1. ARGIS 的概念

AR 技术是一种将虚拟信息与真实世界巧妙融合的技术。增强现实地理信息系统 (augment reality geographic information system，ARGIS)是将 AR 技术与 GIS 技术相结合，将对地理空间环境进行数字化描述的虚拟信息与真实环境融合在一起(图 8.11)，且用户能与虚拟信息进行交互的地理信息系统。其中，AR 通过将 GIS 生成的虚拟地理空间态势与真实世界进行融合，构造出虚实融合的显示和交互空间环境，达到增强人感知和交互的目的；而 GIS 对地理信息进行处理和分析，为 AR 提供了场景数据，两者相互补充(孙敏等，2004)。

图 8.11　ARGIS 示例图

ARGIS 的关键是将数字化的、虚拟的重构对象与真实场景实时融合起来(李闯等，2018)。为了实现虚实场景实时融合，ARGIS 必须包括四个关键模块：①图像采集处理模块。采集真实环境的视频，并对图像进行预处理。②注册跟踪定位模块。对现实场景中的目标进行跟踪，根据目标的位置变化来实时求取相机的位置变化，将虚拟信息与现实场景信息进行位置匹配。③虚拟信息渲染模块。在清楚虚拟物体在真实环境中的正确放置位置后，对虚拟信息进行渲染。④虚实融合显示模块。将渲染后的虚拟信息叠加到真实环境中再进行显示。

2. ARGIS 的设计案例：AR 实景导航

地图识别是困扰用户的一个问题，即使是在已经定位的情况下，由于缺少典型参照物，同样存在方位、方向分辨困难的问题，严重影响应用体验。在复杂场景下，以 GNSS 为主要定位方式的地图导航并不能够给予具体且清晰的指示，容易造成用户走错路的情况。ARGIS 能够结合 AR 与 GIS 技术，将 AR 技术引入地图导航中，以全新的交互方式为用户提供实时且精确的 AR 导航服务(图 8.12)。

图 8.12　AR 实景导航(据高德地图)

AR 导航服务旨在利用地图自动匹配传感器位置、方位、POI 等要素之间的关系，将现实世界与虚拟世界融合，把虚拟的几何图像信息和属性信息叠加到实景中显示，基于实时传感器的实景内容，以手势进行人机交互更新虚拟信息，快速识别地物位置，更加逼真地展示地理空间信息，实现高精度的 AR 导航服务。

8.4.3 VR/AR GIS 设计

1. 地理场景设计

为了系统应用增强沉浸感，VR/AR GIS 必须基于一定的地理场景。地理场景应以真实野外实验场景为基础，并具有典型性、代表性、趣味性。因此，在进行 VR/AR GIS 设计时，可以将相似的、有关联的地理场景和应用案例进行综合、优化，来设计地理场景。地理场景应该包括时间跨度、空间形态、人物角色、地理对象、时空过程、场景事件等要素。地理场景的设计，要根据 VR/AR GIS 的建设目标和用户需求，合理确定地理场景中的各类要素和它们之间的关系。此外，地理场景中还需要包含具有提示作用的辅助信息，如三维场景注记、虚拟电子公告牌、虚拟设备交互屏幕等，以提高用户的使用体验。

2. 人机交互设计

人机交互的目的在于利用所有可能的信息通道进行人机交流，使交互过程更加自然和高效。为了建立界面友好、沉浸感强的 VR/AR GIS，人机交互设计既要考虑人机交互方式的高效性，又要兼顾人机交互内容的合理性。

1) 人机交互方式选择

在 VR/AR GIS 中，一般很少用鼠标、键盘等传统人机交互方式，而是通过触控交互、手势交互、语音交互等新型交互方式与虚拟地理场景交互。

(1) 触控交互：是传统鼠标、键盘交互在 VR/AR 领域的延伸，触控器主要有头显控制器、VR 手柄控制器。头显控制器集成于头戴式显示设备中，其交互模块包括开关机键、返回键、确认键、有的还有滑动、单点、双击等按键，一般用于简单、重复性低的操作任务。VR 手柄控制器通过位置追踪器和内置传感器来精准测量用户手部移动数据，配合集成的按键、触控模块可实现高精度的人机交互。数据手套捕获操作者手的各种手势或动作，不仅能将人手的姿态准确且实时地传递给虚拟环境，而且能将虚拟手与虚拟物体的接触信息反馈给操作者，使操作者与虚拟环境之间的交互更自然、更具沉浸感。

(2) 手势交互：是利用计算机图形学等技术识别人的肢体语言，并转换为命令来操作设备。手势交互模型是最贴近自然的且符合人类交互习惯的交互方式，被广泛应用于 VR/AR GIS 中。手势交互可以分为手型识别和手势识别，其传感器识别难度和用户操作难度不一。

(3) 语音交互：也称为自然语言交互，就是用人类的语言给系统下达指令，系统自动识别指令并执行相应的操作，从而达成目标的过程。随着人类对智能设备的依赖和人机之间的交互日益频繁，原有的操控方式变得越来越复杂、效率低下，语音交互越来越受到关注。语音交互可以大大降低人类对智能设备操作的要求、节省人机交互的时间。

针对不同的 VR/AR GIS 功能所需要的交互精确程度，需合理选用交互方式。手势交互、语音交互更人性化，最近几年有了长足的进步。在 VR/AR GIS 交互设计中，手势交互、语音交互应该指令简洁、明确，识别的准确率也应进一步提高。然而，手势交互、语音交互的识别精度和适用场景仍然有限，所以还需要触控器进行辅助交互。因此，在 VR/AR GIS 交互设计中，需要综合使用多种交互方式，为用户提供可靠、人性化的人机交互方式。

2) 人机交互内容

VR/AR GIS 的人机交互内容主要包括场景漫游、交互体验、多人协作。场景漫游是根据用户选择展示的内容和观察的视角，进行地理场景的静态或动态展示的过程，使用户具有身临其境的沉浸感。交互体验是用户使用 VR/AR GIS 中的功能进行自定义操作的过程，如通过人机交互的方式开展空间分析、基于位置的服务(location based services，LBS)等，产生相应的分析结果。多人协作是不同的用户同时进入虚拟地理场景，共同协作完成一项任务。

在 VR/AR GIS 人机交互设计中，要根据每个功能模块的特点和人机交互内容，设计相应的人机交互方式。例如，对于虚拟仿真展示，一般可以采用场景漫游和交互体验的方式进行交互；对于复杂的空间分析操作，可以采用多人协同的方式来进行交互。

3. 多源地理信息集成设计

VR/AR GIS 中的信息来源复杂，包括真实地理场景的实测数据、虚拟地理场景的模型数据、多种传感器信息、用户加载的地理数据和空间分析结果等。因此，需提供多源地理信息通用接口，设计地理数据转换和集成功能模块，如地图投影变换、坐标系统变换、数据格式转换、语义转换等。

在范围较大或要素复杂的地理场景，或需要进行多种地理大数据集成时，VR/AR GIS 的用户设备往往难以承担多源地理信息集成的任务。此时，多源地理信息集成需要由用户设备和云端 VR/AR GIS 的地理信息集成服务协作完成。在 VR/AR GIS 地理信息集成设计中，应将地理信息采集、集成等任务进行合理划分，用户设备负责用户视点的真实地理场景信息采集，并进行预处理以提取地理信息集成需要的信息，然后将预处理后的信息传送到云端；在云端完成多源地理信息集成，最后将用户所需要的信息反馈给用户设备。

4. 时空地理信息可视化设计

VR/AR GIS 的地理场景蕴含着大量的多时相、多尺度、多要素的地理信息，利用可视化方法描绘其时空演化，有助于直观地揭示隐含的时空特征，发掘地理对象和地理过程的本质特征，更好地服务应用需求。传统 GIS 大多以二维专题地图、统计图表等方式进行地理信息可视化，部分系统借助三维场景增强可视化效果。但这些地理信息可视化方式主要面向屏幕输出，可视化效果差、沉浸感不强，无法充分利用 VR/AR 人机交互手段，难以适应 VR/AR GIS 的应用需求。

在 VR/AR GIS 的时空地理信息可视化设计过程中，可以根据人机交互方式，综合运用三维模型、三维动画、虚拟仿真等方式，基于用户位置和视点，将地理信息可视化与地理场景有机融合，构建出沉浸式的可视化效果，提升用户体验。

8.4.4　尾矿坝选址三维虚拟仿真功能设计

1. 概述

建设项目选址是执行国土空间规划的关键所在，它直接关系到国土空间的性质、规模、布局和规划的实施，同时也关系到建设项目实施顺利与否，是国土空间规划实施过程中落实规划的重要途径，也是国土空间规划实施的重要内容之一。

尾矿坝是为堆储各种矿石尾料的场库所建的大坝，是预防高势能人造泥石流等重大危险源的关键。尾矿坝一旦失事，将对矿山安全和生态环境造成严重影响。尾矿坝科学选址，将有利于提升矿山设施建设和潜在地质灾害隐患预防的能力，也将为生态文明建设、国土安全决策提供科学支持。考虑到尾矿坝的高危极端环境、实地选址的高成本与高消耗、定址后不可逆操作等问题，在国土空间规划信息系统中开展尾矿坝选址三维虚拟仿真实验十分必要，该功能属于规划实施评估中的建设项目审批模块，服务于国土空间规划部门中的建设项目审批人员。

2. 功能设计

1) *数据*

(1) LiDAR 点云数据，即密集的地面点三维坐标集合。点云数据利用无人机 LiDAR 系统采集，平均地面空间分辨率不低于 10cm，用于建立高精度、高分辨率的数字高程模型(digital elevation model，DEM)。

(2) 遥感影像数据。以无人机为飞行平台，搭载数字航空摄影仪，采集光学遥感影像，用于生成库区的数字正射影像图(digital orthophoto map，DOM)，平均地面空间分辨率不低于 15cm。

(3) 自然环境数据，如库区地形、地质、土壤、植被、气温、降水等。通过对库区进行实地调研和资料查找获得，不仅用于对库区三维场景的还原，也用于辅助判断尾矿坝位置选择。

尾矿坝位置选择受多种因素综合影响，通过在三维虚拟库区场景中漫游，可模拟实地调查过程，帮助用户分析尾矿坝位置选择。

2) 处理过程

本功能可分为空间数据采集、三维场景构建、地理环境分析、选址方案形成四个子功能模块，全方面模拟尾矿坝选址流程。首先采用无人机测绘手段，获取库区光学遥感影像、LiDAR 点云数据，对数据进行几何校正、拼接、滤波、重采样等操作后，得到库区 DEM 和 DOM，还原库区三维场景，并在虚拟库区中进行地理环境调查，了解库区植被、土壤等方面因素，辅助判断建坝位置，最终确定建坝位置和大坝库容并进行选址评估(图 8.13)。

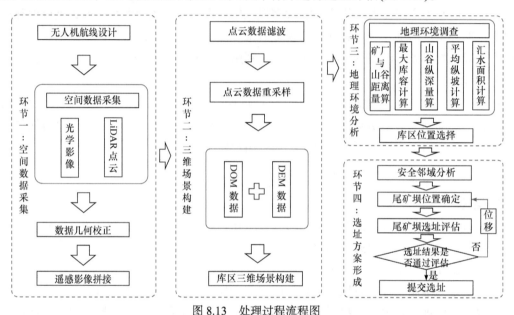

图 8.13　处理过程流程图

3) 关键技术

(1) 三维场景构建。尾矿坝选址三维虚拟仿真功能采用虚拟仿真技术与地理信息技术，通过 LiDAR 点云数据和光学遥感影像完成对库区地形和地物的三维场景构建。

通过无人机搭载 GNSS 接收机和激光雷达，记录库区表面的大量点的三维坐标、反射率和纹理等信息，快速复建出库区的三维点云数据，然后对 LiDAR 点云数据进行滤波，分离出地形点与非地面点，保留地形点去除建筑物等非地面点，对地形点点云数据进行不同空间分辨率的重采样，将原始地形点点云数据内插为指定空间分辨率的点云数据，即可生成库区数字高程模型。

针对库区内厂房、居民点等地物的三维场景构建，通过无人机搭载 GNSS 接收机和激光雷达得到库区光学遥感影像，对遥感影像进行几何校正去除几何畸变，进行拼接去除重复区域，然后参考高精度、高分辨率的光学遥感影像，采用 3D Studio MAX、Unity 3D、Maya、三维地理空间分析等先进技术，将构建好的建筑物三维模型放置在虚拟库区内的对应位置上，实现虚拟现实和动态渲染，即可完成对地物的三维场景还原，快速构建尾矿坝选址三维虚拟仿真场景。

(2) 尾矿坝选址原理。选址分析是在一定地理区域内为一个或多个项目落地对象选定位置，使某一指标或综合指标达到最优的过程，其实质是一个多因素综合决策最优化问题的求解过程。尾矿坝选址可以着重考虑两个方面：尾矿库区选择和大坝选址。库区选择是选择最适宜建设尾矿库的区域(如山谷)，大坝选址是在选定的库区内确定大坝的具体位置。

库区选择：结合尾矿坝选址的领域知识、相关国家和行业标准，尾矿库区选择一般需要考虑以下因素，即尾矿库下游方向无居民点、工矿企业、铁路干线、高速公路；避开地质断裂带、滑坡等地质灾害区域；尾矿坝址靠近矿厂，并位于矿厂的下游方向；有足够的库容；库区山谷纵深要长，纵坡要缓。据此，库区选择分析的主要因素因子如表 8.2 所示。

表 8.2　尾矿库区选择分析的主要因素因子

因素	因子	说明
自然环境	土壤	调查土壤状况
	植被	调查植被状况
气象条件	气温	调查区域历史气温状况
	降水	调查区域历史降水状况
区位条件	下游居民点	若下游安全距离内有居民点，则一票否决
	下游工矿企业	若下游安全距离内有工矿企业，则一票否决
	下游铁路干线	若下游安全距离内有铁路干线，则一票否决
	下游高速公路	若下游安全距离内有高速公路，则一票否决
	与矿厂距离	库区山谷尽可能靠近矿厂
地质灾害	地质断裂带	若有地质断裂带，则一票否决
	滑坡点	若有滑坡点，则一票否决
地形条件	最大库容	库区山谷最大库容满足要求
	山谷纵深	库区山谷纵深尽可能长
	平均纵坡	库区山谷平均纵坡不陡于 20%，否则一票否决

备选库区山谷首先应该满足不存在一票否决的情形。在此基础上，不同的优化目标，各因素因子的优先级也会不同，可能会形成不同的库区选择方案。例如，以最大库容为优化目标，其他条件相近的情况下将优先选择库容最大的库区山谷；如果以距离矿厂最近为优化目标，其他条件相近的情况下将优先选择距离选矿厂最近的山谷。为了节省成本，尾矿库一般要尽可能靠近矿厂。

大坝选址：在库区确定后，可以根据山谷地形条件，兼顾库容和大坝建造土方量，确定尾矿坝位置。坝顶高程要高于坝址的谷底高程、低于山脊高程。依据坝顶高程、尾矿坝设计规范进行三维空间分析，估算出库容和土方量。根据每年尾矿排放量，分析尾矿坝库容能否满足设计年限内尾矿堆放的需求，评估大坝选址方案。

3. 功能实现

本功能共设置四个子功能，对应四个循序渐进的过程，分别是空间数据采集、三维场景构建、地理环境分析、选址方案形成，引导用户逐步完成尾矿坝选址。

空间数据采集：用户可采用无人机测绘新技术，根据实际需要的地面分辨率，自主填写参数生成无人机航线，获取矿区 LiDAR 点云、光学影像数据，并对数据进行几何校正和拼接，得到坐标正确且去除了重复区域的遥感影像。

三维场景构建：用户可选择不同的滤波窗口大小和重采样空间分辨率，对 LiDAR 点云进行滤波和重采样，生成不同空间分辨率的库区 DEM，并根据库区光学遥感影像，利用房屋等地物模型还原库区三维场景。

地理环境分析：用户可通过键盘和鼠标操作在虚拟的库区三维场景中漫游，开展土壤、植被、气候、区位等方面的地理环境调查，量算备选山谷到选矿厂距离，计算各山谷最大库容、纵深、平均纵坡等指标，分析影响尾矿坝位置选择的因素，进行综合判断，选择适宜建设尾矿库的山谷(图 8.14)。

图 8.14　地理环境分析功能图

选址方案形成：用户可选择需要进行安全邻域分析的地物要素，在三维场景中对所选地物要素设置适当的缓冲距离，进行安全邻域分析，辅助判断建坝位置，并根据山谷内地形特征，合理选择尾矿坝位置，确定坝顶高程，计算库容和土方量，而后根据尾矿年排放量和尾矿库库容，评估和对比多个尾矿坝选址方案，判断各个方案的优劣，选择最优选址方案(图 8.15)。

图 8.15　选址方案形成功能图

思 考 题

1. 与传统 GIS 设计相比，大数据 GIS 设计有什么不同？
2. 云计算的出现对 GIS 设计带来什么变化？
3. 智能地理计算模型构建与一般的地理模型构建有什么异同？
4. VR/AR 给 GIS 可视化设计带来了哪些变化？
5. 除了大数据、云计算、人工智能、虚拟仿真，还有哪些信息技术的发展会影响 GIS 设计？

第九章　GIS 实施

第一节　GIS 设计的再评价

在 GIS 设计完成、但尚未正式实施之前，应对系统设计成果进行再评价，以确保 GIS 设计的质量，避免在实施阶段造成重大损失。GIS 设计再评价指标见表 9.1。

表 9.1　GIS 设计再评价指标

序号	评价指标	具体内容
1	简明性	在完成所需功能的前提下，尽可能缩短处理过程，减少处理经费，提高系统效益，便于管理系统
2	适应性	系统结构容易变更，方便维护，以便提高适应能力，在条件变化后，仍能提供具有现实意义的信息
3	完整性	系统整体性好，数据采集统一，设计规范标准，接口规范一致。尽量减少输入数据量，用系统工程的方法设计和建立新系统
4	可靠性	有相应控制方法和处理措施保证系统的可靠，能避免外界干扰
5	经济性	扣除系统的投资和经营费后，能给用户带来经济效益。在评价时，不仅要考虑货币指标，也要考虑非货币指标

同一般的信息系统相比，GIS 的实施费用可能高得多。除了数据量大、处理复杂而带来的硬软件、培训成本高于一般信息系统外，数据收集和输入工作的成本也颇高。因此，在经济性评价中，要特别注重系统实施费用的估计。在估计系统实施费用时，主要应考虑以下几个方面。①数据费用：地图数字化、数据采集、数据购买的费用；②数据库管理费用：数据库的管理、更新、维护的成本；③系统维护费用：硬件和软件维护费用，包括相关耗材费用；④硬软件采购费用：新购、升级硬件和软件所需的费用；⑤系统开发费用：软件开发人员费、软件测试费等；⑥人员培训费用：技术支持和人员培训所需费用。

第二节　系统实施计划的制订

与详细设计阶段相比，系统实施阶段涉及的人力和物力都要多得多，各种技术专长的工作人员均参加到系统实施工作中，大量的组织协调工作，需要项目负责人进行全面的安排。因此，要制订详细的系统实施计划。

系统实施阶段的任务可概括为以下五个方面。

1) 硬件和软件购置及安装

硬件主要包括计算机、绘图仪、扫描仪等输入输出和分析处理设备，软件主要包括各种支撑软件，如操作系统、数据库系统、GIS 基础平台等。

2) 程序编写与调试

由于各模块的详细设计已经形成，只需要实现模块内部的具体功能，即编写模块内部的程序代码。程序代码一般需要自己编写，其中，成熟的算法可以调用相应的开发包或函数库。

程序编写后要进行调试，以便消除程序的错误。

3）系统安装与调试

在用户硬件环境中，安装系统支撑软件、开发好的 GIS 软件，配置数据库管理系统，并对系统硬软件进行调试。

4）操作人员培训

对即将使用系统的系统管理员、业务办理员等人员进行培训。业务办理员的培训内容主要包括系统客户端配置、系统功能概况、主要业务办理流程、专题查询与统计分析等，系统管理员的培训内容主要包括系统安装、系统参数配置、系统运行状态分析等。

5）地理数据建库

地理数据建库是把系统运行所需要的各种地理数据、业务办理数据等收集、整理、转换、入库，使系统能够正常运转。这个工作量是相当大的，需要耗费大量人力、物力及时间。地理数据建库的过程通常需要用户与系统实施人员共同完成。

上述这几项工作之间存在着互为条件又互相制约的关系。同时，各项工作之间并不都是彼此相继进行的，实施工作的总时间也不是各项工作时间的简单相加。

第三节 系统开发的组织管理

系统开发的组织管理是指在一定资源(如时间、资金、人力、软硬件等)的约束条件下，为了高效率地实现软件开发的既定目标(即到软件竣工时计划达到的功能、质量、进度)，按照软件开发的程序，对软件开发的全过程进行有效的计划、组织、协调、领导和控制的系统管理活动。

9.3.1 系统实施人员构成

系统实施阶段需要大量人员参与进来，图 9.1 列出了部分系统实施人员。其中，项目负责人主要起到协调各方面有关人员关系的作用；系统实现人负责 GIS 的实现与系统调试；系统管理人负责系统的安装，保证系统的正常运行；数据库管理员参与设计、建设、部署、管理和维护地理数据库；程序员负责把系统详细设计成果转换成计算机程序；数据处理员负责地图数据输入计算机前的各种准备；制图员负责专题地图的制作；数据采集员负责地图及其属性数据的采集或收集。

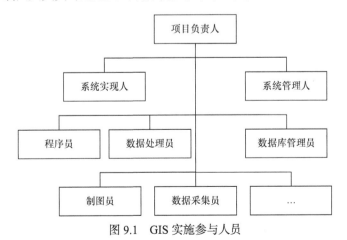

图 9.1 GIS 实施参与人员

9.3.2 程序编写的组织管理

程序编写是系统实施工作的核心，其产品就是一套程序，是 GIS 软件开发的主要成果。

程序编写实际上是一项系统工程，需要投入大量的人力、物力，其目的是研制出一个成功的软件产品。在团队协作开发的过程中，为了存储、追踪程序和相关文件的修改历史，一般会用到版本控制软件，如 Git、SVN 等。其中，Git 是一种开源免费的分布式版本控制系统，适合中大型团队开发；SVN 则是一种开放源码的版本控制系统。

　　软件生产首先是个人的脑力劳动，程序员各自独立地完成任务，互相之间并没有直接联系，工作量和效率取决于各个程序员的任务完成状况；其次，大型软件因为其规模太大，又必须是由许多人共同完成，所以在软件编写过程中，程序员的组织管理工作就显得非常重要。程序编写工作的组织管理实际上就是对上述人员训练、软件培训、程序编写、调试和验收等方面工作的合理安排，以提高程序编写的质量和效率。其主要内容如图 9.2 所示。

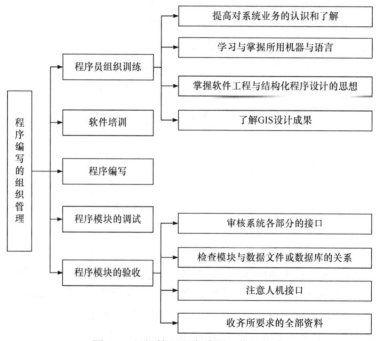

图 9.2　组织管理程序编写工作的内容

第四节　GIS 实现

9.4.1　GIS 软件开发方法

　　常见的 GIS 软件开发主要有两种方式：GIS 独立开发和 GIS 二次开发。

1. GIS 独立开发

　　GIS 独立开发指不依赖于任何 GIS 工具软件，从空间数据的采集、数据的处理分析到数据的结果输出，所有的算法都由程序员采用某种程序设计语言、在一定的操作系统平台上独立编程实现。这种方式的好处在于无须依赖任何商业 GIS 工具软件，独立性强。但是能力、时间、财力方面的限制使其开发出来的产品很难与商业化 GIS 工具软件相媲美，而且其总体成本不一定比购买 GIS 工具软件并进行二次开发的成本费用低。

2. GIS 二次开发

　　GIS 二次开发可分为基于平台软件的 GIS 二次开发与基于组件的 GIS 二次开发。其中，基于平台软件的 GIS 二次开发指借助 GIS 平台软件提供的开发语言进行应用系统开发，开发效率较高。而基于组件的 GIS 二次开发指利用 GIS 工具软件厂商提供的 GIS 功能控件，直接将 GIS 功能嵌入应用程序中，实现 GIS 的各种功能。其优点为 GIS 组件可以按照功能需要和界面风格要求嵌入应用程序中。

9.4.2　组件式 GIS

组件式 GIS(components GIS，ComGIS)是面向对象技术和组件式软件在 GIS 软件开发中的应用。ComGIS 的基本思想是把 GIS 的各大功能模块划分为几个控件，每个控件完成不同的功能。各个 GIS 控件之间，以及 GIS 控件与其他非 GIS 控件之间，可以方便地通过可视化的软件开发工具集成起来，形成最终的 GIS 应用。控件如同一堆各式各样的积木，它们分别实现不同的功能(包括 GIS 和非 GIS 功能)，根据需要把实现各种功能的"积木"搭建起来，即可构成应用型 GIS。

1. 组件式 GIS 的特点

组件式 GIS 把 GIS 的功能适当抽象，以组件形式供开发者使用，将会带来许多传统 GIS 工具无法比拟的优点：①小巧灵活、价格便宜；②无须专门的 GIS 开发语言，直接嵌入可视化开发工具；③不逊色于传统 GIS 软件的强大 GIS 功能；④直接嵌入各种开发工具，开发快捷；⑤便于集成，使非专业的普通用户也能够开发和集成 GIS 应用系统。

2. 组件式 GIS 开发平台的结构

组件式 GIS 开发平台通常可设计为以下三级结构。

1) 基础组件

面向地理数据管理，提供基本的交互过程，并能以灵活的方式与数据库系统连接。该类组件处于平台最底层，是整个系统的基础。

2) 高级通用组件

由基础组件构造而成，面向通用功能，简化用户开发过程，如显示工具组件、选择工具组件、编辑工具组件、数据表格组件等。它们之间的协同控制消息都被封装起来，这类组件经过封装后，二次开发更为简单。

3) 行业性组件

抽象出行业应用的特定算法，固化到组件中，进一步加速开发过程。以 GNSS 轨迹数据分析为例，除了需要地图显示、信息查询等一般的 GIS 功能外，还需要特定的应用功能，如动态目标显示、目标锁定、轨迹显示等。这些 GNSS 轨迹显示与分析的功能被封装进组件，程序员这部分的开发工作就可以大大简化，可以将主要精力投入到系统应用功能开发中。

3. 组件式 GIS 的交互

组件式 GIS 与使用它的程序(客户程序)之间主要通过属性、方法和事件交互(图 9.3)。

属性：指描述组件特征的数据，如地图背景颜色等。可以通过重新指定这些属性的值来改变组件的特征。在组件内部，属性通常对应于变量。

方法：指组件的动作。通过调用这些方法可以让控件执行相应的动作，如打开地图文件、显示地图等。在组件内部，方法通常对应于函数。

事件：指组件的响应。当对象进行某些动作时(可以是执行动作之前，也可以是动作进行过程中或者动作完成后)，可能会激发一个事件，以便客户程序介入并响应这个事件。例如，用鼠标在地图窗口内单击并选择了一个地图要素，组件产生选中事件通知客户程序有地图要素被选中，并传回描述选中对象的个数、所属图层等参数。

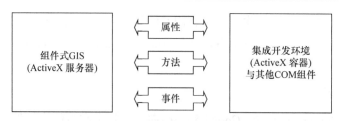

图 9.3　组件式 GIS 与集成环境及其他组件之间的交互(据宋关福和钟耳顺，1998)

由于 GIS 行业的特殊性，最终用户一般都希望应用型 GIS 使用与自己业务逻辑相适合的自定义界面。因此，应用型 GIS 对于定制业务的需求就非常迫切。而利用成熟的开发平台和 GIS 组件，可以构建具有独立界面、定制功能的应用型 GIS 软件。

4. 主流组件式 GIS 开发基础知识

1）开发平台

常用的独立开发平台有 Visual Studio、Eclipse 与 Jupyter Notebook 等，它们可以让开发者使用不同的程序语言和开发环境构建。

2）GIS 组件开发包

当前，GIS 软件商纷纷推出或升级已有的组件式 GIS 平台：国外组件式 GIS 平台主要有 ESRI 公司的 ArcObjects、ArcGIS Engine；MapInfo 公司的 MapX；国产组件式 GIS 平台主要有北京超图股份有限公司的 SuperMap iObjects 平台和深圳中地数码控股有限公司开发的 MapGIS Objects。它们都是一套完备的嵌入式 GIS 组件库和工具库，是一个用于开发 GIS 应用程序的二次开发功能组件包。

3）ArcObjects 和 ArcGIS Engine 简介

ArcObjects 是一套 ArcGIS 可重用的通用二次开发组件集，从理论上讲，其封装的 COM 组件可以再开发出一套 ArcGIS 软件，所以 ArcObjects 是 ESRI 二次开发组件中最完整的功能组件集。它提供 MapControl、PageLayoutControl 等可视化控件，可开发具有独立界面的 GIS 应用程序。但这种开发方式要求客户端必须安装足够高版本的 ArcGIS Desktop。

ArcGIS Engine 是 ESRI 公司在 ArcGIS 9 版本开始推出的产品，它是一套嵌入式 GIS 组件库和工具库，使用其开发的 GIS 应用程序可以脱离 ArcGIS Desktop 而运行。它支持多种开发环境，能够实现跨平台(Windows、Linux 等)部署。

ArcGIS Engine 组件库中的组件在逻辑上可以分为以下五个部分。

(1) Extensions 包含许多高级功能，如地理数据库更新、空间分析、三维分析、网络分析和数据互操作等。ArcGIS Engine 标准版许可证书并不包含这些 ArcObjects 组件的许可，需要特定的许可证书才能运行。

(2) Developer Components 包含进行快速开发所需要的全部可视化控件，如 SymbologyControl、GlobeControl、MapControl、PageLayoutControl、SceneControl、TOCControl、ToolbarControl 和 LicenseControl 控件等。此外，该库还包括大量可以由 ToolbarControl 调用的内置 commands、tools 和 menus，它们可以极大地简化二次开发工作。

(3) Map Presentation 包含 GIS 数据显示、数据符号化、要素标注和专题图制作等需要的组件。

(4) Data Access 包含访问矢量或栅格数据的 GeoDatabase 所有的接口和类组件。

(5) Base Services 包含 ArcGIS Engine 中最核心的 ArcObjects 组件，几乎所有的 GIS 组件都需要调用它们，如 Geometry 和 Display 等。

　　ArcGIS Engine 包含面向开发人员的软件开发工具包(ArcGIS Engine Developer Kit)和面向最终用户的运行的(ArcGIS Engine Runtime)两套产品。开发工具包用于构建 GIS 应用软件,安装在开发人员客户端,运行时安装在最终用户终端上。ArcGIS Engine 提供了多个 IDE 插件与 Visual Studio.Net 紧密结合,它使开发人员基于 Visual Studio .Net 编写 ArcGIS Engine 程序变得更容易(图 9.4 和图 9.5)。

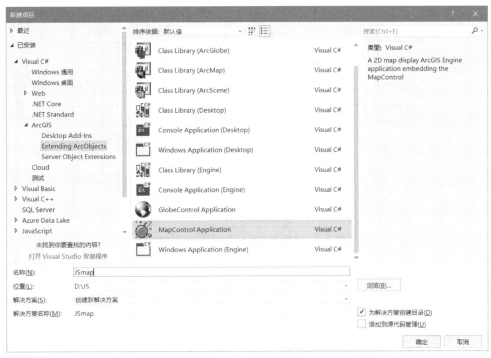

图 9.4　Visual Studio.Net 中 ArcGIS Engine 工程模板

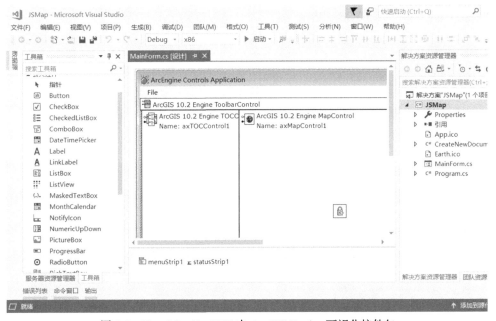

图 9.5　Visual Studio.NET 中 ArcGIS Engine 可视化控件包

5. 基于组件式 GIS 的系统开发过程

基于组件式 GIS 的系统开发，程序员不必进行底层功能实现的程序编写，只需要将获取的组件进行集成组装，最终得到一个应用系统。系统开发过程如图 9.6 所示。

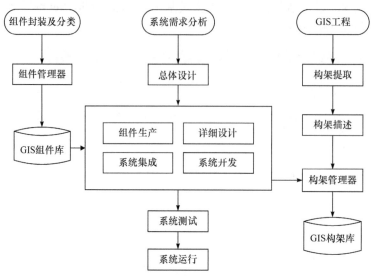

图 9.6　组件式 GIS 应用系统开发过程

9.4.3　程序代码的编写

一个好的程序如同一篇好的文章，应层次清晰、结构分明、易读好懂，这就要求程序员遵循一定的编程原则，即编程的风格。对于一个大型 GIS 开发工程，往往需要多个程序员分工协作，这时就更需要保持良好而统一的编程风格，以便于相互交流，减少因不协调而引起的问题(图 9.7)。良好的编程风格一般有以下几方面的要求。

```
namespace TSPIS.YDFX.JSYDYC
{
    /*功能：建设用地预测
    处理过程如下：
    1）读入历年建设用地规模、建设用地占用耕地规模
    2）根据预测模型，计算近n年平均新增建设用地、平均新增建设用地占用耕地
    3）输出目标年建设用地规模、目标年建设用地占用耕地规模*/
    public class ExperientialForecast
    {
        //指数法预测
        //指数法预测处理过程

    };

}
```

图 9.7　程序代码示例

(1) 注释：在适当的位置加入必要的注释，例如，文件注释应注明版权、许可版本、作者等；函数注释应说明函数的功能与实现思路；变量注释应说明变量的用途和值域。

(2) 命名规范：函数命名、变量命名等应体现内涵，不要过度缩写。

(3) 格式：同一个项目遵循同一标准，注意行宽、缩进与留白。

(4) 日志：记录在编程中遇到的问题以及解决方案。

第五节　系统的调试与部署

代码编写完成后，GIS 软件已经初步成型，但软件中很可能包含着错误，需要通过系统调试进一步发现、改正程序中的错误。程序的调试主要由三个步骤组成：①选取足够的测试数据对程序进行试验，记录发生的错误；②定位程序中错误的位置，即确定是哪个模块内部发生了错误，或是模块间调用的错误；③通过研究程序源代码，找出故障原因，并改正错误。其中，定位错误位置是调试工作的主要内容。表 9.2 列出了四种常用排错方法。

表 9.2　四种常用排错方法

方法	排错过程
硬性排错	采用试验的方法，如设置临时变量、增加调试语句、设置断点、单步执行等，该方式虽可最终找到错误，但速度及准确性不令人满意
归纳法排错	准备几组有代表性的输入数据，反复执行，对得出的错误结果进行整理、分析、归纳，提出错误原因及位置假想，再用新的一组测试数据去验证这些假想
演绎法排错	针对各组测试数据所得出的结果，列举出所有可能引起出错的原因，然后逐一排除不可能发生的原因与假设，将余下的原因作为主攻方向，最终确定错误位置
跟踪法排错	在错误征兆附近进行跟踪找错；错误诊断出来以后，需要进行修改；修改完后，应立即利用先前的测试用例，重复先前的测试过程，进一步验证排错的正确性

经过系统调试、修正错误等工作后，GIS 已经是一个可以正常使用的、满足用户需求的系统。接下来，可以进行系统部署。系统部署的主要内容如下。

1) 系统硬件的安装和调试

硬件安装指的是系统设计中为系统运行所配置的所有硬件设备(如服务器、客户端、打印机、绘图机、扫描仪、数字化仪等设备)的安装。硬件安装时，需要根据硬件设备的安装要求和系统设计成果，将系统所需的硬件设备通过网络正确地连接起来。硬件设备安装、连接好以后，还需要对硬件设备进行调试，诊断其是否会发生硬件上的错误，如打印机、绘图机所使用的并行或串行通信接口是否会发生冲突，系统能否检测到各个硬件设备，各驱动程序参数设置是否正确等。

2) 系统软件的安装和配置

在用户硬件环境中，安装系统支撑软件、开发好的 GIS 软件，配置数据库管理系统，并设置系统参数，完成地理数据入库。在系统软件的安装和配置完成后，需要进行综合测试。综合测试是系统软件与硬件经过各自安装以后，为使两者能协调地工作而进行的一种测试，目的是确保系统正常有效地运转。

第六节　GIS 开发文档

GIS 实施阶段基于系统定义、系统总体设计、系统详细设计、地理数据库设计、地理模型库设计相关内容，搭建网络和硬软件环境，建立地理数据库和地理模型库，编写程序代码。

在系统实施过程中形成 GIS 开发文档。

9.6.1　系统文档的作用和内容

文档是与计算机程序同时产生的、对系统加以说明的各种书面材料，在系统的设计与实现过程中，总是伴随着大量的信息需要记录和使用。因此，文档是系统的一个重要组成部分。其作用主要体现在以下几个方面。

(1) 提高开发效率。开发文档的编制使开发人员能对各个阶段的工作都进行周密思考、全盘权衡，从而减少返工。并且可在开发早期发现错误和不一致性，及时加以纠正。

(2) 作为开发人员在一定阶段的工作成果和结束标志。

(3) 提供对软件运行、维护和培训的有关信息，便于管理人员、开发人员、操作人员、用户之间的协作、交流和了解，使软件开发活动更科学、更有成效。

(4) 便于潜在用户了解软件的功能、性能等各项指标，为他们选购符合需要的软件提供依据。

从某种意义上来说，文档是开发的记录和规范的体现。按规范要求生成一整套文档的过程，就是按照软件开发规范完成一个软件开发的过程。所以，在使用工程化的原理和方法来指导软件的开发和维护时，必须注意开发文档的编制和管理。

9.6.2　文档编制的质量控制

为使开发文档能起到多种桥梁的作用，使它有助于程序员编写程序，管理人员监督和管理软件开发、了解软件的工作和应做的操作，维护人员进行有效的修改和扩充，文档编制必须保证一定的质量。如果不重视文档编写工作，或是对文档编写工作安排不当，就不可能得到高质量的文档。低质量的文档不仅会让读者难以理解，给使用者造成诸多不便，而且还会削弱对软件的管理，增加软件研发和维护的成本。

高质量的文档应具有以下几个方面的特点。

(1) 针对性：文档编制前应明确读者对象。按照不同类型、不同层次的读者，决定怎样适应他们的需要。

(2) 精确性：文档行文应当十分确切，不能出现多义性的描述。同一项目的几个文档的内容应当是协调一致、没有矛盾的。

(3) 清晰性：文档编写应力求简明，如有可能，配以适当的图表，以便表达清晰。

(4) 完整性：任何一个文档都应当是完整的、独立的，自成体系的。

(5) 灵活性：不同的软件项目，其规模和复杂程度有许多实际差别，不能一概而论。

(6) 可追溯性：由于各开发阶段编制的文档与各个阶段完成的工作有密切的关系，前后两个阶段生成的文档，随着开发工作的逐步延伸，具有一定的继承关系，在一个项目各开发阶段之间提供的文档必定存在着可追溯的关系。例如，某一项软件需求，必定在系统实施方案、系统测试报告甚至用户手册中有所体现，必要时应能做到跟踪追查。

9.6.3　文档的管理和维护

在整个软件生命周期内，各种文档作为半成品或最终成品会不断地生成、修改和补充。为了最终得到高质量的产品，必须加强文档的管理。文档管理和维护应当做到以下几个方面。

(1) 软件开发小组应由一位文档保管员负责集中保管本项目的已生成文档(主文档)。

(2) 开发小组成员可根据工作需要自己保留一些个人文档，但这些文档一般都应是主文本的复制件，应与主文本保持一致。在做必要修改时，同步修改主文档。

(3) 开发人员个人只保存主文档中与本人工作有关的部分文档。

(4) 在新文档取代旧文档时，管理人员应及时注销旧文档。在文档的内容有更改时，管理人员应随时修订主文档，使其及时保持最新版本。

(5) 在软件开发过程中，可能需要修改已完成的文档。修改主文档前应充分估计修改可能带来的影响，并且按照"提议—评议—批准—修改—审核"的步骤加以严格控制。

(6) 开发过程结束时，文档管理人员应收回开发人员的个人文档，并同时检查个人文档与主文档的一致性，当发现两者有差别时，应立即协调解决。

思　考　题

1. 组件式 GIS 具有哪些特点？
2. 试述基于组件式 GIS 的应用系统开发过程。
3. 你在读别人写的程序代码时遇到哪些困难？代码编写时如何避免这些问题？
4. 系统文档有哪些？如何有效地维护和管理这些文档？

第十章　GIS 测试与评价

GIS 软件的开发在经过分析、设计和实施等环节后，整个项目接近完成，经适当的补充和完善就可以将其推向市场或交付用户使用。然而，对于所开发的软件系统(包括基础型、专用型和专题应用型)，其性能(特别是稳定性)和功能指标如何？市场潜力如何？这是系统开发者作为一个商品生产者把商品(指 GIS 软件)推向市场之前所必须了解的。只有把握好系统各性能指标，才能对开发出来的产品进行比较准确的市场定位，寻找潜在用户，扩大产品的商业应用前景。同时，也可给用户以全面、总体的认识，了解产品是否真正符合本部门或本系统的工作要求，是否具有进一步扩展的能力以满足今后的发展，有效地避免不必要的浪费和重复投资。以上是开发者和用户对 GIS 系统进行测试和评价的主要原因。

第一节　GIS 软件测试

10.1.1　GIS 软件测试概述

GIS 软件测试指 GIS 软件交付之前，以特意找出错误为目的来执行程序的过程，包括软件各项功能指标测试、系统综合性能指标测试等。其作用主要在于对产品质量进行全面评估，为软件产品发布、软件系统部署、软件产品鉴定和其他决策提供信息；通过测试发现即将交付产品的缺陷，以便完善和改进。

1. 系统功能指标

GIS 软件的功能指标反映系统对地理数据的采集、存储、管理、分析与处理、输出显示、数据交换以及二次开发等功能的支持能力(表 10.1)，主要包括地理数据采集、地理数据编辑、地理数据拓扑检查、地理数据存储和管理、空间分析、空间统计、地理信息可视化、专题制图等方面的内容。

表 10.1　GIS 功能指标举例(建设项目用地审批功能测试)

功能指标	测试内容	测试数据
建设项目查询	查看基本信息，检索用地范围	建设项目用地数据
建设项目信息管理	建设项目用地数据修改、删除，用地范围坐标导出	建设项目用地数据，建设项目用地范围坐标数据等
输入建设项目	新增建设项目，浏览建设项目信息，图形或属性检索	新增建设用地数据

2. 系统性能指标

系统性能指标是衡量系统各功能之间的接口、硬软件结合紧密度、系统运算速率和处理效果的指标，主要包括系统运行速度、效率、准确性等(表 10.2)。

表 10.2　GIS 性能指标举例(地理数据坐标转换性能)

1980 西安坐标→2000 国家大地坐标转换并行算法	串行耗时	27.69s	2 进程耗时	16.95s
	4 进程耗时	10.47s	8 进程耗时	6.70s
	并行效率峰值	81.67%	并行效率平均值	66.47%
	预测结果	算法运行时间随进程数增加而减少；并行效率峰值不小于 50%，平均值不小于 20%		
	测试结果	符合测试依据要求		

10.1.2　GIS 软件测试过程

GIS 软件测试的过程包括：测试计划、测试设计、测试执行、测试评估。

1) 测试计划

对要执行测试的软件进行分析，制定测试计划，对具体的测试活动给出宏观的指导与预算。主要包括：明确测试的内容；明确测试大致会采用的技术及工具、测试通过的标准等；确定测试协作需求，如测试进度与开发进度协调、测试活动与用户存在接口关系的计划安排等；粗略估计测试需要的工作量；确定测试活动需要配备的资源。

2) 测试设计

在测试计划环节的基础上进一步细化和分析，从而制定出针对被测试软件及每个测试活动的测试策略、测试方案及测试案例。

(1) 测试策略设计：根据测试需求、资源配备及工程环境，因地制宜地选择测试技术，形成测试工作的技术路线。

(2) 测试方案设计：对技术路线进一步细化，明确需要测试哪些功能以及如何去测试。

(3) 测试案例设计：对测试方案实现技术进行细化，为每项测试内容设计可具体实施的案例，即明确每项测试的测试数据、输入参数、操作步骤、预期结果。

3) 测试执行

根据测试方案，利用测试案例运行软件，查看预期结果与实际结果是否一致。其步骤包括：搭建测试环境、准备测试案例、执行全部测试案例、详细记录测试过程、根据需要及时更新测试案例。测试执行可以借助软件测试工具来实施(图 10.1)。

4) 测试评估

测试评估通过对测试过程和测试结果进行分析和评价，确认测试是否得到完整执行、测试覆盖率是否达到预定要求。具体评估方式有两种：①基于测试覆盖的评估衡量测试完成多少的量化标准，包括测试案例、需求测试、代码测试的覆盖率。②基于缺陷的评估包含缺陷趋势与缺陷分布，缺陷趋势即将缺陷计数作为时间的函数显示，缺陷分布则将缺陷计数作为一个或多个缺陷参数的函数显示。

10.1.3　GIS 软件测试工具

软件测试工具可以自动执行测试过程或分析程序代码，使测试人员能更好地发现软件错误，提高软件测试效率。软件测试工具一般可分为功能测试工具(包括白盒测试工具、黑盒测试工具)、性能测试工具和测试管理工具。

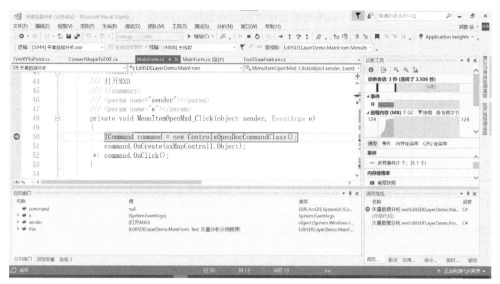

图 10.1　测试执行示例

1) 白盒测试工具

白盒测试工具一般是针对代码进行测试，测试中发现的缺陷可以定位到代码级，根据测试工具原理的不同，又可以分为静态测试工具和动态测试工具。

(1) 静态测试工具：直接对代码进行分析，不需要运行代码，也不需要对代码编译链接、生成可执行文件。静态测试工具一般是对代码进行语法扫描，找出不符合编码规范的地方，根据某种质量模型评价代码的质量，生成系统的调用关系图等。静态测试工具的代表有 Telelogic 公司的 LoGIScope 软件和 PR 公司的 PRQA 软件等。

(2) 动态测试工具：动态测试工具一般采用"插桩"的方式，向代码生成的可执行文件中插入一些监测代码，用来统计程序运行时的数据。其与静态测试工具最大的不同就是动态测试工具要求被测软件实际运行。动态测试工具的代表有 Compuware 公司的 DevPartner 软件和 Rational 公司的 Purify 系列等。其中，DevPartner 能够扫描程序找出程序码潜在的问题，侦测执行阶段的错误，分析程序执行效能。

2) 黑盒测试工具

黑盒测试工具的一般原理是利用脚本的录制(record)/回放(playback)，模拟用户的操作，然后将被测系统的输出记录下来同预先给定的标准结果比较。黑盒测试工具可以大大减轻黑盒测试的工作量，在迭代开发的过程中，能够很好地进行回归测试。黑盒测试工具的代表有 Rational 公司的 TeamTest、Robot 和 Compuware 公司的 QACenter。其中，Robot 可以让测试人员对基于 GUI 的应用程序进行自动回归测试，提供了功能测试的 GUI 脚本、性能测试的 VU(虚拟用户)脚本、性能测试的 VB 脚本等系列主要功能。表 10.3 比较了黑盒测试与白盒测试的工作原理、方法和特点。

表 10.3　黑盒测试与白盒测试比较

比较项目	黑盒测试	白盒测试
工作原理	将被测程序视为一个打不开的黑盒子；盒子执行过程完全不知道，只明确盒子的功能	将被测程序视为一个白盒子；盒子是可视的，盒子功能及其运行过程是清楚的

续表

比较项目	黑盒测试	白盒测试
方法	比较预期的和输出的数据； 检查程序功能和程序接口是否符合软件 规格说明书	按照程序内部的结构测试程序； 检验程序中的每条通路是否都能按设计 路线正确工作
特点	比较容易测试 GIS 软件功能； 由于未充分测试，无法发现软件规格说 明书的逻辑错误	可对 GIS 软件逻辑路径全覆盖测试； 由于陷入细节测试，导致 GIS 软件测试 时间长、成本高

3) 性能测试工具

专用于 GIS 软件性能测试的工具有 Radview 公司的 WebLoad、Microsoft 公司的 WebStress 等；针对 GIS 地理数据库性能测试的工具有 TestBytes；对 GIS 软件应用性能进行优化的工具有 EcoScope 等。Mercury Interactive 公司的 LoadRunner 是一种适用于各种 GIS 体系架构的负载测试工具，它能预测系统行为并优化系统性能；LoadRunner 的测试对象是企业级 GIS，通过演练实际用户的操作行为和开展实时性能监测，快速查找和发现问题，其具有用户虚拟、负载测试、性能监测、结果分析等能力。

4) 测试管理工具

测试管理工具用于对测试工具进行管理，包括对测试计划、测试用例、测试实施管理，还包括对 GIS 软件和数据缺陷的跟踪管理。测试管理工具有 Rational 公司的 Test Manager、Compureware 公司的 TrackRecord、Mercury Interactive 公司的 TestDirector 等软件。

第二节　GIS 软件评价

GIS 评价指从技术、经济、社会、风险等方面综合考虑，得出系统整体水平以及系统实施所能取得效益的全面认识。其主要内容包括风险评价(风险识别、风险估计、风险分析等)、技术评价(GIS 软件运行效率、安全性、可扩展性、可移植性等)、经济评价(软件的可用性、商品化水平、技术支持与服务能力、软件维护与更新、开发管理等)、社会评价(系统应用价值、系统决策能力、管理效率提升等)。

10.2.1　风险评价

1. 风险识别

风险识别是指识别项目、技术和商业中各自潜在的问题，可分为项目风险、技术风险和商业风险。项目风险是识别项目中潜在的预算、进度、资源、用户和需求等方面的问题以及它们对 GIS 项目的影响，如项目复杂性、规模和结构等都可能构成风险因素。技术风险是识别潜在的设计、实现、接口、检验和维护等方面的问题，如规格说明的多义性、技术上的不确定性、技术陈旧或不成熟问题。商业风险是识别项目中的竞争对手等问题，如市场上有无同类产品出现等。

风险识别的方法是使用一个"风险项目检查表"，列出一组提问来帮助项目计划和管理人员判断在项目与技术上存在哪些问题。这些提问诸如：①投入的设计与开发人员是最优秀的吗？②整个 GIS 项目开发期间人员如何投入？③投入的人员够吗？④按技能水平和专业对人员做了合理的组合吗？⑤有多少人员不是全时投入这个项目工作的？⑥每个人对自己手上的任务有明确的目标吗？⑦项目组成员接受过必要的培训吗？⑧项目组成员是否稳定和持续？⑨在 GIS 设计和开发过程中，是否采用了先进的方法和技术？这些问题可以通过判定分析和假设分析给出确定的答案，这样就可以帮助项目计划和管理人员来识别目前存在的风险。

2. 风险估计

风险估计是指估计风险发生的可能性及其概率。在 GIS 开发过程中，通常由项目计划人员、管理人员与技术人员等组成一个小组，通过四种风险估计活动来进行风险估计。一是建立一个尺度或标准来表示一个风险发生的可能性；二是描述风险的后果；三是估计风险对项目和产品的影响；四是确定风险估计的正确性。通过这四种活动，各种人员能做到对风险心中有数，保证项目顺利进行。

3. 风险分析

在风险识别和风险估计的基础上，分析发生风险的可能性及危害程度，决定是否需要采取相应的控制措施。在风险分析的过程中应该进一步检验风险估计的准确性，对已暴露的风险进行排序，确定消除风险的方法。对于 GIS 开发项目来说，成本、进度和性能是三种典型的风险指标，如果风险超出了阈值，就要终止项目。

10.2.2　技术评价

系统技术是一个系统稳定高效运行的重要保障。在好的技术保障下，GIS 能够在正常环境下稳定运行而不发生故障；使用新型的技术能够减少内存等资源消耗，提高运算效率，对系统扩展新功能、跨平台稳定运行等都具有重要意义。技术评价从可靠性、可扩展性、可移植性、系统性能等技术方面对 GIS 进行评价，其评价指标及含义见表 10.4。

表 10.4　GIS 系统技术评价内容

序号	评价内容	含义
1	可靠性	系统在正常环境下能够稳定运行而不发生故障
2	可扩展性	为满足新的功能需求而对系统进行修改、扩充的能力； 提供更佳的、更通用的用户开发接口和平台的能力
3	可移植性	系统在多种计算机硬件平台上正常工作的能力； 与其他软件系统进行数据共享、交换的能力
4	系统性能	系统运行的速度； 运算处理精度

10.2.3　经济评价

好的系统能够产生巨大的经济效益。一方面，用户购买系统或支付系统研发费用，使系统研发方直接获得经济收益。另一方面，系统能够让用户高效快速地完成相关业务工作，而无须消耗大量的人力物力，能够节省大量成本。经济评价从系统产生的效益、软件商品化程度、技术服务支持能力、软件维护与运行管理等方面对系统进行评价，其评价指标及含义见表 10.5。

表 10.5　GIS 系统经济评价内容

序号	评价内容	含义
1	系统产生的效益	系统应用对国民经济与生产实践所起的作用；GIS 软件产品商业化能实现的价值
2	软件商品化程度	体现在软件安装程序的易用性、产品的包装、技术手册、用户手册以及界面的友好性和易用性等方面
3	技术服务支持能力	对用户进行跟踪服务和技术指导；对用户进行集中的技术培训
4	软件维护与运行管理	软件易于维护、便于管理

10.2.4　社会评价

应用型 GIS 一般都针对某个行业部门或应用领域，系统的运行将能提升行业部门的业务服务水平，或服务于民众的生活工作，能够产生相应的社会效益。例如，国土空间规划信息系统能够提高自然资源部门规划管理的效率以及国土空间治理的能力。社会评价从系统应用价值、系统决策能力、管理效率提升等方面对系统进行评价，评价指标及其含义见表 10.6。

表 10.6　GIS 系统社会评价内容

序号	评价内容	含义
1	系统应用价值	提升信息服务、业务等公共服务能力
2	系统决策能力	为用户提供及时、准确的信息，以辅助用户正确决策
3	管理效率提升	提高管理工作效率和质量，提升管理水平

第三节　GIS 测评报告

"GIS 测评报告"用来描述和表达系统测试与评价的成果(图 10.2)。

```
1  引言
   1.1 编写目的
   1.2 测试和评价依据
2  软件测试
   2.1  测试内容
      2.1.1  功能测试
      2.1.2  性能测试
   2.2  测试环境
      2.2.1  硬件环境
      2.2.2  软件环境
   2.3  测试计划与策略
   2.4  测试方法与工具
   2.5  测试用例
   2.6  测试结果
3  软件评价
   3.1  风险评价
   3.2  技术评价
   3.3  经济评价
   3.4  社会评价
4  结论
```

图 10.2　GIS 测评报告

思 考 题

1. GIS 测试工具有哪些?
2. 举例说明 GIS 软件测试的功能和性能指标。
3. 请简述 GIS 软件测试过程。
4. 可以从哪些方面开展 GIS 评价? 评价内容是什么?
5. 对照 GIS 测评报告撰写大纲,你认为其中的难点是什么?

第十一章　GIS 维护

GIS 是以加工和处理地理信息为目的创建的系统，在使用过程中不可避免地存在一些问题和故障，对此，要提前准备并积极采取应对措施，对 GIS 定期维护，减少故障发生率，以保证 GIS 的安全稳定运行。

第一节　GIS 维护内容及组织保障

11.1.1　GIS 维护内容

由于 GIS 的特殊性，GIS 维护不仅是对软件中的错误进行修改，还包括数据维护与更新，以及由于软硬件环境发生变化导致的应用系统维护与更新，特定条件下，还包括网络维护与安全管理。

1. 数据维护与更新

准确的数据信息是应用 GIS 技术的基础，它对 GIS 的重要性越来越为人们所认识。数据维护包括数据无冗余、无错漏等数据内容维护、数据更新维护、数据逻辑一致性维护等方面。在系统的实施中，数据建设的投资占很大的比重。基础地理数据和专题数据如果不经常维护，则会出现数据的冗余以及数据的不完整，使得 GIS 失去其应用价值。所以，对于每个 GIS 系统，应根据系统的规模和实际需求，建立系统数据维护与更新机制，规定系统数据维护与更新的周期，以保持系统的现势性。

2. 应用系统维护与更新

当一个 GIS 提交使用后，就进入了系统维护期。这在 GIS 的生命周期中是一个较长的时期。随着 GIS 的运行，GIS 实施时所采用的软硬件设备都可能不再满足任务的要求，因此系统维护与更新又分为硬件维护与更新和软件维护与更新。

硬件维护与更新是指在充分考虑工作性质、处理需求的基础上，对硬件设备进行及时日常保养与维护，保证设备完好和系统正常运行。目前，硬件的更新换代非常快，一方面，不应该盲目追赶新产品潮流，不考虑工作性质一味地追求新设备；另一方面，也不应该持"只要硬件设备不坏就不更换"的态度，以免影响整个系统的再生能力。应根据设备的使用说明进行及时的维护，以保证设备完好和系统的正常运行。但当设备的处理能力达不到要求，或者设备本身已经过时、淘汰、损坏或不值得修理时，应考虑彻底更换。

软件维护与更新包括操作系统软件和 GIS 基础软件版本升级，以及应用软件的升级。当运行环境的改变或者系统功能、性能需求的变化使原 GIS 软件不能通过维护的手段满足用户需求时，则需要进行 GIS 软件更新，进入下一个 GIS 开发周期。

3. 网络维护与安全管理

网络维护主要依靠收集、监控网络中各种设备和设施的工作参数信息，将结果反馈给相关人员进行处理，从而控制网络设备设施的工作状态，使其运行可靠，措施包括配置优化网络、故障诊断与处理、监控网络吞吐量等。安全管理则在于保护网络资源与设备不被非法访问，以及对加密机构中的密钥进行管理，需要解决的安全问题涉及网络数据的私有性、授权和访问控制等方面。在网络规模较小、只有少数的访问服务器提供远程访问时，一般采用访问服务器的本地安全数据来提供安全认证。随着网络规模的增长以及对访问安全要求的提高，一般需要一台安全服务器为所有的拨号用户提供集中的安全数据库。当前，网络系统通常要建立防火墙，以阻止非法访问者侵入企业内部网，保证对主机和应用安全访问及多种客户端和服务器的安全性，保护关键部门不受到来自内部和外部的攻击，为通过 Internet 进行远程通信的客户提供安全通道。选择有效的管理和维护工具对网络进行维护是一项十分复杂的技术，而要有效地对网络进行维护和测试就必须有功能强大的工具。因为网络维护涉及的技术问题很多，所以在选择工具时，不仅需要其功能强大，而且要便于学习和使用。

11.1.2　GIS 维护的组织保障

GIS 维护需要强有力的组织保障，明确的角色划分和组织分工是 GIS 顺利运行的重要条件。下面简要介绍 GIS 维护的相关人员及其职责。

1. 部门负责人

部门负责人不仅在 GIS 开发设计阶段有着重要的作用，在维护管理阶段也具有举足轻重的作用，负责相关事项规划和决策以保证计划实施。在维护开始阶段，需要进行资金、人力、物力等的投入；在后续阶段要了解 GIS 管理维护状态，对出现的问题及时制定有关计划；对一些突发事件进行应急处理，结合实际情况进行预案调整，做出让损失尽可能降到最低的决策。以上工作都需要部门负责人来进行规划和决策。因此，在系统的维护管理中，忽视部门负责人的作用，维护计划将无法实施。

2. 系统管理负责人

系统管理负责人为每个人分配具体的任务，并把系统管理维护的总体任务划分成一系列具有起止日期的离散活动，此外还需要制定详细的项目计划。系统管理负责人应该准确了解每个职员的工作，并能认清项目维护人员所面临的技术挑战。

系统管理负责人要协调每个维护人员的工作，还要负责保证全体系统管理维护职员完成工作的质量水准。系统管理负责人按计划把维护现状向部门负责人汇报，通常还负责与最终用户进行通信。任何对最终用户有影响的二次工程需求都应该首先告知部门负责人。

3. 技术人员

在任何项目中，必须有人去做实际工作。在 GIS 系统开发中，必须从系统开发队伍中指派一个主要的技术人员。这样可以保证有一个专人负责了解这个产品，并可在需要的时候把他的知识传授给其他人员。此外，应指定一名企业职员作为所使用产品的主要技术人员，协助使用该产品进行工作。在这种情况下，作为指定的主要技术人员不必有很丰富的专业知识。

由于很多成功的 GIS 项目使用了较小的开发队伍，某个开发人员就有可能成为承担多项技术的技术人员。作为开发人员，应该知道自己有责任掌握哪些技术，并了解在其他方面可向谁去求助。

4. 系统维护员

系统维护员应该非常熟悉技术本身，且要保证系统维护选定的技术有长远价值。技术上的长远价值在于可以充分利用现有资源，或者在技术及经验上的投入在现在和将来都是有用的。此外，系统维护员也要负责参与调研、可行性分析和需求分析，保证系统维护的技术体系在技术上是可行的，保证被选择的每项技术都确实能够提供所要求的服务，它们将聚焦成为一个有效的总体方案。

5. 系统管理员

系统管理员维护网络以及整个系统的安全，防止网络黑客对机密信息的非授权访问以及破坏，在系统的运行维护中起着重要的作用。一些重要的数据资源，如高级用户口令以及其他一些口令资源都掌握在他们手里，如果这些信息外泄将对整个系统产生不可估量的影响；同时，本地部门网络接入互联网以后，一些防火墙系统的设置和维护也由系统管理员完成。因此，系统管理员所担负的重要职责就是维护网络以及整个系统的安全，防止网络黑客对机密信息的非授权访问以及破坏。

除了保障系统的安全性，系统管理员还要负责日常网络的监视和管理。对于现代化管理部门而言，一些地点不确定的远程用户的随时访问、部门内部业务处理要求的变化，都要求系统管理员及时制定网络配置修改方案，协助网络规划师和其他人员来完成网络的优化和重新配置。对于服务器的配置情况、系统的备份策略以及网络操作系统和网管软件的使用，系统管理员都应有全面的了解。

6. 应用分析员

应用分析员负责制作一个特定应用所要完成功能的说明。应用分析员通常负责为现有工作过程和系统维护做文档，并和用户共同工作来确定系统实际还将要做什么。应用分析员定义应用时总是站在用户的角度，保证系统完成正确的功能，满足用户的商务目标，而不是开发一个详细的维护说明。应用分析员应与用户一道弄清楚当前的事务实践对新系统将会产生什么样的影响。

7. 数据库管理员

数据库管理员的责任是维护逻辑和物理数据模型，这些数据模型详细叙述每个必须被用来支持应用的数据库对象，包括所有的表、视图、存储过程、规则、缺省、索引和触发器。数据库管理员通常对于如何修改数据库具有决定权，对于保证所有数据库对象的维护和数据库应用中的新需求的支持也负有主要责任。由于数据库应用的服务器与客户固有的分离本质，即使遵循适合数据库维护的所有准则也完全有可能使重新建立或者修改的库结构无法支持应用，数据库管理员应与维护开发人员共同努力，建立迭代式的逻辑和物理数据模型，保证数据库维护能支持应用。

在大多数机构中，数据库管理员处在负责管理很多数据库应用的中心位置上。在该情况下，数据库管理员有责任保证数据库对象(如存储过程)是正确可行的，并与整个机构范围的标准相符，而且有配套文档。总之，数据库管理员应知道所有已有的、可能会被维护或修改的存储过程或其他数据库对象。

8. 数据管理员

数据管理员较之数据库管理员的职责更加注重数据类型定义的整体标准和对数据表的命名。数据管理员必须确保标准编码规范的使用，可使用合适的标准化组织(如 IEEE、OSF 和 CCITT 等)认可的标准规划。

数据管理员的另一个职责是保证多个数据库是可映射在一起的，并且相近的术语在整个数据库中应具有完全相同的含义。尽管数据字典的创建是数据库管理员的任务，但数据字典或数据目录使用的定义规范是数据管理员的职责。在 GIS 维护中，对于较小的企业，一个既懂技术又懂数据的人可以既是数据库管理员，又是开发者，不必明确指定数据管理的职责，所有的事都由数据库管理员完成。而对于大的系统或更大机构的较小系统，对数据的管理必须指定专人来负责。对于要发展成为整个部门方案的客户端/服务器系统来说，数据管理问题是系统能否正常运转的中心问题。通常，集成失败的原因不是技术上不可能而是数据匹配不起来。在维护过程中，数据管理员对数据规范性的监督直接影响数据的有效共享，并对系统中数据增值服务的可能性起着决定性作用。

9. 网络规划师

网络规划师负责保证通信和网络能够支持数据的吞吐量需求，在较大系统的维护中，必须有网络规划师负责网络拓扑的规划和维护。网络规划师负责标识把客户端和服务器连接起来必需的所有软件和硬件，从而使应用系统在通信服务和协议的复杂环境下工作。

系统维护员在维护过程中着眼于整个技术体系，而网络规划师则负责具体的设计与实现。许多客户/服务器系统之所以工期延误或者系统建成以后信息交流不够畅通是因为网络规划人员和维护人员过低地估计了集成客户与服务器时的复杂程度。当这些系统集成问题被解决后，若遇到操作系统或软件版本升级以及节点或网络硬件变化，原来的问题还需要重新解决。无论如何，在系统维护计划制定时，就要确定谁将负责客户端与服务器软硬件和通信服务的集成以及网络扩展性的规划。

10. 硬件工程师

硬件工程师负责系统硬件的日常维护和相关电源系统的维护。在较大的 GIS 中，所涉及的计算机硬件种类很多，包括个人计算机、服务器、工作站、网络硬件设备、打印机、磁带机、数字化仪、绘图仪等，对于一个庞大的系统，要良好运转起来，没有专业人员进行硬件日常维护是难以想象的。

电源系统维护是硬件工程师的又一个职责，一些大型的 GIS 有其专用的电源系统，如不间断电源设备(uninterruptible power supply，UPS)系统、双路或多路供电系统以及复杂的电源控制设备等。一旦电源系统出现问题，需要及时排除，这要求维护人员熟悉电源系统的布置情况和相关的设备；否则，将对系统的正常运行产生不良影响。例如，在系统运行时或者数据备份时系统停电将有可能对数据造成灾难性破坏。

11. 文档管理员

文档的开发一直是 GIS 开发过程的重要部分，但在 GIS 维护阶段，文档的管理经常被忽视。随着 GIS 项目规模和复杂度的扩大以及 GIS 网络化的发展，文档在 GIS 建设和维护中的地位越来越重要。在 GIS 维护阶段，文档的开发与管理主要包括以下内容：首先是联机帮助文档，联机帮助文档已开始成为基于图形用户界面的客户应用的标准需求。建立这一文档是文档管理员的职责，随着文档过程变得复杂化，文档管理员要负责组织文档开发并创建超文本文档，以便用户在执行活动中遇到麻烦时可检索到合适的操作说明。其次是管理维护情况记录，对于系统管理维护情况的记录归档有助于系统的稳定运行，在系统出现故障时可帮助诊断，也便于日常管理。

11.1.3　GIS 维护的流程

GIS 维护与其他软件维护一样，需要明确严格的规范，保证软件维护的质量。

1. 提交 GIS 维护申请

GIS 维护应该由申请维护的人员以文档的形式填写、提交。对于数据维护，申请报告必须对申请维护数据的原因进行说明，还包括维护的内容、所需工作量、维护的成本等。对于软件维护，如果是改正性维护，申请报告则需详尽地说明错误产生的环境、错误提示等相关信息以及维护的流程，如果是适应性或者完善性维护，申请报告则需要说明维护的要求以及维护的流程。对于硬件或网络维护，申请报告需要说明软件错误产生的环境、错误提示等相关信息、维护要求、维护方案及预期维护效果等。

2. 评估维护请求

GIS 维护报告提交以后，需要进行申请报告的分析与评价。在此基础上确定维护的类型，根据问题的轻重缓急合理安排维护工作，并最终形成一份软件修改报告。

3. 维护过程

对维护申请报告分析、评估以后，实施 GIS 的维护。过程包括以下四项。

1) 确定维护的类型

确定维护是数据的维护、应用系统的维护还是网络的维护，是改正性维护还是改进型维护，并积极与用户进行沟通协商。

改正性维护。识别和纠正软件错误、改正性能上的缺陷，需要在错误严重程度评估的基础上，将错误修正列入计划。如果系统需要进行改正性维护，则维护人员需要组织有关人员分析问题，统一安排维护工作。

适应性和完善性维护。为使系统适应环境的变化或满足用户对系统功能扩充的需求而进行的维护工作。由于该部分维护在 GIS 维护中占比较大，需要先评估维护的优先级，确定维护的次序，依次进行维护。

2) 维护人员配置

针对不同的维护类型，明确所需的专业技术，配备维护人员，并针对维护量来确定工作人数。

3) 实施维护工作

因为数据维护、应用系统的维护和网络维护的维护类型不同，所以工作的侧重点不同，要具体问题具体对待。

4) 编写详细的维护报告

GIS 维护在 GIS 开发与应用中占比较大，因此每一次的维护都需要严肃对待。在维护工作完成以后，维护人员要针对维护的内容编写详细的维护报告。

第二节　GIS 软件维护

11.2.1　GIS 软件维护的定义

GIS 软件投入使用以后即进入软件维护阶段。维护阶段是软件生命周期中持续时间最长的一个阶段。除了软件在开发与使用过程中出现错误需要修改以外，软硬件环境、用户的需求等方面的变化同样要求适用的软件做出相应的变化。因此，GIS 软件维护是 GIS 应用与开发中必不可少的一项。

软件维护大致可分为内容维护和管理维护两个方面。

1. 内容维护

软件的内容维护包括改正性维护、适应性维护、完善性维护以及预防性维护。GIS 软件开发中，由于测试技术的限制，需要多种内容维护。在系统开发时，会有一部分隐藏的错误存在，这些错误可能会在系统运行的某个特定的环境下出现，针对这种错误的维护称为改正性维护。在系统运行过程中，针对软件无法满足新的软硬件环境所进行的维护称为适应性维护。在系统开发时，由于对用户需求的预测不全面以及用户提出新的功能和性能要求，通常要对软件进行修改和更新，针对新的功能和性能要求进行的维护称为完善性维护。为了提高软件的可靠性而进行的维护，称为预防性维护。

2. 管理维护

软件的管理维护包括记录介质管理和软件使用情况管理。在软件的介质管理中，应该认真做好记录介质的管理工作。要有专人管理磁盘和文档，及时对新增软件进行登记、分类等。在软件使用过程中，会出现各种意外的情况，有些可能是软件本身的问题，有些可能是硬件的环境适应性问题，应加强软件使用情况管理，对各种情况进行登记，为软件内容的维护提供条件。

11.2.2　GIS 软件维护工作的影响因素

GIS 维护工作受以下因素的影响。

1) 系统复杂程度

系统越复杂，维护人员理解越困难，维护的工作量越大。

2) 系统开发文档

GIS 软件开发一般需要编写系统的开发文档，开发文档越完善，维护工作越容易，如果开发文档缺失或不完善，则维护人员需要花费大量的时间理解软件的功能和设计内容，维护工作更困难。

3) 系统维护成本

维护的成本越低，则维护越困难，因为维护人员与用户的沟通，以及维护人员的积极性都会受到影响，势必导致软件维护质量的下降。

4) 其他因素

在程序中使用的地理模型、程序的深度、地理数据库的复杂程度等因素，都会影响维护的工作量。此外，需求的复杂性以及软件的可扩展性等因素也会影响软件的维护工作。

11.2.3　GIS 软件维护技术

GIS 维护技术按目的可分为两种，分别是面向维护的技术和维护支援技术。

1. 面向维护的技术

面向维护的技术是在软件开发阶段用来减少错误、提高软件可维护性的技术，涉及 GIS 软件开发的所有阶段。在需求分析阶段，保证用户的需求没有歧义并易于理解，可以减少软件中的错误。例如，美国密歇根大学的 ISDOS 系统就是需求分析阶段使用的一种分析与文档化工具，可以检查需求说明书的一致性和完备性，提高需求说明书的质量。在设计阶段，考虑计算机的发展趋势，充分考虑将来改动或扩充的可能性，使用先进的设计思想和工具。在编码阶段，灵活运用数据结构，如支持在引擎中逐个开发数据结构。在测试阶段，设计完善的测试方法，尽量发现存在的错误，保存测试用例和测试数据等。在每个阶段都要有详细、规范的文档。以上这些技术方法都能减少软件错误，提高软件的可维护性。

2. 维护支援技术

维护支援技术是在软件维护阶段用于提高维护作业效率和质量的技术。维护支援技术主要包括信息收集、错误原因分析、软件分析与理解、维护方案评价、代码与文档修改等。

11.2.4　GIS 软件维护的副作用

维护的目的是延长软件的寿命并让其创造更多的价值；然而，修改可能引入更多潜在的错误。这种因修改软件而造成的错误或其他不希望出现的情况称为维护的副作用，主要包括修改代码的副作用、更新数据的副作用和文档滞后的副作用三种。

1. 修改代码的副作用

使用程序设计语言修改源代码时可能引入错误，以下这些变动都容易引入错误：①删除或修改一个子程序、一个标号和一个标识符；②改变程序代码的时序关系，改变占用存储的大小，改变逻辑运算符；③为边界条件的逻辑测试做出改变；④改进程序的执行效率；⑤把设计上的改变转换成代码的改变。因此要特别小心仔细地修改，避免引入新的错误。

2. 更新数据的副作用

在修改数据结构时，有可能造成软件设计与数据结构不匹配，从而导致软件错误，主要包括：①重新定义局部或全局的常量，重新定义记录或文件格式；②增加或减少一个数组或高层数据结构的大小；③修改全局或公共数据；④重新初始化控制标志或指针；⑤重新排列输入/输出或子程序的参数；⑥修改数据库的结构。这些情况都容易导致设计与数据不相容的错误。

3. 文档滞后的副作用

所有的维护活动，都必须修改相应的技术文档，否则会导致文档与程序功能不一致等错误，使文档不能反映软件当前的状态，对以后的维护将造成很大的困难。如果对可执行软件的修改没有反映在文档中，就会产生如下文档副作用：①修改交互输入的顺序或格式没有正确地记入文档中。②过时的文档内容、索引和文本可能造成冲突等。

因此，必须在软件交付之前对整个软件配置进行审查，以减少文档副作用。事实上，有些维护请求并不要求改变软件设计和源代码，而是指出在用户文档中不够明确的地方。在这种情况下，维护工作主要集中在文档。

在维护活动中，应该针对以上容易引起副作用的各个方面小心审查，以免将新错误带入程序中。

第三节　地理数据维护与更新

11.3.1　地理数据维护与更新的内容

GIS 维护除了通常的软硬件维护和更新外，还包括地理数据维护与更新。

地理数据维护既涉及对数据自身正确性、一致性和完整性的审查，同时也包括对数据库的管理。其中，地理数据的正确性主要体现在测量值与真值的对应性以及确保误差在规定的精度范围内。一致性体现在同一现象或同类现象表达的一致程度，例如，一条河流在规划图和现状图上形状不同，或是行政边界在不同的专题图中不重合等都是地理数据一致性差的表现。完整性指的是同一准确度和精度的地理数据在特定空间范围内完整的程度，完整性差通常表现为缺少数据。地理数据正确性、一致性和完整性的维护主要与数据源、数据采集手段、数据的存储格式等有关。此外，数据库管理一般包括数据库备份与恢复、安全性和完整性控制、性能监控和优化等方面的维护工作。

地理数据更新的目的在于保证地理数据的现势性。地理数据现势性指数据反映客观现象目前状况的程度，不同地理数据对现势性的要求是不同的。例如，地形图对现势性要求不高，因为地形相对来说变化缓慢，短时间内不会有较大变化；而城市用地现状图对现势性要求较高，因为城市建设日新月异，如果长时间不更新，城市用地现状图将与实际情况脱节，失去价值。通常来说，GIS 中存储的地理数据只是现实世界的一个静态模型，但及时更新地理数据、保证数据现势性几乎是所有 GIS 的共同要求。一方面，只有在存储大量地理数据的基础上，通过数据积累和更新才能具备反映自然历史过程和人为影响趋势的能力，从而揭示事物发展的内在规律；另一方面，GIS 是综合分析和处理空间数据与属性数据的有力工具，保持地理数据现势性是 GIS 有效利用的前提。

11.3.2　地理数据维护方法

1. 数据库备份和恢复

地理数据库中的数据是极其重要的信息资源，数据是不允许丢失或损坏的。因此，在 GIS 正式运行后，数据维护的一项重要任务就是如何保证数据库中的数据不损坏、不丢失。数据库备份和数据库恢复就是保证数据完整性的技术。

1) 数据库备份

数据库备份就是将数据库中的数据以及保证数据库系统正常运行的有关信息备份，以备系统出现问题时恢复数据库使用。造成数据丢失的原因主要包括：①存储介质故障，如磁带、磁盘、光盘等存储数据介质都有一定的寿命期限，在长时间使用后存储介质可能会损坏或彻底崩溃，造成数据丢失。②用户操作错误，用户无意或者恶意在数据库中进行非法操作，如删除或更改重要数据等，会造成数据损坏。③服务器故障，服务器可能出现损坏或崩溃，如果数据服务器出现故障，造成的数据损失将非常巨大。④由于病毒侵害、自然灾害而造成的数据丢失或损坏。

因此对数据库提前备份显得非常重要。一旦数据库出现问题，就可以利用数据库备份恢复数据库。数据库备份分为数据库完整备份、数据库差异备份、事务日志备份三种类型。

数据库完整备份。数据库完整备份是备份数据库中的所有数据，以及可以恢复这些数据的足够的日志(图 11.1)。在进行完整备份时，不仅备份数据库的数据文件、日志文件，还备份文件的存储位置信息以及数据库中的全部对象。因为完整备份策略备份的内容较多，当数据库比较大时可能需要消耗比较长的时间和资源，所以完整备份策略适合数据库不大的、数据更新不频繁的情况。

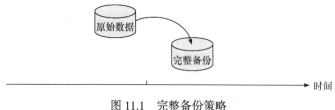

图 11.1　完整备份策略

数据库差异备份。数据库差异备份是备份从最近的完整备份之后数据库的全部变化内容，它以前一次完整备份为基准点，存储完整备份之后变化了的数据文件、日志文件以及数据库中其他被修改了的内容(图 11.2)。数据库差异备份通常比数据库完整备份占用的空间小、执行速度快，但会增加备份的复杂程度。因此，对于大型数据库，一般在定期完整备份的基础上，每天差异备份，可以降低数据库内容丢失的风险。

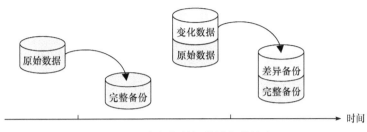

图 11.2　完整备份加差异备份策略

事务日志备份。事务日志备份并不备份数据库本身，它只备份日志记录，而且只备份从上次备份之后到当前备份时间发生变化的日志内容(图 11.3)。

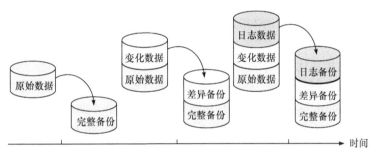

图 11.3　完整备份加差异备份加日志备份策略

2) 数据库恢复

当地理数据库系统出现故障或者异常损坏时，可以使用数据库备份对数据库进行恢复。一般按照以下顺序完成数据库恢复：①还原最近的数据库完整备份，因为最近的数据库完整备份记录数据库最近的全部信息。②还原完整备份之后还原最近的数据库差异备份。因为差异备份是相对完整备份之后的数据库所做的全部修改。③从最后一次还原备份后创建的第一个事务日志备份开始，按日志备份的先后顺序还原所有日志备份。因为日志备份记录的是自上次备份之后的新记录的日志部分。所以，必须按时间顺序依次还原自最近的完整备份或差异备份之后所进行的全部日志备份。

2. 数据库安全性和完整性控制

地理数据库的安全性和完整性控制是数据库管理系统中非常重要的部分，其好坏直接影响数据的安全。在一般的计算机系统中，安全措施是分层级设置的。图 11.4 为用户访问数据时需要经过的安全认证过程。

当用户要访问数据库中的数据时，必须经过三个认证过程：①身份验证，通过登录账户来标识用户，身份验证只验证用户连接到数据库服务器的资格，即验证该用户是否具有连接到数据库服务器的“连接权”。②访问权认证，当用户访问数据库时，必须具有数据库的访问权，即验证用户是否是数据库的合法用户。③操作权限认证，当用户操作数据库中的数据或对象时，必须具有合适的操作权限。

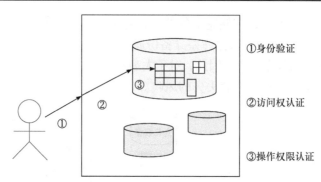

①身份验证

②访问权认证

③操作权限认证

图 11.4　数据库系统安全认证三个过程

　　数据库完整性是指数据库中数据在逻辑上的一致性、正确性、有效性和相容性。完整性控制包含完整性约束、并发控制。其中，完整性约束是完整性控制的核心。DBMS 要提供各种完整性约束的实现机制，保证对数据库的任何更新操作都不会破坏数据语义的正确性和准确性。而并发控制指的是当多个用户同时更新时，用于保护数据库完整性的各种技术。并发控制的目的是保证一个用户的工作不会对另一个用户的工作产生不合理的影响。在某些情况下，这些措施保证了当用户和其他用户一起操作时，所得的结果和单独操作时的结果是一样的。

3. 数据库性能监控和优化

　　地理数据库日常运行过程中，需要对数据库的性能进行监视，分析数据库的性能是否异常。如果数据库性能呈现异常，则需要对数据库中的各个方面进行分析，尽早发现问题，以便及时优化数据库。不同的数据库提供不同的监控指标，如 MySQL 主要的性能指标包括当前线程连接数、连接数和最大连接数、连接失败的线程、每秒查询数、每秒事务数以及日志相关的状态量等；Oracle 主要的性能指标包括系统全局和每个进程的内存总量、使用量、剩余量监控；最大连接数、当前连接数、连接数历史峰值等；每秒事务量、每秒 I/O 吞吐量等。

11.3.3　地理数据更新方法

　　通过地理数据更新可保证地理数据的现势性，其方法主要包括以下四种：实地测量、遥感对地观测、卫星定位测量和物联网感知。

1. 实地测量

　　该方法首先根据国家控制网进行图根控制测量；然后以此为基础进行地形地物的细部测量，即用测量仪器测定各景物间的距离、方向(角度)和高差，以确定其平面位置和高程；最后将测量成果进行整饰，配以地图符号和注记，编辑成地图。该方法主要用于小范围的大比例尺工程测图的信息更新。如果需要在野外对生态系统、地球系统进行长期观测、研究和实验，还可以建设野外台站。

2. 遥感对地观测

　　航空遥感。航空遥感泛指空间平台对地面监测的遥感技术系统。航空遥感平台上装有传感器，通过对地物进行电磁波信息的收集、处理，获得各种地理数据为科研、生产所应用，工作平台不仅包括飞机、气球、气艇，还包括有人驾驶和无人驾驶的遥控飞机。20 世纪兴起的航空遥感技术，从根本上改变了通过实地测量获取更新地理数据的过程。我国自主研制的航空遥感系统自主性强、信息维度广、数据精度高，于 2021 年正式投入使用，可提供科学实验模式、巡航模式、应急反应模式和订单模式等多类型航空遥感服务。

卫星遥感。卫星遥感是测绘技术的又一次飞跃，能做到不受或少受自然条件的限制，作业范围可以扩展到国外、地下、大气层乃至宇宙空间，具有多时间分辨率、多空间分辨率、多光谱分辨率特点，可以测绘出 1∶10 万乃至 1∶1 万比例尺地形图。卫星遥感资料在制图领域已经得到了广泛应用，主要通过两种形式来实现：一是用常规设备手工制图；二是采用专用图像处理设备自动或半自动制图。

3. 卫星定位测量

GNSS 是随着卫星技术发展起来的全球定位技术，可以通过卫星对地面物体进行精确的空间实时定位。全球定位系统(global positioning system，GPS)是在美国海军导航卫星系统的基础上发展起来的，是第一个全球导航卫星定位系统。北斗导航卫星系统(BeiDou navigation satellite system，BDS)是我国自主研发、独立运行的全球导航卫星系统。于 2020 年正式组网成功并全面投入使用。BDS 包括 55 颗导航卫星，创新融合了导航与通信能力，具有实时导航、快速定位、精确授时、位置报告和短报文通信服务五大功能，持续为全球用户提供优质服务，开启全球化、产业化新征程。

4. 物联网感知

物联网感知技术按约定协议，将物体与网络相连接，通过信息传播媒介进行信息交换和通信，实现智能化识别、定位、跟踪、监管等功能。随着 GIS 技术的发展，通过信息传感设备可实时获取地理空间数据，如位置跟踪实时采集轨迹数据、野外自动观测台站自动获取和传输地学观测数据，并存储到 GIS 数据库中，实现了现实地理与 GIS 的不间断映射，保证了GIS 地理数据的同步更新(李德仁，2016)。

第四节　GIS 安全与保密

在 GIS 维护中，除了保障系统的正常运行外，还要考虑数据的安全和整个系统的安全，特别是在网络环境下共享信息时，这个问题显得更为重要。如果没有系统安全性方面的措施，当出现数据外泄或者受到网络"黑客"攻击时，整个系统的运行将遭到破坏。危及系统的安全因素，既有软硬件的可靠程度差、用户误操作及各种自然灾害方面的因素，也有敌对者采取各种非法手段窃取和破坏系统正常运行。对于前者，要求可靠性高的软硬件设备及采取防止系统误操作的措施；对于后者，要针对敌对者可能采取的行动相应地加以防范。另外，在技术上应采用物理保护和数据加密相结合的方法。只有有效地贯彻实施上述各种措施，才能确保信息系统的安全可靠。

GIS 安全保密涉及的问题很多，下面主要对数据的安全与保密进行介绍。

11.4.1　GIS 安全与保密内容

1. GIS 地理数据存储加密

GIS 中存储着海量数据，在系统维护阶段要着重考虑数据的加密保护。当保密数据以存储方式进行媒体传送，或者在信息系统内以文件或数据库方式存储时，为了防止信息被泄漏，必须对这类存储数据加以保护。数据存储的加密保护主要包括文件加密保护和数据库加密保护，表 11.1 对这两种方法的加密对象、加密原理、加密方式以及特点进行了比较。

表 11.1　GIS 地理数据存储加密的两种方法

类别	文件加密保护	数据库加密保护
加密对象	存储在媒体上的文件信息	数据库的文件或记录
加密原理	对数据使用某种加密算法，进行加密变换后再进行密文存储	在操作系统和数据库管理系统支持下，对数据库的文件或记录进行加密保护
加密方式	单主机文件加密方式或多主机文件加密方式，硬件加密或软件加密	在库内加入加密模块进行加密，或在库外的软件系统内进行加密，形成存储模块
特点	保密性高，可防止非法复制，仅需用密码、软件处理或物理方法进行加密	库内加密在 DBMS 中，库外加密需要设计 DBMS 与操作系统的接口

对普通数据记录中密级较高的数据项，可用加密算法对其进行加密后，再与记录中的其他数据一起存储，以免这些数据被泄漏。

2. GIS 地理数据存取控制

GIS 地理数据存取控制，具体是对数据存入、取出的方式和权限进行控制，以免数据被非法使用和破坏。它是从计算机处理功能方面对地理数据提供保护，其控制的内容包括数据存取结果的控制和处理过程的交叉校验。同步检查是实现控制的有效方法，此外还有存取资格审查、存取保护(内存、外存)、数据库的存取保护和防止存取信息破坏等。

其中，存取资格审查指为了防止非法用户不正当地存取地理信息，应对用户的存取资格和权限进行检查，只有检查合格的用户才有权进入系统，执行其自身权限范围内的操作，否则系统将拒绝执行，包括用户识别(用户口令、随机数法和问答式询问等)和密钥识别。密钥识别是给每个用户分配一个非锁定的物理密钥，以防止伪造和修改。在计算机中，以存储列表的方法，验证用户的合法身份、个人特征标识。它有多种方法，如用户的手迹、指纹、语音等。

3. GIS 地理数据传输加密

为确保 GIS 地理数据的安全可靠，必须保障在传输过程中数据内容不被透露、避免信息量被分析、检测出数据流的修改等。数据传输需要解决三个重要问题：①身份验证，数据传输时保证数据来自信任的一方。②数据机密性，确保数据得到保密处理。③数据完整性，确保数据免受意外损坏或故意修改。为此，采用一定的数据传输加密方法，保障数据传输过程中的完整性，达到地理数据的无损传输效果。面向线路的链路加密方法和端-端加密方法是两种常用传输数据加密方法，表 11.2 是这两种方法在原理、优缺点方面的比较。

表 11.2　两种数据传输加密方法的比较

方法	链路加密方法	端-端加密方法
原理	通过单独保护每条通信线路上通过的数据流来提供安全保护，此时不考虑信源和目的地	始终保护从源到目的地的每个数据
优点	加密是在每个通信线路上实现的，每个线路都用不同的加密密钥。因此，一条线路信息被泄漏，不会损失另一条线路上的信息	任何一条线路被破坏都不妨碍数据的保密，实现比较容易和灵活，既可以从主机到主机，又可以从终端到终端

续表

方法	链路加密方法	端-端加密方法
缺点	只在线路上加密，因此节点处须设有加密的物质保证。否则，破解某节点会暴露通过该节点的所有数据	端-端加密方法一般超出通信子网的范畴，因此对用户所用的协议有更高的标准化要求

11.4.2　GIS 安全与保密技术

1. GIS 加密技术

加密算法是从明文到密文的一种变换，分两种：一种是常规加密算法，又称对称加密算法；另一种是公开密钥加密算法，又称非对称加密算法。常规加密算法又分为序列加密算法和分组加密算法。

其中，序列密码算法是在一个密钥序列控制下逐位变换明文数据的算法。明文序列和密钥序列结合产生密文序列，密钥序列由非线性序列的密钥序列产生器产生；而分组密码算法是在密钥控制下一次变换一个明文分组的密码算法。公开密钥密码属于分组密码的一种，与分组密码的区别在于它把加密和解密的能力分开(非对称性)；加密、解密由一对密钥实现，这两个密钥规定了一对变换，一个变换是另一个变换的逆过程，但难以由其中的一个推导出另一个。每个用户都有一对这样的密钥：一个是用于加密明文的公开密钥，一个是用于解密(由公开密钥加密的)密文的保密密钥。

区块链技术是 2008 年兴起的，充分融合分布式数据存储、点对点传输、共识机制、加密算法等的新型数据安全与保密技术。区块链技术采用哈希算法等非对称加密技术将 GIS 地理数据加密存储在数据库的授权节点中，通过共识机制来确保地理数据的一致性、有效性(李满春等，2020)。

2. 数字水印技术

数字水印技术是一种信息隐藏技术，可以将版权、标识、图像等信息嵌入视频、音频、图片、文本等 GIS 地理数据载体之中，一方面可用于证明数据的来源，另一方面可以通过数字水印对数据完整性进行监测分析。常见的数字水印技术包括灰度值加密、位置加密、双因子加密等方法。

11.4.3　GIS 安全与保密管理

安全与保密管理是 GIS 维护的一个重要内容，要做到 GIS 的安全和保密工作，必须从多方面进行管理，包括设施、制度、应急与备份、网络安全等，具体内容见表 11.3。

表 11.3　安全与保密管理涉及的内容

基础设施	① 防火墙系统：隔离风险区域与安全区域的连接 ② 防病毒系统：对所有可能带来病毒的信息源进行监控和病毒拦截 ③ 容灾备份系统：对关键的网络和计算机设备、重要数据进行备份管理
安全制度	① 身份认证制度：为业务服务提供统一的信任服务机制和身份认证手段 ② 授权管理系统：提供可信的授权服务，实现对用户的有效管理 ③ 安全日志与审计：对用户进行认证、权限检测，过程可配置日志记录功能
应急计划与备份预案	① 应急响应制度：列出影响系统正常工作的各种紧急情况，并制定应急措施 ② 数据备份预案：重要实时系统应考虑设备的冷、热备份
网络安全与保密	① 数字签名服务：确保所提供的数据合法、准确，验证数据提供者的身份 ② 密码服务：保证传输过程中数据的机密性和完整性，提高数据加密速度

第五节　GIS 维护日志

GIS 维护日志是系统维护人员在维护过程中记录维护基本信息、存在问题与原因分析、维护结果与处理意见等方面的文档(表 11.4)。

表 11.4　GIS 维护日志

部门名称				维护人			日期	
用户信息	单位名称			系统信息		硬件配置		
	单位地址					软件配置		
	联系人					网络配置		
	联系方式					数据库		
存在问题与原因分析	类别		运行情况		运行细节			备注
	系统安装		正常□ 异常□		异常细节：			
	硬件	采集设备	正常□ 异常□		是否达标：防尘□ 防潮□ 防磁场□ 防强光□			
		输入设备	正常□ 异常□		是否达标：防尘□ 防潮□ 防磁场□ 防强光□			
		存储设备	正常□ 异常□		是否达标：防尘□ 防潮□ 防磁场□ 防强光□			
		处理设备	正常□ 异常□		是否达标：防尘□ 防潮□ 防磁场□ 防强光□			
		输出设备	正常□ 异常□		是否达标：防尘□ 防潮□ 防磁场□ 防强光□			
	软件		正常□ 异常□		软件编码是否有误：是□ 否□			
					运行环境是否适应：是□ 否□			
					功能需求是否满足：是□ 否□			
					性能需求是否满足：是□ 否□			
	数据库		正常□ 异常□		备份工作是否合格：是□ 否□			
					安全性控制是否合格：是□ 否□			
					完整性控制是否合格：是□ 否□			
	网络	网络运行	正常□ 异常□		网络参数：			
		防火墙	正常□ 异常□		防火墙参数：			
	其他							
处理结果	故障排除情况							
	维护后效果							
处理意见			负责人：　　　日期：					

思 考 题

1. GIS 维护包含哪些内容?
2. GIS 维护需要哪些组织保障?
3. 试述 GIS 软件维护技术。
4. GIS 地理数据维护和更新方法有哪些?
5. GIS 安全和保密涉及哪些内容和技术?
6. 如何进行 GIS 安全和保密管理?

第十二章　GIS 项目管理与质量保证

在 GIS 设计与开发过程中，有效的项目管理是保证 GIS 软件质量的关键。为使 GIS 设计与开发获得成功，必须对 GIS 项目的工作范围、要实现的功能与目标、所需的资源(人、硬件、软件、数据)、开发成本的估算、项目进度安排、重要的里程碑、可能遇到的风险以及质量保证等做到心中有数。GIS 项目管理是实现上述要求的必要手段，其内容与范围覆盖了 GIS 设计与开发的大部分过程(即从 GIS 系统定义到系统实施维护)。GIS 项目管理过程如图 12.1 所示。其中，GIS 项目估算、GIS 项目进度安排、GIS 项目追踪与风险管控、GIS 软件度量与质量保证体系等主要环节将在下面几节中作具体的阐述。

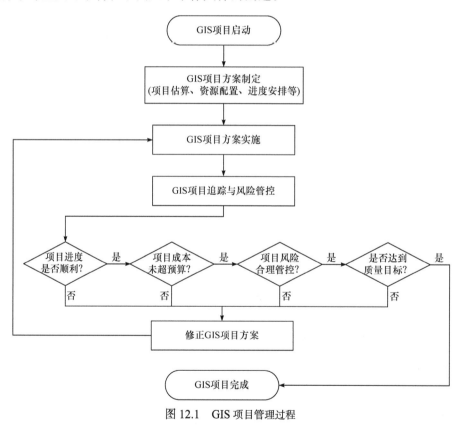

图 12.1　GIS 项目管理过程

第一节　GIS 项目估算

在制定 GIS 项目计划时，首先应进行 GIS 项目估算，包括资源估算、时间估算、成本估算三个方面，图 12.2 为 GIS 项目估算内容体系。

资源估算。如图 12.2 所示，人力资源估算是资源估算的关键，包括 GIS 设计和开发各个阶段所需的各种人员(系统设计师、程序员、管理人员等)配置的数量、专业技能、技术水平等。硬件资源估算主要开展系统服务器、客户端和其他硬件设备等的定型和数量确定。软件资源估算主要估算 GIS 系统分析和设计工具、开发平台及编程工具等的功能、性能和数量。

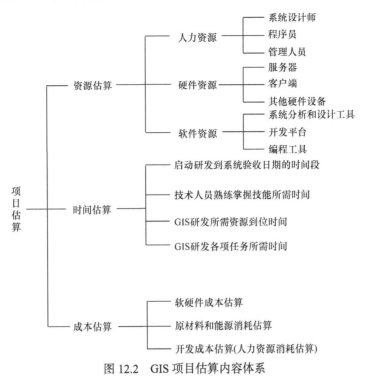

图 12.2　GIS 项目估算内容体系

时间估算。一是估算从启动研发到系统验收日期的时间段，二是估算技术人员熟练掌握技能所需时间，三是估算 GIS 研发所需资源到位时间，四是估算 GIS 研发各项任务所需时间。

成本估算。成本估算包括软硬件成本估算、原材料和能源消耗估算、开发成本估算(主要为人力资源消耗估算)。软硬件成本、原材料和能源消耗根据 GIS 研发项目需要的数量和市场价格测算。GIS 开发成本估算的方法有多种，较常用的方法有以下四种：类比估算法、分解估算法、差别估算法和经验模型法。它们的优缺点及其适用范围见表 12.1。在实际应用中，可采用多种方法进行估算，来确定成本的最佳值、期望值和悲观值等。

表 12.1　GIS 项目开发成本估算方法比较

对比项	类比估算法	分解估算法	差别估算法	经验模型法
工作方式	根据已完成的类似项目推算出新项目的总成本、总工作量、总时间	将项目分解成小任务，估算每个小任务的成本，将其累加得到项目总成本	比较新项目与已完成项目的各个子任务，类似任务按类比估算法估算	采用经验模型(如 IBM 模型、Putnam 模型等)来获得项目成本的估算值
优点	工作量小，速度快	准确性高	工作量小，准确性较高	工作量小，速度快
缺点	相似项目较难寻找，对新项目的特殊性估计不足	对小任务分解的要求高，对项目管理成本估算不足	相似的子任务较难寻找，忽略了子任务之间的联系	经验模型的选择和参数的设置对估算结果影响大
适用性	适用于与已有项目的规模和功能相似的 GIS 项目	适用于系统任务易于拆分的 GIS 研发项目	适用于与已有项目部分任务相似的 GIS 研发项目	适用于对成本估算准确性要求不高的 GIS 研发项目

第二节　　GIS 项目进度安排

GIS 项目进度安排犹如航海中的导航图，没有它，GIS 项目开发就会陷入混乱。因此，GIS 项目估算后，就要安排 GIS 项目进度。

12.2.1　GIS 项目进度安排主要影响因素

1) 系统验收与交付日期

这里的日期有两种形式：一种是 GIS 系统最终验收与交付日期已经确定，GIS 开发部门必须在规定的期限内完成；另一种只确定 GIS 系统最终验收与交付的大致年限，最后交付日期由 GIS 开发进程决定。无论哪种交付形式，进度安排的准确程度要比成本估算的准确程度更为重要。因为一旦进度安排落空，会带来很多负面影响，如市场机会丧失(有可能系统开发出来但已经过时了)、用户满意度降低和成本增加等。

2) 系统研发进度安排策略

有两种系统研发进度安排策略，一种是安排得紧张一些，似乎需投入较多的资源(主要是 GIS 设计及开发小组的人数)；另一种是安排得宽松一些，似乎这样投入的资源会少一些。

但是，从实际经验看，GIS 设计及开发小组的人数与软件生产效率是成反比的，有时人数越多，GIS 软件的生产效率反而越低。例如，许多人共同承担 GIS 开发项目时，人与人之间必须通过反复、多次交流来解决各自承担任务之间的衔接问题；这种衔接需要花费时间，有时引起软件错误的概率会显著提高。因此，对于应用型 GIS，软件设计及开发小组人数不能一概而论。

3) 任务划分和节点掌控

定义 GIS 研发任务要做到分工明确，谁在什么时间内完成什么功能不能含糊不清。定义好 GIS 研发任务后，就应做出分工表，使每个人都知道自己在什么时段必须干什么，按时完成自己的工作。

监控关键任务，掌握其起讫时间，是项目进度安排的重点，可将其重要时间节点列为里程碑。如果关键任务不能如期推进，则对后续进程影响很大。

12.2.2　GIS 项目进度安排表制定方法

在考虑影响项目进度安排各因素后，即着手制订 GIS 项目进度安排表。GIS 项目进度安排表制订方法主要有以下几种。

1. 里程碑法

里程碑法(milestone chart method)将每项任务按若干阶段来处理，每个阶段均包括任务编码、主要内容、负责团队、预期完成日期、实际完成日期等信息，看上去一目了然。但是，该方法不能清晰表达各项任务之间的关系。里程碑法如图 12.3 所示。

2. 墙纸法

墙纸法(wall paper method)系召集所有任务的参与者，共同制订项目完成和个人(团队)工作进度表。墙纸法直接对每个具体参与人员安排任务。项目参与人员需主动参与项目进度安排的制订。表 12.2 是用墙纸法表达的国土空间规划信息系统研发的进度安排。

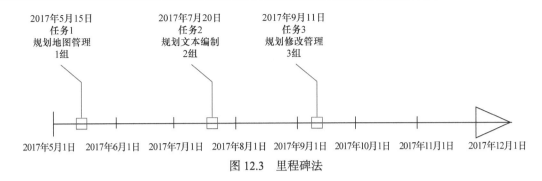

图 12.3 里程碑法

表 12.2 墙纸法

人员	时间段 1	时间段 2	时间段 3	……
人员 1	建设项目审批管理	规划修改管理	规划实施动态监测	……
人员 2	基础数据管理	规划地图管理	规划地图查询	……
人员 3	规划指标管理	年度计划指标使用情况	规划指标核减	……
⋮	⋮	⋮	⋮	⋮

3. 甘特图法

甘特图法(Gantt chart method)通过活动列表和时间刻度形象地表示出任何特定项目的活动顺序与持续时间。甘特图用水平线段表示任务的工作阶段，用垂直线表示当前的执行情况，线段的起点和终点分别表示项目的开始时间和完成时间，线段的长度表示任务完成所需要的时间。甘特图的优点是标明了各任务的计划进度和当前进度，能动态地反映软件开发进展情况，缺点是难以反映多个任务之间复杂的逻辑关系。其形式如图 12.4 所示。

ID	任务名称	开始时间	完成	持续时间	2017年		2018年							
					11月	12月	1月	2月	3月	4月	5月	6月	7月	8月
1	系统建设准备	2017年12月1日	2017年12月15日	15d		▣								
2	用户需求调查与系统分析	2017年12月16日	2018年1月15日	31d		▬								
3	系统总体设计	2018年1月16日	2018年3月31日	75d			▬	▬						
4	系统详细设计	2018年4月1日	2018年5月31日	61d						▬				
5	系统实现	2018年6月1日	2018年8月31日	92d								▬	▬	
6	⋮	⋮	⋮	⋮										

图 12.4 甘特图法

第三节 GIS项目追踪与风险管控

12.3.1 GIS项目追踪与控制

在 GIS 项目管理中，只顾项目的实施，而不进行追踪和控制是不行的，因为实际情况时刻都在变化。

GIS 项目追踪的方法有以下四种：①定期或不定期举行项目进展会议，每一位项目成员报告自己的进展和遇到的问题。②评价在 GIS 软件工程中产生的所有评审结果。③比较在 GIS 项目资源表中所列出的每一个项目任务的实际开始结束时间和计划开始结束时间。④与开发人员交谈，了解他们对 GIS 开发进展和出现问题的客观评价。

GIS 项目管理人员还要加强对 GIS 项目资源的管理和实施过程的控制。如果项目进行得顺利，这种控制可以保持。但当出现问题时，GIS 项目管理人员必须以最快的速度解决问题。例如，在出现问题时可能需要追加一些资源，人员可能要重新部署，或者项目进度表要进行调整。

12.3.2　GIS 项目风险管控

有时，GIS 开发花费了大量的时间和精力，但到系统开发出来时，发现它已过时了，或运行了很短的一段时间就不能满足需求了。为什么会出现这种现象呢？原因在于，在 GIS 项目管理过程中，没有很好地进行风险管控，或是意识到了风险而置之不理。在市场竞争白热化和技术日新月异的今天，要切实做好 GIS 项目研发中的风险管控，该 GIS 产品才能成为市场的"宠儿"。

一旦预计的风险在实际中出现时，它就转化为前进中的障碍，必须马上解决。风险控制是指风险管理者或项目管理人员采取各种措施和方法，避免或降低风险事件发生的各种可能性，或减少风险事件发生时造成的损失。需针对可能出现的风险类型和影响程度，制订相应的策略来控制风险。主要有以下三类策略。

(1) 规避策略：尽可能降低风险出现的可能性。如为规避技术进步对 GIS 研发项目造成的风险，尽可能选用先进的或主流的技术进行系统设计和开发。

(2) 最小化策略：尽可能减少风险带来的影响。如为应对用户需求变化带来的风险，可以通过充分的用户需求调查和行业领域调研，结合原型法进行系统分析和设计，减少影响。

(3) 应急策略：不可预料的情况出现或最坏的情况出现时，应当采取的策略。如因客观不可抗拒力等原因，或因用户原因导致项目无法继续实施，可协商终止项目。

在风险控制中，最好能规避风险。如果风险无法避免，就采用最小化策略，降低发生严重风险的概率。当然，还必须有成熟的应急策略，以应对可能出现的最坏情况。通过综合运用三类策略，控制和降低 GIS 研发的总体风险，确保项目顺利实施。

第四节　GIS 软件度量与质量保证体系

12.4.1　GIS 软件度量

GIS 软件度量是 GIS 项目管理的核心内容之一。在 GIS 项目管理中，管理者关心的是软件的生产效率与质量，强调的是过程和结果，因此需要对 GIS 开发活动和开发成果进行度量。广义的 GIS 软件度量包括面向人的度量、面向功能的度量和面向规模的度量，各种软件度量又包括生产率度量、质量度量、技术度量。其中，质量度量是软件度量的灵魂。下面重点介绍 GIS 软件质量度量方法。

GIS 软件质量度量方法有多种，使用最为广泛的是事后度量或验收度量。其中，验收度量是指软件交付后，检验它的正确性、可维护性、完整性和易用性，具体内容和方法见表 12.3。

表 12.3 GIS 软件度量指标与方法

度量指标	度量内容	度量方法
正确性	正确执行力和容错能力	一是从功能上看它是否出色地完成任务，二是检查每千行代码的平均差错数
完整性	系统抵抗攻击的能力	完整性 $= \Sigma(1-危险性)\times(1-安全性)$，危险性指特定类型攻击将在一定时间内发生的概率，安全性指排除特定类型攻击的概率
可维护性	纠正错误或缺陷的能力	可理解性与可测试性，可修改性与可移植性
易用性	系统的可操作性	用户学习的时间和成本，用户界面及软件体验感

12.4.2 GIS 软件质量影响因素

质量就是生命。GIS 软件质量是贯穿 GIS 软件生命周期的一个极为重要的命题，也是 GIS 开发过程中所采用的各种开发技术和验证方法的最终体现。因此，在 GIS 项目实施过程中，要特别重视 GIS 的质量保证。影响 GIS 软件质量的因素有以下几点。

(1) 软件需求。包括用户需求和业务需求。软件需求是度量软件质量的基础，不符合软件需求的 GIS 软件就是不合格的软件。

(2) 开发准则。根据各种标准(如空间数据标准、空间元数据标准、文档标准等)，定义开发准则，用来指导 GIS 开发人员采用工程化方法开发系统。如果不遵守开发准则，GIS 软件质量就得不到保证。

(3) 其他需求。实际工作中往往会有一些隐含的需求没有明确地提出来，例如，系统应具有良好的可维护性和兼容性等。

12.4.3 GIS 软件质量评价模型

GIS 软件质量模型用分层模型表达，如 McCall 软件质量评价模型。

McCall 软件质量评价模型由 McCall 于 1977 年提出，目的是在用户和开发者之间架起一座桥梁。该模型的软件质量概念建立在 11 个质量特征的基础之上，具体内容如表 12.4 所示。

表 12.4 McCall 软件质量评价模型用于 GIS 质量评价

序号	质量因素		含义
1	产品运行	正确性	GIS 满足设计规格说明及用户预期目标的程度 要求系统没有错误
2		可靠性	GIS 按要求设计 在规定时间和条件下不出故障、持续运行的程度
3		资源消耗	为了完成预定的功能，GIS 系统所需消耗的资源
4		完整性	抵御偶然的或蓄意的破坏、篡改及消息遗失的能力，系统受到攻击后能进行数据恢复
5		易用性	用户学习使用软件所需时间和成本
6	产品修正	可维护性	当环境发生变化或运行中发现新的错误，对 GIS 诊断和修改所需的工作量
7		可测试性	测试 GIS 以确保其能够执行预定功能所需的工作量

续表

序号	质量因素		含义
8	产品修正	灵活性	修改或完善一个已投入运行的软件所需的工作量
9		可移植性	将 GIS 从一个计算机环境移植到另一个环境中运行时，软件改造所需的工作量
10	产品转移	复用性	一个应用型 GIS 能用于其他应用方面的程度
11		互操作性	建立一个 GIS 和其他系统互操作接口所需的工作量

这些特征又可以分成三类，分别为产品修正、产品转移和产品运行，它们之间的关系如图 12.5 所示。

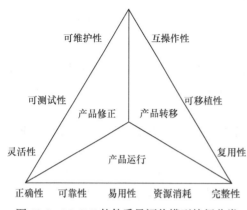

图 12.5　McCall 软件质量评价模型特征分类

在 GIS 项目管理中，面向产品运行的质量特征是最重要的，面向产品转移、产品修正的质量特征次之。从一定意义上说，面向产品运行的质量特征是其他两种质量特征的基础。

软件质量特征之间、质量子特征之间存在竞争和互补的关系。即对一个质量特征要求高了，另一个质量特征可能会降低；同时，一个质量特征的提高也可能有助于另一个质量特征的提高。因此，在进行 GIS 软件质量评价时，必须考虑重点和利弊，全面权衡，根据质量需求，合理地选择质量特征，并对它们做出适当的评价。

12.4.4　GIS 软件质量保证体系

GIS 软件质量保证体系是在 GIS 设计的各个阶段(系统定义、系统总体设计、系统详细设计、地理数据库设计、地理模型库设计、系统实施、系统测试与评价、系统维护等)、各个部门(用户、系统设计组、系统开发组、系统测评组等)进行的与质量有关的各项活动的总称，包括设定软件质量目标、明确各阶段度量的对象、确定评价的准则和质量目标实现方法、实施软件质量评价、根据评价结果完善 GIS 软件等。

GIS 软件质量保证体系描述了 GIS 软件质量保证的一般过程，包括以下六个阶段(图 12.6)：①设定软件质量目标。明确软件质量需求及设定软件质量标准，软件质量需求指软件是否满足了用户的要求，软件质量标准指开发者在设计实现时是否按照软件质量需求保证了质量。②明确各阶段评价对象。根据设定的软件质量目标，明确 GIS 软件设计与实现各阶段质量评价的对象。③设定质量评价准则。明确各阶段质量特征及应达到的要求，明确质量责任和评价方法。④进行 GIS 软件的设计与实现。按照软件质量要求进行 GIS 软件设计与实现，或根据软件质量改善建议改进 GIS 软件设计与实现过程。⑤GIS 软件质量评价。依照③设定的质量评价准则对 GIS 软件质量进行评价，并将评价结果与质量目标对比，评判其是否达到质量目标。⑥软件质量改善建议。根据 GIS 软件质量评价结果，提出软件质量改善建议，指导修正 GIS 设计和实现各阶段的问题，直到 GIS 软件质量达到质量目标。

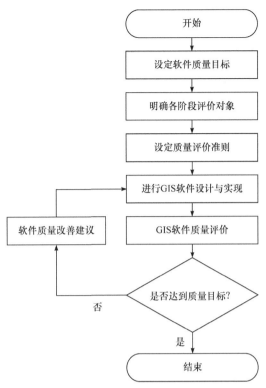

图 12.6 GIS 软件质量保证的一般过程

第五节 GIS 项目管理与质量保证报告

GIS 项目管理与质量保证报告体例如图 12.7 所示。

```
1  引言
   1.1  编写目的(阐明编写目的，指明用户对象)
   1.2  定义(术语的定义)
   1.3  参考资料(引用的资料、标准和规范)
2  GIS 项目估算
   2.1  资源估算
   2.2  时间估算
   2.3  成本估算
3  GIS 项目进度安排
   3.1  系统研发进度安排策略
   3.2  任务划分
   3.3  关键任务识别
   3.4  项目进度安排表制订
4  GIS 项目追踪与风险管控
   4.1  GIS 项目追踪与控制
   4.2  GIS 项目风险管控
5  GIS 软件度量与质量保证体系
   5.1  软件质量目标
   5.2  质量评价对象
   5.3  软件质量评价准则
   5.4  GIS 软件质量评价
   5.5  软件质量改善建议
6  结论
```

图 12.7 GIS 项目管理与质量保证报告

思　考　题

1. GIS 项目估算内容有哪些?
2. GIS 项目进度安排表的制定方法有哪些?
3. GIS 项目风险管控的策略有哪些?
4. GIS 软件度量包括哪些内容?
5. 影响 GIS 软件质量的主要因素有哪些?
6. McCall 软件质量评价模型包括哪些质量特征?
7. 简述 GIS 软件质量保证的一般过程。

第十三章 国土空间规划信息系统设计与实现

第一节 系统建设背景

2019 年 5 月 10 日,《中共中央 国务院关于建立国土空间规划体系并监督实施的若干意见》(中发〔2019〕18 号)(简称《意见》)提出,要做好国土空间规划体系顶层设计,发挥国土空间规划在国家规划体系中的基础性作用,为国家发展规划落地实施提供空间保障。健全国土空间开发保护制度,实现国土空间开发保护更高质量、更有效率、更加公平、更可持续。《意见》指出以国土空间基础信息平台为底板,结合各级各类国土空间规划编制,完成县级以上国土空间基础信息平台建设,实现主体功能区战略和各类空间管控要素精准落地,最终逐步形成全国国土空间规划"一张图",建立健全国土空间规划动态监测评估预警和实施监管机制。

2019 年 5 月 28 日,《自然资源部关于全面开展国土空间规划工作的通知》对国土空间规划各项工作进行了全面部署,全面启动国土空间规划编制审批和实施管理工作,要求着手搭建从国家到市县级的国土空间规划信息系统,形成覆盖全国、动态更新、权威统一的国土空间规划"一张图"。2019 年 11 月,自然资源部发布《自然资源部信息化建设总体方案》提出,构建以数字化、网络化和智能化为支撑的"互联网 + 自然资源政务服务"体系,建立国土空间规划信息系统,实现国土空间规划辅助编制、成果核对和审批、国土空间用途管制支撑和资源环境承载能力监测预警,对国土空间规划实施情况开展长期监测、年度体检、定期评估和及时预警,有效支撑国土空间规划编制、核查、审批、实施、监测评估预警全过程,全面提升国土空间治理体系和治理能力现代化水平。2020 年 8 月,自然资源部《市级国土空间总体规划编制指南(试行)》明确提出,基于国土空间基础信息平台同步建设国土空间规划信息系统,为城市体检评估和规划全生命周期管理奠定基础。

国土空间规划信息系统(territory spatial planning information system, TSPIS)是根据国土空间规划的数据管理、规划编制、成果审查、规划实施、动态评估、监测预警、查询统计等方面的业务内容和应用需求,建立的集 GIS、办公自动化(OA)和决策支持(decision support, DS)于一体的专题信息系统,为国土空间规划的信息化管理和动态监管提供支撑。本章以国土空间规划信息系统为例,完整阐述系统定义、系统总体设计、系统详细设计、规划数据库详细设计、规划模型库详细设计等系统设计过程。

第二节 系 统 定 义

13.2.1 现状调查与需求分析

通过需求调查,调查 TSPIS 的建设目标、业务功能、工作流程、数据现状、现有系统等基本情况,经过整理分析形成系统定义初步成果。在此基础上,征求用户意见,研究 TSPIS 建设的可行性。

1. 系统功能要求

(1) TSPIS 需要包含基础数据和规划成果的管理，提供现状基数转换功能。

(2) TSPIS 需提供资源环境承载能力评价、国土空间开发适宜性评价、国土空间利用质量评价、国土空间风险评估等功能模块。

(3) TSPIS 需要辅助业务人员开展三条控制线划定、规划分区和城市控制线划定等工作。

(4) TSPIS 提供用地供需平衡分析、国土空间格局优化、国土空间用途规划、基础设施体系规划、规划成果生成、规划方案评价、规划成果审查等功能。

(5) TSPIS 能按照国土空间规划的要求，辅助规划管理人员进行国土空间用途管制、建设项目审批管理、国土空间生态修复、国土空间综合整治、规划指标管理、规划修改管理等规划实施管理工作。

(6) TSPIS 可以对土地利用变化、耕地质量、生态用地保护、国土开发强度、重大项目等进行动态监测，并及时反馈给管理人员。

(7) TSPIS 能辅助规划人员开展国土空间开发保护现状评估和国土空间规划城市体检评估等工作。

(8) TSPIS 能分析经济社会统计数据的变化趋势及区域差异，可查询国土空间利用现状和进行历史分析，统计分析建设项目审批和规划指标执行情况，并且可以方便地查询规划成果。

(9) TSPIS 需包含地图浏览与编辑、专题地图编制、空间查询与量算、空间分析等基础功能，方便其他模块调用，并提供地理大数据云服务功能支撑。

(10) TSPIS 需及时公开规划成果，征求公众对规划成果的意见。

(11) TSPIS 的数据库设计应参照现行地理数据库建设标准和国土空间规划相关行业规范，以满足数据共享的需求。

(12) 为保障 TSPIS 安全，对不同身份的用户设置不同的角色和对应的权限。每个用户只能进入各自权限内的功能模块，只能对有权限的数据进行相应级别的数据操作，如浏览、修改、添加和删除等。

2. 系统性能要求

1) 界面友好，操作方便

TSPIS 要有良好的人机交户界面，界面风格应符合国土空间规划业务办理的需求和操作人员的习惯等特点，按业务类型和工作环节来进行系统界面布局。功能设计从实用的角度出发，做到形象直观、操作方便。操作流程应尽可能地简单实用，尽量把复杂的功能简化，并提供完善的联机帮助。

2) 系统安全性高

TSPIS 应能安全、稳定运行，具有灵活、方便、有效的身份认证机制和授权管理机制，保证操作的可控性；具有数据保密、数据备份与恢复机制，确保突发事件后能迅速恢复各项信息服务；具有完善的安全管理保障体系，以便指导安全建设的实施。

3) 数据处理精度高

TSPIS 提供数据有效性检验功能，为业务数据设置合理的值域，对不合理的输入数据给出提示。同时，功能模块中所用到的模型算法的精度应符合应用需求，以保证结果的准确性。

4) 系统运行效率高

TSPIS 需要具有较高的运行效率，能快速地响应处理请求。在进行数据处理时，不会对系统资源产生过度消耗。

5) 系统兼容性强

TSPIS 能够兼容 Windows 8 及以上操作系统版本、ArcGIS 10.2 及以上专业 GIS 软件等运行环境，支持大规模业务应用，在多用户、大数据环境下能正常运转。

13.2.2 业务功能分析

考虑到系统涉及的业务繁多、关系复杂，TSPIS 采用"自上向下、逐步求精"的结构化分析方法定义系统，以便厘清规划业务关系，明确业务职能，建立科学的业务流程。

TSPIS 结构化系统定义步骤如下。

第一步，确定系统主体业务。通过调查分析，确定国土空间规划信息系统涉及的业务，包括规划"一张图"管理、国土空间评价、规划控制线划定、规划辅助编制、规划实施管理、规划监测预警、规划动态评估、综合统计分析、国土空间分析、规划公众参与等方面(图 13.1)。

第二步，主体业务细化至最小职能单元。国土空间规划业务从上向下，逐层细化后，各业务之间无论是纵向关系还是横向关系都很明确，脉络清晰。例如，业务"规划实施管理"可以分为六个子业务"国土空间用途管制""建设项目审批管理""国土空间生态修复""国土空间综合整治""规划指标管理""规划修改管理"；而"建设项目审批管理"子业务又可分为"建设项目用地选址""建设项目用地审批""建设项目用地跟踪监管""耕地占补平衡"等更小的业务。

第三步，详细调查各职能单元，绘制每个职能单元的业务处理流程图。图 13.2 表达了 TSPIS 一个职能单元"建设项目用地审批"的业务流程图。

第四步，用数据流图表达系统的逻辑功能、数据的逻辑流向。

顶层：国土空间规划信息系统通过空间数据库和业务数据库存取空间数据和业务数据，数据经过国土空间规划信息系统的处理和加工，流向规划业务员、窗口接件员、公众、用地监察员和土地利用业务员等外部实体。其中，规划业务员和窗口接件员在接收数据的同时可以实现数据的输入(图 13.3)。

第 1 层：根据用户需求调查结果，国土空间规划信息系统必须涵盖规划"一张图"管理、国土空间评价、规划控制线划定、规划辅助编制、规划实施管理、规划监测预警、规划动态评估、综合统计分析、国土空间分析、规划公众参与等业务功能。图 13.4 列出了系统中各个业务功能的外部实体，包括规划业务员、用地监察员、窗口接件员、耕保业务员、土地利用业务员和公众。各个外部实体调用对应的业务功能，业务功能又调用空间数据库和业务数据库。

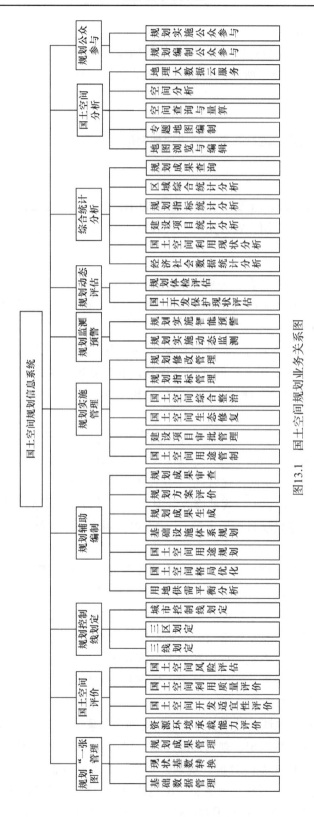

图13.1　国土空间规划业务关系图

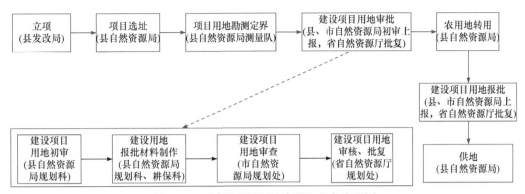

图 13.2　"建设项目用地审批"业务流程图

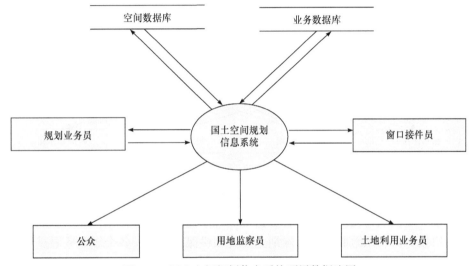

图 13.3　国土空间规划信息系统顶层数据流图

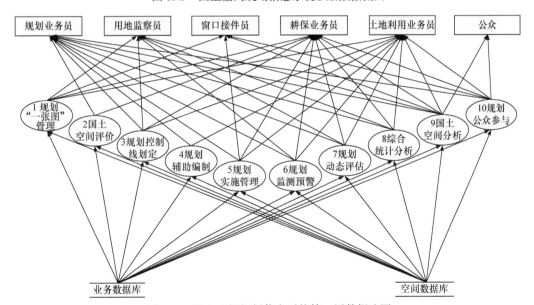

图 13.4　国土空间规划信息系统第 1 层数据流图

第 2 层：规划实施管理功能从业务划分的角度可以划分为国土空间用途管制、建设项目审批管理、国土空间生态修复、国土空间综合整治、规划指标管理和规划修改管理六个子业务(图 13.5)。该业务的外部实体细化为窗口接件员、用地监察员、规划业务员和耕保业务员，其中，用地监察员由第 1 层数据流图中土地利用业务员细化而来。各个子业务通过调用空间数据库和业务数据库将数据传输给需要的外部实体。

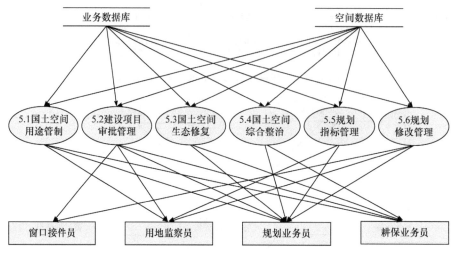

图 13.5　国土空间规划信息系统第 2 层数据流图

第 3 层：建设项目审批管理功能从业务划分的角度可以划分为建设项目用地选址、建设项目用地审批、建设项目用地跟踪监管和耕地占补平衡四个子业务(图 13.6)。该业务的外部实体包括窗口接件员、用地监察员、规划业务员和耕保业务员。各个子业务通过调用空间数据库和业务数据库将数据传输给需要的外部实体。

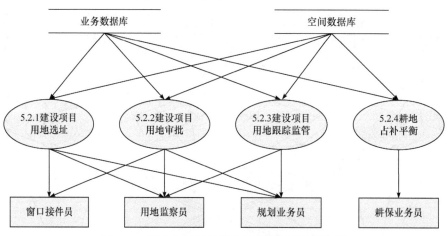

图 13.6　国土空间规划信息系统第 3 层数据流图

第 4 层：建设项目用地跟踪监管功能从业务处理流程角度将其划分为项目实际用地范围输入、监测预警和监测结果制图(图 13.7)。规划业务员输入项目实际用地范围，系统依次执行各项业务功能，最后通过监测结果制图功能将监测结果数据传输给用地监察员。

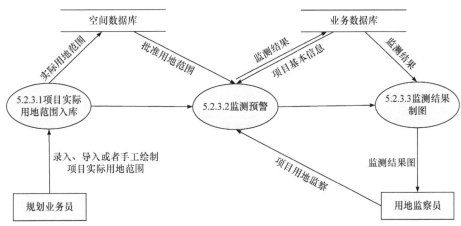

图 13.7　国土空间规划信息系统第 4 层数据流图

第三节　系统总体设计

TSPIS 总体设计，基于系统定义成果确定系统总体结构与硬软件配置，进行系统功能模块划分，设计规划数据库与模型库总体结构。

13.3.1　系统架构设计

TSPIS 采用 Microsoft Visual Studio、Java SDK、Android SDK，结合 ArcGIS Engine、Portal for ArcGIS、ArcGIS 私有云管理套件、PostgreSQL 及 Microsoft Office 进行开发集成，并采用私有云 GIS 架构，自然资源部门内部在局域网系统的客户端上运行国土空间规划信息系统办理业务。交通、水利等其他部门通过内网直接获取相关的规划数据，并存储在地方私有云服务器中，相关人员可通过局域网访问云端以便快速处理各项业务。公众可通过互联网在业务大厅公众服务终端、网页浏览器或手机客户端上查询国土空间规划信息，并能通过公众参与模块参与相关规划编制和规划实施监督。基础数据和规划成果存储在私有云上，公众访问的信息则由专门的应用服务器提供服务。整个系统由数据库、主机、硬盘存储、网络设备等作为私有云 GIS 的基础设施，以及多个客户端的计算机作为操作设备，组成计算机局域网内的私有云 GIS 架构系统，外网与私有云、政务网之间通过防火墙隔离(图 13.8)。

TSPIS 按三层模型即分为私有云 GIS 服务层、应用层、客户层。

私有云 GIS 服务层：包括基础设施层、资源池层、数据资源层、服务平台层。其中基础设施层由云服务器、计算机、网络设备等构成，为私有云 GIS 提供基础设施环境；资源池层完成 ArcGIS 镜像库、实例监控、弹性调整、资源统计等内容的建设，负责云计算过程中的资源分配、GIS 对象实例化等；数据资源层实现基础地理数据与规划成果数据在云端的存储；服务平台层将云计算、云处理的内容以服务的方式向应用层进行提供，使得应用层能够调用实现国土空间规划信息系统主体业务的逻辑控制。

应用层：把私有云 GIS 服务层与客户层连接起来，调用私有云 GIS 服务层提供的服务，实现国土空间规划信息系统主体业务的逻辑控制，提供给客户层使用，以减少客户端程序的大小和复杂性。主体业务的逻辑控制中涉及的数据存储、管理、操作等均在私有云 GIS 服务层中实现。

客户层：自然资源部门通过 TSPIS 客户端程序，提供系统的用户界面和数据操作模块；公众通过 IE、Edge、Chrome 等常用浏览器以及手机客户端，访问规划公众参与模块。

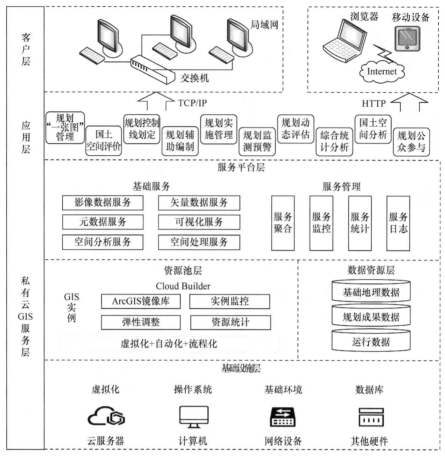

图 13.8　系统架构图

13.3.2　系统硬软件配置方案

1. 网络和硬件配置方案

从网络设备投资及维护成本、技术先进性与稳定性、应用系统的开发难易程度等诸多方面考虑，TSPIS 实行内网和外网分开建设的模式。内网是实现自然资源部门内信息交换的行政管理和工作网络，TSPIS 内网架构基于 1000M 以太网技术，网络结构采用星形拓扑结构。网络中心设置配备一台高性能主干交换机，通过双绞线和光纤与各节点相连，各办公室采用智能网络集线器(hub)与外部相连，从而实现联网操作、实时响应、动态管理。各办公室可以独立配备多个客户端的计算机作为操作设备，也可以全网共享绘图仪与打印机等设备。外网是实现对外信息交换和信息发布的网络，公众通过 IE、Edge、Chrome 等常用浏览器以及手机客户端，访问规划公众参与模块。

在内网上，以数据库、主机、网络、存储等基础设施建立私有云，其主要目的是利用云存储实现数据的云端存储，利用云处理实现数据的快速计算，同时能够将数据的操作、存储等都集中在内网的私有云中，并采用国家安全部门认证的先进的安全保密及防火墙技术，将内部局域网与互联网物理分开，在网络系统上建立起安全屏障，从而保证整个网络的安全。图 13.9 是系统网络结构图。

TSPIS 运行所需网络和硬件推荐方案如下。

服务器：配置 2 个处理器，8×32GB 内存，可配置 20 个以上的硬盘。

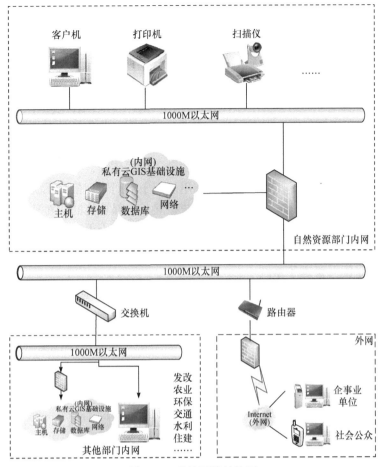

图 13.9　系统网络结构图

存储：包含 20 个以上硬盘盘位，每个硬盘盘位配置 600GB 硬盘。

交换机：支持 4.32Tbps 交换容量，8 千兆以太网端口，138Mpps 包转发率。

2. 软件环境配置方案

为确保系统稳定运行，开发人员在开发和部署应用程序时，需要使用专业的操作系统来管理这些硬件设备，并为系统配置相适应的开发环境和运行环境。

TSPIS 所需软件环境推荐方案如下。

服务器端：Windows Sever 2022、Microsoft Visual Studio 2019、.NET Framework 4.8、ArcGIS Engine 10.8、Portal for ArcGIS 10.8、ArcGIS 私有云管理套件、ASP.NET 6.0、Android 11 SDK、Java JDK 11、PostgreSQL 10.12。

开发客户端：Windows 10、Microsoft Visual Studio 2019、.NET Framework 4.8、ArcGIS Engine 10.8、Portal for ArcGIS 10.8、ArcGIS 私有云管理套件、ASP.NET 6.0、Android 11 SDK、Java JDK 11、PostgreSQL 10.12、Microsoft Office 2019、IE 11 或 Mozilla Firefox 17。

用户客户端：Windows 10、.NET Framework 4.8、ArcGIS Engine Runtime 10.8、Java JRE 11、PostgreSQL 10.12、Microsoft Office 2019、IE 11 或 Mozilla Firefox 17。

13.3.3　功能模块设计

在 TSPIS 的功能模块设计中，以国土空间规划的核心业务为主线，面向规划管理的日常工作和业务职能，划分定义各类不同的业务活动，以业务活动内容和性质为中心来组织数据和实现其相应的计算机化管理模式。

从信息系统的基本功能来看，该系统应具备国土空间规划信息数据的存储、分析、查询、统计、输出(表格、地图)、传输和管理等功能；对图形、属性数据可以输入和更新入库；对地图进行浏览(放大、缩小、漫游)；对有关地图及在图上进行几何量算(面积、长度等)；对空间信息进行空间查询与空间分析；根据用户要求进行专题图、业务统计报表制作，输出符合规范的地图、报表、文档。

在模块设计过程中，根据系统定义成果中的分层数据流图，对系统的模块进行梳理和优化，提取公共的功能模块以便其他功能模块调用。国土空间规划信息系统可以划分为十个相互独立而又互有联系的业务子系统，每个子系统按照其内部功能的相对独立性又划分为若干个模块，每个模块执行一系列相互关联的具体功能。TSPIS 十大子系统和相应的功能模块参见图 13.1。

1. 规划"一张图"管理子系统

该子系统包括基础数据管理、现状基数转换、规划成果管理等功能模块(表 13.1)。

表 13.1　规划"一张图"管理子系统功能描述

功能	功能描述
基础数据管理	基础地理数据管理，地质环境数据管理，矿产资源数据管理，经济社会统计数据管理
现状基数转换	国土空间利用现状查询，地类归并，地类细分，基数分类转换，基数转换表格制作
规划成果管理	现状数据库管理，规划数据库管理，规划地图管理，规划文档管理

2. 国土空间评价子系统

该子系统包括资源环境承载能力评价、国土空间开发适宜性评价、国土空间利用质量评价、国土空间风险评估等功能模块(表 13.2)。

表 13.2　国土空间评价子系统功能描述

功能	功能描述
资源环境承载能力评价	农业生产承载能力评价，生态保护重要性评价，城镇建设承载能力评价
国土空间开发适宜性评价	农业生产适宜性评价，城镇建设适宜性评价
国土空间利用质量评价	耕地质量评价，生态环境质量评价，建设用地集约利用评价
国土空间风险评估	地质灾害风险评估，洪涝灾害风险评估，气象灾害风险评估，生态环境风险评估，公共卫生风险评估，公共安全风险评估

3. 规划控制线划定子系统

该子系统包括三线划定、三区划定、城市控制线划定等功能模块(表 13.3)。

表 13.3 规划控制线划定子系统功能描述

功能	功能描述
三线划定	永久基本农田划定，生态保护红线划定，城镇开发边界划定
三区划定	农业空间划定，生态空间划定，城镇空间划定
城市控制线划定	历史文化保护线划定，城市蓝线划定，城市绿线划定，城市红线划定，城市黄线划定，工业控制线划定

4. 规划辅助编制子系统

该子系统包括用地供需平衡分析、国土空间格局优化、国土空间用途规划、基础设施体系规划、规划成果生成、规划方案评价、规划成果审查等功能模块(表 13.4)。

表 13.4 规划辅助编制子系统功能描述

功能	功能描述
用地供需平衡分析	经济社会发展态势分析，用地需求预测，规划用地平衡表制作，国土空间功能结构调整
国土空间格局优化	农业空间格局优化，生态空间格局优化，城镇空间格局优化，乡村空间格局优化
国土空间用途规划	规划功能分区划定，规划用途管制分区
基础设施体系规划	综合交通规划，水利设施规划，能源设施规划，市政设施规划，公共服务设施规划，防灾减灾体系规划
规划成果生成	规划数据建库，规划地图设计，规划文本辅助编制，规划说明辅助编制，专题研究报告辅助编制
规划方案评价	规划方案对比分析，规划环境影响评价
规划成果审查	合规性审查，完整性审查，逻辑性审查，一致性审查、真实性审查

5. 规划实施管理子系统

该子系统包括国土空间用途管制、建设项目审批管理、国土空间生态修复、国土空间综合整治、规划指标管理、规划修改管理等功能模块(表 13.5)。

表 13.5 规划实施管理子系统功能描述

功能	功能描述
国土空间用途管制	耕地用途管制，林地用途管制，建设用地用途管制
建设项目审批管理	建设项目用地选址，建设项目用地审批，建设项目用地跟踪监管，耕地占补平衡
国土空间生态修复	生态问题识别，河湖湿地修复，山林绿地修复，工业用地修复
国土空间综合整治	未利用地开发，工矿废弃地复垦，国土综合整治，高标准农田建设，城乡建设用地增减挂钩，城市更新
规划指标管理	规划指标核减，年度计划指标管理
规划修改管理	规划修改方案编制，规划修改回溯，规划修改审批

6. 规划监测预警子系统

该子系统包括规划实施动态监测、规划实施智能预警等功能模块(表 13.6)。

表 13.6　规划监测预警子系统功能描述

功能	功能描述
规划实施动态监测	土地利用变化监测,耕地质量监测,生态用地保护监测,国土开发强度监测,规划实施跟踪监测,重大项目实施监测
规划实施智能预警	耕地保护预警,建设用地规模预警,资源环境承载能力预警

7. 规划动态评估子系统

该子系统包括国土开发保护现状评估、规划体检评估等功能模块(表 13.7)。

表 13.7　规划动态评估子系统功能描述

功能	功能描述
国土开发保护现状评估	底线管控评估,结构效率评估,生活品质评估,绩效评估
规划体检评估	城市年度体检,规划实施阶段性评估

8. 综合统计分析子系统

该子系统包括经济社会数据统计分析、国土空间利用现状分析、建设项目统计分析、规划指标统计分析、区域综合统计分析、规划成果查询等功能模块(表 13.8)。

表 13.8　综合统计分析子系统功能描述

功能	功能描述
经济社会数据统计分析	变化趋势分析,区域对比分析
国土空间利用现状分析	国土空间利用现状查询,国土空间利用历史分析
建设项目统计分析	历年建设项目统计,建设项目分类统计,年度建设占地统计
规划指标统计分析	规划指标使用情况统计,剩余指标统计分析,年度计划指标使用情况统计
区域综合统计分析	区域地类面积统计,区域新增建设项目统计,区域可供建设用地统计
规划成果查询	规划数据库查询,规划地图查询,规划文本查询,专题研究查询

9. 国土空间分析子系统

该子系统包括地图浏览与编辑、专题地图编制、空间查询与量算、空间分析、地理大数据云服务等功能模块(表 13.9)。

表 13.9　国土空间分析子系统功能描述

功能	功能描述
地图浏览与编辑	地理数据浏览,地理数据编辑,地图综合
专题地图编制	模板自助制图,标准分幅图制作,地图输出

续表

功能	功能描述
空间查询与量算	属性查询，范围查询，距离量算，面积量算，区域地类面积统计
空间分析	空间叠置分析，缓冲区分析，邻近分析，热点分析，核密度分析，空间聚类
地理大数据云服务	地理信息发布，在线制图，地理大数据可视化

10. 规划公众参与子系统

该子系统包括规划编制公众参与、规划实施公众参与(表 13.10)。

表 13.10　规划公众参与子系统功能描述

功能	功能描述
规划编制公众参与	规划建言献策，规划成果征求意见，规划成果公开
规划实施公众参与	建设项目选址公示，建设项目规划方案公示，建设项目审批进度查询，建设项目竣工验收公示，规划修改公示

13.3.4　规划数据库总体设计

总体设计阶段不仅要进行系统的模块划分，还要进行系统的数据结构设计。TSPIS 中的地理数据主要包括规划成果数据、国土空间利用现状数据、规划实施管理数据、动态监管数据、分析评价数据等。

1) 空间数学基础

平面坐标参考系采用 2000 国家大地坐标系；高程系统采用 1985 国家高程基准；空间数据使用 3°分带高斯-克吕格投影；数据主比例尺为 1∶2000∼1∶10000。

为了规划编制工作需要，地方可采用独立坐标系。在进行数据共享时，需统一转换为 2000 国家大地坐标系。

2) 数据库内容

根据相关行业规范，国土空间规划信息系统包括基础地理信息要素和土地信息要素。基础地理信息要素主要包括基础地理要素、国土空间利用现状要素、规划成果要素、规划实施要素、动态监管要素、分析评价要素等。各类要素的分层、命名、属性、编码尽可能采用相关行业标准。

3) 数据库概念设计

确定 TSPIS 中的实体、实体属性和实体间的联系。图 13.10 是国土空间规划信息系统部分实体及其关系的 E-R 模型示意图。

13.3.5　规划模型库总体设计

总体设计阶段不仅要进行系统的模块划分和规划数据库总体设计，还要进行系统的规划模型库设计。TSPIS 系统中的模型库主要包括规划辅助编制、规划成果管理、规划跟踪监测、规划动态评估等应用模型库，各个应用模型库还包含各种基础模型库。在规划模型库总体设计时，需要确定模型库的总体架构和规范。

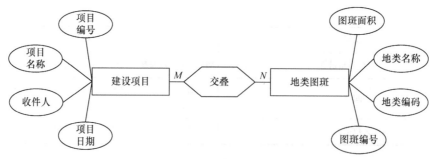

图 13.10 E-R 模型图示意图

1) 规划模型库架构

TSPIS 规划模型库包括应用模型库和基础模型库,两者在逻辑上是一个相对独立的整体。系统的模型库具有较高的封装性,模型库内部的组织和操作方式对外是不透明的。模型库管理系统通过模型字典实现模型库的维护和管理,具体操作包括模型的添加、修改、删除和查询等(图 13.11)。

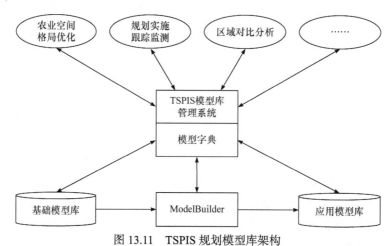

图 13.11 TSPIS 规划模型库架构

2) 规划模型库规范

TSPIS 规划模型库建模过程需符合 ModelBuilder 的建模要求,最终建立的模型以 tbx 格式存储。为了方便人员的使用和管理,模型需有必要的说明文档,如模型名称、功能描述等信息。模型需要留有数据接口,以便模型库管理系统通过接口调用模型。系统模型库界面需简洁、美观,界面风格符合 TSPIS 的整体风格。

第四节 系统详细设计

TSPIS 的系统详细设计主要包括三部分的工作:软件系统功能模块详细设计,规划数据库详细设计和规划模型库详细设计。这部分采用结构化程序设计方法,也就是"自上向下、逐步求精"的设计方法。

13.4.1 软件系统功能模块详细设计

根据总体设计阶段的成果,TSPIS 系统分为十个功能模块,分别为规划"一张图"管理、国土空间评价、规划控制线划定、规划辅助编制、规划实施管理、规划监测预警、规划动态评估、综合统计分析、国土空间分析、规划公众参与。详细设计阶段的任务主要是给出这些功能模块的具体流程和实现算法，包括模块具体实现方案的制定以及模块的界面形式。图 13.12 是规划实施管理主界面草图，规划实施管理还分为国土空间用途管制、建设项目审批管理、国土空间生态修复、国土空间综合整治、规划指标管理、规划修改管理。下面以建设项目审批管理中几个按钮的功能和算法设计为例说明该模块的详细设计情况。

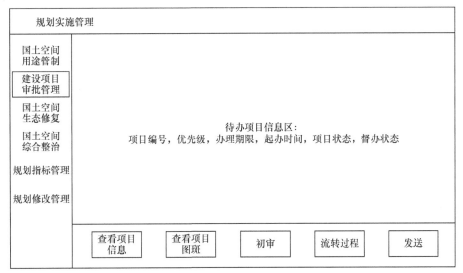

图 13.12　规划实施管理主界面草图

查看项目信息：当用户选中一条记录，即一个项目时，点击"接收"按钮，显示该项目的详细信息。

查看项目图斑：当用户选中一条记录时，点击"接收"按钮，则将项目状态从待办改写为在办。

初审：当用户选中一条记录时，双击或者点击"办案"按钮，则自动打开该项目所在流程和环节的办案界面，进行办案。具体算法流程(图 13.13)如下：获取建设项目实际用地范围和批准项目编号 ItemID。根据建设项目编号在数据库中检索批准用地范围，将建设项目实际用地范围与批准用地范围进行叠加分析，统计超出批准用地范围的面积，并与阈值比较。如果超出阈值，则生成违法用地图斑并计算面积，最后把项目状态更新为"未按批准用地范围建设"；如果未超出阈值，则把项目状态更新为"按批准用地范围建设"。

流转过程：显示项目办案流程基本信息和目前项目所处的办案状态。

发送：当一个项目处在结案状态时，用户可以通过点击界面上的"发送"按钮，将项目发送到下一个环节的用户，具体算法流程(图 13.14)如下：获取项目流转表中当前角色代码 RoleID、当前流程代码 FlowID、当前环节代码 TacheID 和当前环节位置 iPos。项目要进入下一环节，所以 iPos 自增 1，并通过 iPos 和流程代码 FlowID 找到下一个环节代码 NTacheID。如果没找到，则提示"流程已结束"，否则继续流程。若项目为多条记录则遍历所有记录，并设置其角色代码、环节代码、环节相对位置、督办时间和起办时间，然后从项目流转表中搜索记录，同时更新项目状态为"等待"，最后将经办人设置为当前用户名，设置项目状态为"待办"，起办时间为当前系统时间，已用天数为 0，并提示"发送成功"，结束流程。

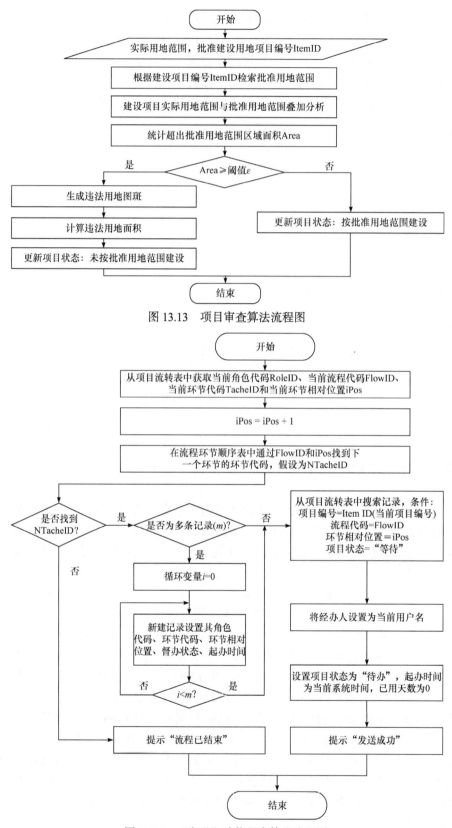

图 13.13　项目审查算法流程图

图 13.14　"发送"功能程序算法流程图

13.4.2 规划数据库详细设计

在 TSPIS 详细设计阶段，要将总体设计阶段的概念模型转换为数据库逻辑模型，同时设计系统的属性数据表、确定表的关系和关键字，并设计数据定义语言等。

1. 数据库逻辑模型设计

该系统采用关系型数据库管理系统进行地理数据管理。因此，地理数据库详细设计需要将需求分析产生的数据模型按照关系模型的要求进行规范化和标准化的设计，包括实体、实体关系以及关键字的设计等。如图 13.15 是以实体"规划实施管理"为例说明如何从概念模型(E-R 模型)中的实体、实体关系转换为关系模型中的表之间的关系，然后进一步转换为物理模型的表之间的关系。图 13.15 是对应图 13.10 概念模型映射得到的关系模型。

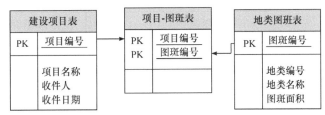

图 13.15 数据库关系模型图示例

2. 数据表和工作图层的命名规则

表格和工作图层的名称均用英文字母(大写)表示，由前缀和后缀两部分组成。其中，前缀为图层所属业务流程的业务名称缩写，如前缀"XZYDYH"表示"现状用地用海"图层。表的后缀，由表名的每个字的汉语拼音第一个字母组成。工作图层的后缀为图层性质，分为三种：在办(ZB)、通过(TG)和不通过(BTG)。如预审阶段的图层命名，业务名称缩写为"JYYS"，则接件时的工作图层名称为"JYYS_ZB"，预审完了通过的输出图层名称为"JYYS_TG"，不通过的输出图层名称为"JYYS_BTG"。若业务流程中有多个工作模块，可在前缀和后缀之间加上工作模块名缩写，它们之间用下划线连接。

3. 空间数据分层

各类要素图层的命名、数据表的属性、属性字段值的编码尽可能采用相关行业标准。表 13.11 是国土空间总体规划数据库图层定义，表中对空间数据的图层分类、图层名称、几何特征、属性表名和约束条件进行了定义。

表 13.11 规划工作图层定义

序号	图层分类	图层名称	几何特征	属性表名	约束条件
1	境界与行政区	市级行政区	面	XZQDS	M
2		县级行政区	面	XZQXS	M
3		乡镇级行政区	面	XZQXZ	C
4	分析评价	生态保护重要性评价结果	面	STBHZYXPJJG	M
5		农业生产适宜性评价结果	面	NYSCSYXPJJG	M
6		城镇建设适宜性评价结果	面	CZJSSYXPJJG	M
7		生态系统服务功能重要性分布	面	STXTFWGNZYXFB	O
8		生态脆弱性分布	面	STCRXFB	O

续表

序号	图层分类	图层名称	几何特征	属性表名	约束条件
9	基期年现状	现状用地用海	面	XZYDYH	M
10		现状自然保护地分布	面	XZZRBHDFB	C
11		现状历史文化遗存分布	点	XZLSWHYCFB	C
12		现状自然灾害风险分布	面	XZZRZHFXFB	C
13		城区范围	面	CQFW	C
14		城区实体地域	面	CQSTDY	C
15	目标年规划	主体功能分区	面	ZTGNFQ	M
16		生态保护红线	面	STBHHX	M
17		永久基本农田	面	YJJBNT	M
18		城镇开发边界	面	CZKFBJ	M
19		天然林	面	TRL	C
20		生态公益林	面	STGYL	C
21		湿地	面	SD	C
22		基本草原	面	JBCY	C
23		河湖岸线	线	HHAX	C
24		海岸线	线	HAX	C
25		历史文化保护线	面	LSWHBHX	C
26		矿产资源控制线	面	KCZYKZX	C
27		洪涝风险控制线	面	HLFXKZX	C
28		生态系统(面)	面	STXTM	C
29		生态廊道	线	STLD	O
30		自然保护地	面	ZRBHD	C
31		风景名胜区	面	FJMSQ	C
32		农业生产空间布局(面)	面	NYSCKJBJM	C
33		永久基本农田储备区	面	YJJBNTCBQ	M
34		耕地质量等级分区	面	GDZLDJFQ	O
35		城镇体系(点)	点	CZTXD	C
36		城镇产业空间布局(面)	面	CZCYKJBJM	C
37		规划分区	面	GHFQ	M
38		海域保护利用	面	HYBHLY	C
39		海岛保护利用	点	HDBHLY	C
40		世界遗产	面	SJYC	C
41		国家文化公园	面	GJWHGY	C
42		文化生态保护区	面	WHSTBHQ	C

续表

序号	图层分类	图层名称	几何特征	属性表名	约束条件
43		历史文化名城	面	LSWHMC	C
44		历史文化名镇	面	LSWHMZ	C
45		历史文化名村	面	LSWHMCUN	C
46		历史城区	面	LSCQ	C
47		历史文化街区	面	LSWHJQ	C
48		历史建筑(点)	点	LSJZD	C
49		历史建筑(面)	面	LSJZM	C
50		文物保护单位(点)	点	WWBHDWD	C
51		文物保护单位(面)	面	WWBHDWM	C
52		传统村落	面	CTCL	C
53		防灾减灾设施(点)	点	FZJZSSD	M
54		防灾减灾设施(线)	线	FZJZSSX	O
55		防灾减灾设施(面)	面	FZJZSSM	O
56	目标年规划	重大交通基础设施(点)	点	ZDJTJCSSD	M
57		重大交通基础设施(线)	线	ZDJTJCSSX	M
58		重大交通基础设施(面)	面	ZDJTJCSSM	O
59		重大基础设施(点)	点	ZDJCSSD	M
60		重大基础设施(线)	线	ZDJCSSX	O
61		重大基础设施(面)	面	ZDJCSSM	O
62		生态修复和国土综合整治重大工程(点)	点	STXFHGTZHZZZDGCD	O
63		生态修复和国土综合整治重大工程(线)	线	STXFHGTZHZZZDGCX	O
64		生态修复和国土综合整治重大工程(面)	面	STXFHGTZHZZZDGCM	M
65		分区规划单元	面	FQGHDY	C
66		近期重大项目(点)	点	JQZDXMD	C
67		近期重大项目(线)	线	JQZDXMX	C
68		近期重大项目(面)	面	JQZDXMM	O

注：①约束条件取值包括 M(必选)、O(可选)、C(条件必选)，其中，条件必选为地方具有该内容的编制成果。②当 O(可选)、C(条件必选)图层中有数据时，其属性填写要符合属性数据结构的要求。

4. 属性数据表结构

TSPIS 的属性数据主要是指规划业务处理过程中产生的国土空间规划工作表数据以及管理数据，其设计包括确定其命名规则，并确定属性表的字段、表关系以及主键、外键等。表 13.12 是规划分区属性结构描述表。表 13.13 是规划分区代码表。

表 13.12　规划分区属性结构描述表(属性表名：GHFQ)

序号	字段名称	字段代码	字段类型	字段长度	小数位数	值域	约束条件	备注
1	标识码	BSM	Char	18			M	
2	要素代码	YSDM	Char	10			M	
3	行政区代码	XZQDM	Char	12			M	
4	行政区名称	XZQMC	Char	100			M	
5	规划分区代码	GHFQDM	Char	3		见表 13.13	M	见注
6	规划分区名称	GHFQMC	Char	50		见表 13.13	M	见注
7	面积	MJ	Float	15	2	>0	M	单位：m²
8	管控要求	GKYQ	Char	255			O	
9	备注	BZ	Char	255			O	

注：规划分区代码、规划分区名称支持填写一级分区或二级分区。

表 13.13　规划分区代码表

规划分区代码	规划分区名称(一级分区)	规划分区名称(二级分区)
100	生态保护区	
200	生态控制区	
300	农田保护区	
400	城镇发展区	
410		城镇集中建设区
411		居住生活区
412		综合服务区
413		商业商务区
414		工业发展区
415		物流仓储区
416		绿地休闲区
417		交通枢纽区
418		战略预留区
420		城镇弹性发展区
430		特别用途区
500	乡村发展区	
510		村庄建设区
520		一般农业区
530		林业发展区
540		牧业发展区

续表

规划分区代码	规划分区名称(一级分区)	规划分区名称(二级分区)
600	海洋发展区	
610		渔业用海区
620		交通运输用海区
630		工矿通信用海区
640		游憩用海区
650		特殊利用区
660		海洋预留区
700	矿产能源发展区	

　　表中字段名的命名也采用英文(大写)来表示。由字段中文名中每个字的汉语拼音首字母组成，有的字段中文名太长，则取部分文字；若字段由几部分组成，则用下划线连接。例如，表"建设项目用地预审审批表"中的字段"项目编号"，它的名称为"XMBH"。

5. 规划实施管理数据表结构

　　以规划修改管理功能为例，该数据库主要内容包括规划方案修改编制、历史回溯和修改审批。数据库逻辑结构设计包含规划修改项目信息表(GHXGGL_GHXGXMXX)(表13.14)、规划修改项目区域地类调整前后对照表(GHXGGL_DLTZDZ)(表13.15)、规划修改建设用地项目调整及占用耕地表(GHXGGL_JSYDTZ)(表13.16)、规划修改项目基本农田保护区调整情况表(GHXGGL_JBNTTZ)(表13.17)、规划修改项目材料表(GHXGGL_XMCL)(表13.18)。

表 13.14　规划修改项目信息表(GHXGGL_GHXGXMXX)

编号	字段名称	字段代码	类型	允许空	缺省值	说明
1	修改项目编号	XMBH	Char			自动生成，逐项增一
2	修改项目名称	XMMC	Char			
3	修改项目类型	XMLX	Float			城镇村建设为1，单独选址为2
4	修改项目说明	XMSM	Char			
5	申请单位	SQDW	Char			
6	申请时间	SQSJ	Date			

表 13.15　规划修改项目区域地类调整前后对照表(GHXGGL_DLTZDZ)

编号	字段名称	字段代码	类型	允许空	缺省值	说明
1	修改项目编号	XMBH	Char			
2	耕地变化	GDBH	Float		0	
3	建设用地变化	JSYDBH	Float		0	
4	未利用地变化	WLYDBH	Float		0	

表 13.16　规划修改建设用地项目调整及占用耕地表(GHXGGL_JSYDTZ)

编号	字段名称	字段代码	类型	允许空	缺省值	说明
1	调整编号	TZBH	Char			自动生成，逐项增一
2	修改项目编号	XMBH	Char			
3	建设用地变化	JSYDBH	Float		0	
4	占用耕地	ZYGD	Float		0	
5	调整说明	TZSM	Char			

表 13.17　规划修改项目基本农田保护区调整情况表(GHXGGL_JBNTTZ)

编号	字段名称	字段代码	类型	允许空	缺省值	说明
1	调整编号	TZBH	Char			自动生成，逐项增一
2	修改项目编号	XMBH	Char			
3	基本农田调整	JBNTTZ	Float		0	
4	调整说明	TZSM	Char			

表 13.18　规划修改项目材料表(GHXGGL_XMCL)

编号	字段名称	字段代码	类型	允许空	缺省值	说明
1	材料编号	CLBH	Char			自动生成，逐项增一
2	修改项目编号	XMBH	Char			
3	材料状态	CLZT	Float		1	申请为1，审查为2，相关为3
4	材料类型	CLLX	Float		1	文本材料为1，图片材料为2
5	材料内容	CLNR	Char			
6	材料说明	CLSM	Char			

13.4.3 · 规划模型库详细设计

1. 模型库管理

　　模型库管理系统是对地理模型的建立、运行和维护进行集中管理的系统，是联系应用系统与地理模型的软件工具。TSPIS 模型库管理系统将模型以 tbx 文件格式存储，通过模型字典(表 13.19)对模型文件进行管理。模型字典主要包括模型编号、模型名称、功能描述、存放位置、所需数据格式、运行环境、相关联模型、开发者、开发时间等信息。

表 13.19　模型字典的结构

模型编号	模型名称	功能描述	存放位置	所需数据格式	运行环境	相关联模型	开发者	开发时间
A001	城市商服用地分等定级模型	对栅格影像进行基于像素单元的计算,完成城市商服用地的分等定级	E:\TPSPIS\myToolbox.tbx	矢量数据栅格数据	Windows8及以上操作系统,ArcGIS10.2及以上版本	空间选址优化模型	张三	2018/11/27
A002	建设用地占用耕地的监测与预警	对建设用地进行指定范围的缓冲区分析,后与耕地进行叠加分析,如重叠则进行预警	E:\TPSPIS\myToolbox.tbx	矢量数据	Windows8及以上操作系统,ArcGIS10.2及以上版本	缓冲区模型、相交模型	李四	2018/10/22

2. 模型库设计

国土空间规划信息系统是利用计算机及 GIS 技术,结合规划管理业务建立的专业化信息系统。根据规划模型库总体设计,TSPIS 包括规划辅助编制、规划成果管理、规划跟踪监测、规划动态评估四个模型库(图 13.16)。

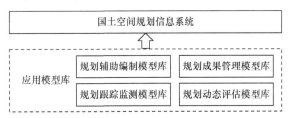

图 13.16　国土空间规划信息系统模型库

规划辅助编制模型库的功能是辅助相关人员模拟预测、规划编制等,包括现状评价模型库、规划预测模型库、规划优化模型库等基础模型库(图 13.17)。

图 13.17　规划辅助编制模型库

规划成果管理模型库的功能是对规划成果进行浏览、分析、输出等,包括专题制图模型库、成果输出模型库、空间分析模型库等基础模型库(图 13.18)。

规划跟踪监测模型库的功能是土地利用信息提取与变化检测、建设项目用地跟踪监测等,包括信息提取模型库、变化检测模型库、建设项目用地跟踪监测模型库等基础模型库(图 13.19)。

规划动态评估模型库的功能是完善规划实施方案、保障规划实施、评价规划实施效果等,

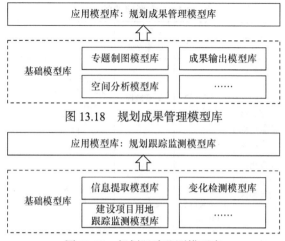

图 13.18　规划成果管理模型库

图 13.19　规划跟踪监测模型库

包括趋势分析模型库、对比分析模型库、相关性分析模型库等基础模型库(图 13.20)。

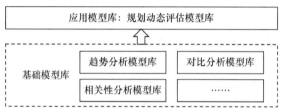

图 13.20　规划动态评估模型库

第五节　系 统 实 现

　　系统设计的评价通过后，由开发小组制订系统实施计划、制订编码规范、制订代码管理机制、进行开发小组人员培训等，然后编码、测试，形成可运行的完整系统软件包。图 13.21是 TSPIS 的系统登录界面。

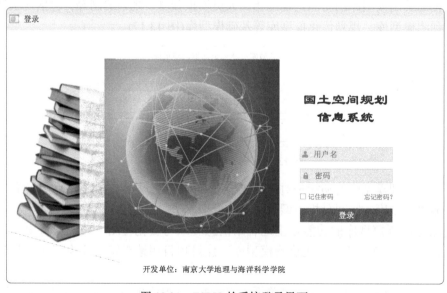

图 13.21　TSPIS 的系统登录界面

1. 规划"一张图"管理子系统

该子系统包括基础数据管理、现状基数转换、规划成果管理等功能模块。图 13.22 是规划"一张图"管理界面。

图 13.22　规划"一张图"管理界面

2. 国土空间评价子系统

该子系统包括资源环境承载力评价、国土空间开发适宜性评价、国土空间利用质量评价、国土空间风险评估等功能模块。图 13.23 是国土空间评价界面。

图 13.23　国土空间评价界面

3. 规划控制线划定子系统

该子系统包括三线划定、三区划定、城市控制线划定等功能模块。图 13.24 是规划控制线划定界面。

图 13.24　规划控制线划定界面

4. 规划辅助编制子系统

该子系统包括用地供需平衡分析、国土空间格局优化、国土空间用途规划、基础设施体系规划、规划成果生成、规划方案评价、规划成果审查等功能模块。图 13.25 是规划辅助编制界面。

图 13.25　规划辅助编制界面

5. 规划实施管理子系统

该子系统包括国土空间用途管制、建设项目审批管理、国土空间生态修复、国土空间综合整治、规划指标管理、规划修改管理等功能模块。图 13.26 是规划实施管理界面。

图 13.26　规划实施管理界面

6. 规划监测预警子系统

该子系统包括规划实施动态监测、规划实施智能预警等功能模块。图 13.27 是规划监测预警功能界面。

图 13.27　规划监测预警功能界面

7. 规划动态评估子系统

该子系统包括国土空间开发保护现状评估、规划体检评估等功能模块。图 13.28 是规划动态评估界面。

图 13.28　规划动态评估界面

8. 综合统计分析子系统

该子系统包括经济社会数据统计分析、国土空间利用现状分析、建设项目统计分析、规划指标统计分析、区域综合统计分析、规划成果查询等功能模块。图 13.29 是综合统计分析界面。

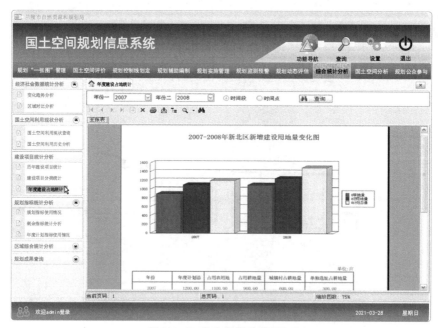

图 13.29　综合统计分析界面

9. 国土空间分析子系统

该子系统包括地图浏览与编辑、专题地图编制、空间查询与量算、空间分析、地理大数据云服务等功能模块。图 13.30 是国土空间分析界面。

图 13.30　国土空间分析界面

10. 规划公众参与子系统

该子系统包括规划编制公众参与、规划实施公众参与、规划建言献策等功能模块。图 13.31 是规划公众参与功能界面。

图 13.31　规划公众参与功能界面

思　考　题

1. 规划"一张图"管理主要包括哪些功能模块？
2. 国土空间评价主要评价国土空间规划的哪些方面？
3. 规划控制线划定需要划定哪些控制线？
4. 规划辅助编制主要包括哪些内容？

5. 规划实施管理需要管理哪些内容？

6. 规划监测预警主要包括哪些功能模块？

7. 规划动态评估主要评估国土空间规划的哪些内容？

8. 综合统计分析主要分析哪些内容？

9. 国土空间分析主要包括哪些功能模块？

10. 如果让你设计国土空间规划信息系统，你会如何开展工作？

11. 对比其他信息系统，你觉得国土空间规划信息系统有什么特点？

主要参考文献

白清, 李满春. 1999. 县域土地利用总体规划与耕地保护研究——以江阴市为例. 南京大学学报(自然科学版), (3): 20-28.

柏延臣, 李新, 冯学智. 1999. 空间数据分析与空间模型. 地理研究, 18(2): 185-190.

毕硕本, 王桥, 徐秀华. 2003. 地理信息系统软件工程的原理与方法. 北京: 科学出版社.

毕思文. 2001. 数字地球: 地球系统数字学. 北京: 地质出版社.

边馥苓. 1996. 地理信息系统原理和方法. 北京: 测绘出版社.

蔡开元. 1995. 软件可靠性工程基础. 北京: 清华大学出版社.

曹东启. 1991. 软件工程结构化系统分析和设计. 北京: 中国铁道出版社.

曹瑜, 胡光道. 1999. 地理信息系统在国内外应用现状. 计算机与现代化, 61(3): 1-4.

测绘词典编辑委员会编. 1981. 测绘词典. 上海: 上海辞书出版社.

陈洪刚, 林斌, 凌小宁, 等. 2002. 软件开发的科学与艺术. 北京: 电子工业出版社.

陈建春. 2000. Visual C++开发 GIS 系统:开发实例剖析. 北京: 电子工业出版社.

陈俊, 宫鹏. 1998. 实用地理信息系统: 成功地理信息系统的建设与管理. 北京: 科学出版社.

陈世鸿, 朱福喜, 黄水松, 等. 2000. 软件工程原理及应用. 武汉: 武汉大学出版社.

陈述彭. 1994. 遥感大词典. 北京: 科学出版社.

陈述彭. 1999. 城市化与城市地理信息系统. 北京:科学出版社.

陈述彭, 鲁学军, 周成虎. 1999. 地理信息系统导论. 北京: 科学出版社.

陈文伟. 1994. 决策支持系统及其开发. 北京: 清华大学出版社.

陈禹. 2001. 基于 MapObjects 控件的地理信息系统设计与开发. 计算机工程, 27(4): 150-152.

陈玉龙. 2016. 基于 VRGIS 的校园地下管网信息管理系统建设. 北京测绘, (1): 100-103, 108.

程昌秀, 史培军, 宋长青, 等. 2018. 地理大数据为地理复杂性研究提供新机遇. 地理学报, 73(8): 1397-1406.

程国栋, 李新. 2015. 流域科学及其集成研究方法. 中国科学(地球科学), 45(6): 811-819.

储征伟, 陈昕, 韩文泉, 等. 2006. 城市三维地理信息系统的建立、维护更新与应用. 工程勘察, (11): 9-13, 8.

戴梧叶, 郭景晶. 2000. 网络的设计与组建. 北京: 人民邮电出版社.

方匡南, 吴见彬, 朱建平, 等. 2011. 随机森林方法研究综述. 统计与信息论坛, 26(3): 32-38.

方裕. 1999. 地理信息系统(GIS)的技术与发展. 计算机与通信, (7): 1-4.

房佩君. 2000. 地理信息系统 (ARC/INFO) 及其应用. 上海: 同济大学出版社.

冯静. 2007. 软件测试的发展趋势的研究. 科技经济市场, (4): 1.

龚健雅. 1999. 当代 GIS 的若干理论与技术. 武汉: 武汉测绘科技大学出版社.

郭达志, 盛业华, 余兆平. 1997. 地理信息系统基础与应用. 北京: 煤炭工业出版社.

郭兰博, 李景文, 黄煜, 等. 2017. 基于 VR 的时空数据组织方法研究. 北京测绘, (4): 4-8.

韩鹏. 2005. 地理信息系统开发:ArcObjects 方法. 武汉: 武汉大学出版社.

何守才. 1995. 数据库综合大词典. 上海:上海科学技术文献出版社.

何玉洁, 刘福刚. 2012. 数据库原理及应用. 2 版. 北京: 人民邮电出版社.

胡迪. 2015. 地理模型的服务化封装方法研究. 测绘学报, (11): 1298.

胡鹏. 2002. 地理信息系统教程. 武汉: 武汉大学出版社.

黄爱明. 2007. 国内软件测试现状及对策研究. 中国管理信息化(综合版), (2): 42-44.

黄波, 吴波, 刘彪, 等. 2008. 空间智能: 地理信息科学的新进展. 遥感学报, 12(5): 766-771.

黄炜. 2011. 面向应急救援的 ARGIS 数据管理方法. 长沙: 中南大学硕士学位论文.

黄杏元, 陈丙咸. 1991. 省、市、县区域规划与管理信息系统规范化研究. 南京: 南京大学出版社.

黄杏元, 马劲松, 汤勤. 2001. 地理信息系统概论. 修订版. 北京: 高等教育出版社.

吉根林. 2004. 遗传算法研究综述. 计算机应用与软件, 21(2): 69-73.

江斌, 黄波, 陆锋. 2002. GIS 环境下的空间分析和地学视觉化. 北京: 高等教育出版社.

姜旭平. 1997. 信息系统开发方法——方法、策略、技术、工具与发展. 北京: 清华大学出版社.

孔云峰, 林珲. 2005. GIS 分析, 设计与项目管理. 北京: 科学出版社.

寇有观, 萧鉥. 1998. 地理信息系统支持的土地资源信息系统研究. 中国农业资源与区划, (5): 56-60.

邝孔武, 王晓敏. 1999. 信息系统分析与设计. 北京: 清华大学出版社.

蓝运超, 黄正东, 谢榕. 1999. 城市信息系统. 武汉: 武汉大学出版社.

黎达. 1989. 计算机信息系统分析与设计. 北京: 中国科学技术出版社.

黎洪松, 裘晓峰. 1999. 网络系统集成技术及其应用. 北京: 科学出版社.

黎夏, 叶嘉安, 刘小平, 等. 2007. 地理模拟系统: 元胞自动机与多智能体. 北京: 科学出版社.

李才伟. 1997. 元胞自动机及复杂系统的时空演化模拟. 武汉: 华中理工大学博士学位论文.

李朝新, 张俊平, 吴利青. 2016. 虚拟现实技术支持下的 GIS 立体显示系统的设计与实现. 测绘通报, (9): 119-122.

李闯, 姜海玲, 卢宣奇. 2018. 基于三维激光扫描的虚拟现实地理信息系统. 农业灾害研究, (6): 63-65.

李代平. 2008. 软件工程. 2 版. 北京: 清华大学出版社.

李德仁. 2016. 展望大数据时代的地球空间信息学. 测绘学报, 45(4): 379-384.

李德毅. 2018. 人工智能导论. 北京: 中国科学技术出版社.

李国杰, 程学旗. 2012. 大数据研究: 未来科技及经济社会发展的重大战略领域——大数据的研究现状与科学思考. 中国科学院院刊, 27(6): 647-657.

李金磊, 慈谕瑶, 郑坤, 等. 2019. 面向地理信息大数据的时空事件关系可视化分析框架. 测绘通报, (12): 101-104.

李满春, 白清, 陈刚, 等. 2002. 耕地保护预警信息系统初步设计. 国土资源遥感, (3): 65-68.

李满春, 陈丙咸. 1992. 荆江河道变迁信息系统研究. 南京大学学报(自然科学版), (3): 452-458.

李满春, 陈振杰, 周琛, 等. 2020. 面向 "一张图" 的国土空间规划数据库研究. 中国土地科学, 34(5): 69-75.

李满春, 高丽, 陈刚. 2002a. 空间信息数字图书馆初论. 科技通报, 18(3): 177-183.

李满春, 李延满, 陈刚. 2002b. 地理信息查询语言发展趋势. 计算机工程与应用, 38(6): 70-73.

李满春, 邱友良. 1995. 城镇宗地地价评估信息系统设计与实践. 经济地理, (3): 46-49.

李满春, 徐雪仁. 1997. 应用地图学纲要——地图分析、解释与应用. 北京: 高等教育出版社.

李宁, 季辰, 程亮, 等. 2019. 遥感影像缺失重建方法对比与时间序列合成. 现代测绘, 42(5): 22-27.

李千目, 许满武, 张宏, 等. 2008. 软件体系结构设计. 北京: 清华大学出版社.

李清泉, 李德仁. 2014. 大数据 GIS. 武汉大学学报(信息科学版), (6): 641-644, 666.

李少华, 李闻昊, 蔡文文, 等. 2017. 云 GIS 技术与实践. 北京: 科学出版社.

李夕海, 武红霞, 刘代志. 2001. 基于 GPS 的 GIS 数据维护方案设计. 计算机应用研究, 18(12): 136-138.

李响, 李满春. 1999. 面向对象数据模型构建 GIS 一体化数据库的应用研究. 地球信息科学, 1(1): 26-32.

李秀全. 2017. 基于 MCR 与 CA 模型的城市扩张模拟对比分析. 南昌: 东华理工大学硕士学位论文.

李雪松, 龙湘雪, 齐晓旭. 2019. 长江经济带城市经济-社会-环境耦合协调发展的动态演化与分析. 长江流域资源与环境, 28(3): 505-516.

梁启章. 1995. GIS 和计算机制图. 北京: 科学出版社.

林德根, 梁勤欧. 2012. 云 GIS 的内涵与研究进展. 地理科学进展, 31(11): 1519-1528.

林资山. 1995. 客户机—服务器技术与应用 Client-Server 专辑. 北京: 学苑出版社.

刘丽丽. 2018. 三维全景导游系统的设计与实现. 测绘与空间地理信息, 41(7): 164-167.

刘伟, 李小武, 罗明. 2001. CGI 技术全面接触. 北京: 清华大学出版社.

刘耀林. 2017. 从空间分析到空间决策的思考. 武汉大学学报(信息科学版), 32(11): 1050-1055.

刘耀林, 何建华. 2007. 土地信息学. 北京: 科学出版社.

刘玉羊. 2008. 软件维护精益模型以及数据挖掘技术的应用. 上海: 复旦大学硕士学位论文.

刘竹林. 2004. 我国计算机软件测试现状分析. 华南金融电脑, 12(9): 41-42, 51.

间国年, 张书亮, 龚敏霞, 等. 2003. 地理信息系统集成原理与方法. 北京: 科学出版社.

马蔼乃. 2000. 地理科学与地理信息科学论. 武汉: 武汉出版社.

马蔼乃, 邬伦, 陈秀万, 等. 2002. 论地理信息科学的发展. 地理学与国土研究, 18(1): 1-5.

马永立. 1998. 地图学教程. 南京: 南京大学出版社.

麦中凡, 吕庆中, 李巍, 等. 1999. 计算机软件技术基础. 北京: 高等教育出版社.

毛锋, 程承旗, 孙大路, 等. 1999. 地理信息系统建库技术及其应用. 北京: 科学出版社.

毛锋, 孙大路, 毕硕本. 2000. 模块化地理信息系统环境——MGE基础. 北京: 科学出版社.

孟令奎, 边馥苓. 1996. GIS信息处理模式与软硬件环境选择. 测绘通报, 4: 19-22.

倪鹏云. 2000. 计算机网络系统结构分析. 2版. 北京: 国防工业出版社.

聂华北, 张艺超. 2008. 软件配置管理工具综述. 计算机系统应用, 17(7): 125-128.

牛振国. 2007. 基于元数据的地理模型与GIS的集成. 计算机工程与应用, 43(8): 193-196.

裴韬, 刘亚溪, 郭思慧, 等. 2019. 地理大数据挖掘的本质. 地理学报, 74(3): 586-598.

彭建军. 1993. 软件测试的研究及发展趋势. 计算机科学, 20(3): 67-71.

齐治昌, 谭庆平, 宁洪. 2001. 软件工程. 北京: 高等教育出版社.

曲毅. 2017. 增强现实地理信息系统跟踪注册技术研究. 郑州: 解放军信息工程大学博士学位论文.

曲毅, 李爱光, 徐望, 等. 2017. 基于位姿传感器的户外ARGIS注册技术. 测绘科学技术学报, 34(1): 106-110.

赛燕燕. 2012. 基于VRGIS平台的数字园区规划决策支持系统的研究与实现——以西安世园会为例. 青岛: 中国海洋大学硕士学位论文.

邵全琴. 2001. 海洋渔业地理信息系统研究与应用. 北京: 科学出版社.

史济民. 1990. 软件工程原理、方法与应用. 北京: 高等教育出版社.

史美林, 向勇, 杨光信. 2000. 计算机支持的协同工作理论与应用. 北京: 电子工业出版社.

数字制图数据标准特别工作组制订. 1990. 美国国家数字制图数据标准. 蒋景瞳, 译. 北京: 测绘出版社.

宋关福, 钟耳顺. 1998. 组件式地理信息系统研究与开发. 中国图像图形学报, 3(4): 313-317.

宋关福, 钟耳顺, 李绍俊, 等. 2018. 大数据时代的GIS软件技术发展. 测绘地理信息, 43(1): 1-7.

宋关福, 钟耳顺, 吴志峰, 等. 2019. 新一代GIS基础软件的四大关键技术. 测绘地理信息, 44(1): 1-8.

苏奋振, 吴文周, 张宇, 等. 2020. 从地理信息系统到智能地理系统. 地球信息科学学报, 22(1): 2-10.

苏运霖. 1995. 分布式系统与分布式算法. 广州: 暨南大学出版社.

隋殿志, 叶信岳, 甘甜. 2014. 开放式GIS在大数据时代的机遇与障碍. 地理科学进展, 33(6): 723-737.

孙敏, 陈秀万, 张飞舟, 等. 2004. 增强现实地理信息系统. 北京大学学报(自然科学版), 40(6): 906-913.

孙亚梅, 张犁. 1993. 地理模型库系统的研究与建立. 测绘学报, 22(2): 94-102.

孙志军, 薛磊, 许阳明, 等. 2012. 深度学习研究综述. 计算机应用研究, 29(8): 2806-2810.

汤国安, 杨昕. 2010. ArcGIS地理信息系统空间分析实验教程. 北京: 科学出版社.

汤国安, 赵牡丹, 杨昕, 等. 2010. 地理信息系统. 2版. 北京: 科学出版社.

汤秋鸿, 刘星才, 李哲, 等. 2019. 陆地水循环过程的综合集成与模拟. 地球科学进展, 34(2): 115-123.

唐世渭, 杨冬青, 等. 1996. 面向对象数据库应用开发——开发工具Informix—NewEra. 北京: 清华大学出版社.

汪鹏. 2017. ARGIS在监控指挥中的应用研究. 郑州: 解放军信息工程大学硕士学位论文.

汪应洛. 1992. 系统工程理论方法与应用. 北京: 高等教育出版社.

王大康, 杜海山. 2006. 信息安全中的加密与解密技术. 北方工业大学学报, 32(6): 497-500.

王家耀. 2014. 大数据时代的智慧城市. 测绘科学, 39(5): 3-7.

王伟懿, 李晓勇. 2021. 全球船舶时空大数据处理与可视化研究. 舰船电子工程, 41(8): 97-103.

王一宾, 李心科. 2005. 软件体系结构设计方法的研究. 计算机工程与设计, 26(3): 604-607.

王占宏, 白穆基, 李宏建. 2019. 地理空间大数据服务自然资源调查监测的方向分析. 地理信息世界, 26(1): 1-5.

王占全, 赵斯思, 徐慧. 2005. 地理信息系统(GIS)开发工程案例精选. 北京: 人民邮电出版社.

王振宇, 黄立波. 1997. 实用C语言接口技术与实例. 北京: 电子工业出版社.

王铮, 顾高翔, 吴静, 等. 2015. CIECIA: 一个新的气候变化集成评估模型及其对全球合作减排方案的评估.

中国科学(地球科学), 45(10): 1575-1596.

王志兵, 李满春, 周炎坤, 等. 2001. 基于 DCOM 的分布式 GIS 研究. 计算机应用研究, 18(2): 59-60, 146.

王忠群. 2009. 软件工程. 合肥: 中国科学技术大学出版社.

魏益鲁. 2002. 遥感地理学. 青岛:青岛出版社.

邬伦, 刘瑜, 张晶, 等. 2001. 地理信息系统——原理, 方法和应用. 北京: 科学出版社.

邬伦, 张晶, 赵伟. 2002. 地理信息系统. 北京: 电子工业出版社.

毋河海. 1991. 地图数据库系统. 北京: 测绘出版社.

吴洪桥, 张新. 2015. 云 GIS 发展现状与趋势. 国土资源信息化, (4): 3-11.

吴信才. 1998. 地理信息系统的基本技术与发展动态. 地球科学, 23(4): 329-333.

吴信才. 2009a. 地理信息系统设计与实现. 2 版. 北京: 电子工业出版社.

吴信才. 2009b. 数据中心集成开发技术: 新一代 GIS 架构技术与开发模式. 地球科学, 34(3): 540-546.

吴信才. 2015. 空间数据库. 北京:科学出版社.

吴秀芹. 2007. ArcGIS 9 地理信息系统应用与实践. 北京: 清华大学出版社.

谢星星, 沈懿卓. 2008. UML 基础与 ROSE 建模实用教程. 北京: 人民邮电出版社.

谢中凯,李飞雪,李满春, 等. 2015. 政府规划约束下的城市空间增长多智能体模拟模型. 地理与地理信息科学, 31(2): 60-64,69,封 3.

熊鹏. 2017. 基于 VRGIS 的智慧旅游系统研究与实现. 北京: 北京化工大学硕士学位论文.

修文群. 2001. 地理信息系统 GIS 数字化城市建设指南. 北京: 希望电子出版社.

修文群, 池天河. 1999. 城市地理信息系统. 北京: 希望电子出版社.

徐建华. 2002. 现代地理学中的数学方法. 2 版. 北京: 高等教育出版社.

薛安, 倪晋仁, 马蔼乃. 2002. 模型与 GIS 集成理论初步研究. 应用基础与工程科学学报, (2): 134-142.

薛领, 杨开忠. 2003. 城市演化的多主体 (multi—agent) 模型研究. 系统工程理论与实践, 23(12): 1-9, 17.

严蔚敏, 吴伟民. 2007. 数据结构(C 语言版). 北京: 清华大学出版社.

阎正. 1998. 城市地理信息系统标准化指南. 北京: 科学出版社.

杨东援, 段征宇. 2015. 大数据环境下城市交通分析技术. 上海: 同济大学出版社.

杨海军, 邵全琴. 2007. GIS 空间分析技术在地理数据处理中的应用研究. 地球信息科学, 9(5): 70-75.

杨云源. 2009. 移动 GIS 定位技术研究. 地理空间信息, 7(2): 67-70.

叶礼伟, 谢忠. 2009. 嵌入式 GIS 平台数据管理优化研究与实现. 微计算机信息, 25(11): 138-139.

于海龙, 邬伦, 谢刚生, 等. 2006. GIS 应用模型分类体系与复杂性评价. 测绘科学, (3): 114-116, 131, 7.

喻占武, 李忠民, 郑胜, 等. 2007. 基于对象存储的分布式 GIS 数据安全机制. 测绘学报 36(3): 309-315.

岳天祥. 2012. 区域可持续发展集成模型的分析与应用研究——以黄河三角洲地区为例. 地球信息科学, (1): 32-37.

曾夏辉, 刘洋. 2006. 国内软件测试现状分析与几点建议. 网络安全技术与应用, (5): 53-54.

张大顺, 郑世书, 孙亚军, 等. 1994. 地理信息系统技术及其在煤矿水灾预测中的应用. 北京: 中国矿业大学出版社.

张帆, 胡明远, 林珲. 2018. 大数据背景下的虚拟地理认知实验方法. 测绘学报, 47(8): 1043-1050.

张海藩. 2002. 软件工程. 北京: 人民邮电出版社.

张鸿辉, 王丽萍, 金晓斌, 等. 2012. 基于多智能体系统的城市增长时空动态模拟——以江苏省连云港市为例. 地理科学, 32(11): 1289-1296.

张剑平, 任福继, 叶荣华, 等. 1999. 地理信息系统与 MapInfo 应用. 北京: 科学出版社.

张明金, 张平. 1995. 核心地理信息系统设计研究. 地理学报, 50(S1): 44-53.

张新长, 马林兵, 张青年. 2005. 地理信息系统数据库. 北京: 科学出版社.

张永生. 2000. 遥感图像信息系统. 北京: 科学出版社.

赵彬, 辛文逵. 2003. 目前软件测试发展中的误区. 太赫兹科学与电子信息学报, 1(4): 323-325.

赵康. 2017. 基于 GIS 的虚拟景观平台设计与实现. 测绘科学, 42(3): 165-168, 173.

赵永, 王岩松. 2011. 空间分析研究进展. 地理与地理信息科学, (5): 1-8.

郑人杰, 马素霞, 麻志毅. 2009. 软件工程. 北京: 人民邮电出版社.

郑人杰, 殷人昆, 陶永雷. 1997. 实用软件工程. 2 版. 北京: 清华大学出版社.

中国 21 世纪议程管理中心. 1999. 中国地理信息元数据标准研究. 北京: 科学出版社.

中国电子学会电子计算机学会. 1984. 英汉计算机辞典. 北京: 人民邮电出版社.

钟耳顺. 1995. 地理信息系统应用与社会背景分析. 地理研究, 14(2): 91-97.

周琛. 2018. 面向 CPU-GPU 混合架构的地理空间分析负载均衡并行技术研究. 南京: 南京大学博士学位论文.

周建鑫. 2013. 基于集群的地理空间数据组织与访问方法. 长沙: 国防科技大学博士学位论文.

周琼朔. 2005. 软件体系结构设计方法的研究及应用. 武汉理工大学学报, 27(1): 102-106.

周炎坤, 李满春. 1999. Web GIS 开发方法比较研究. 计算机应用研究, (11): 44-46.

周炎坤, 李满春, 王志兵. 1999. 开放式地理信息系统的初步研究. 微型电脑应用, (10): 15-16.

周勇, 聂艳. 2005. 土地信息系统理论方法实践. 北京: 化学工业出版社.

周之英. 2000. 现代软件工程(中)——基本方法篇. 北京: 科学出版社.

朱光, 季晓燕, 戎兵. 1997. 地理信息系统基本原理及应用. 北京: 测绘出版社.

朱少民. 2014. 全程软件测试. 2 版. 北京: 电子工业出版社.

Batty M, Xie Y, Sun Z. 1999. Modeling urban dynamics through GIS-based cellular automata. Computers Environment and Urban Systems, 23(3): 205-233.

Beheshti R, Michels R. 2001. The global GIS: A case study. Automation in Construction, 10(5): 597-606.

Bennett D. 1998. Visual C++ 5 开发人员指南. 徐军, 译. 北京: 机械工业出版社.

Booch G, Rumbaugh J, Jacobson I. 2013. UMI 用户指南. 2 版修订版. 邵维忠, 麻志毅, 马浩海, 等译. 北京: 人民邮电出版社.

Borges K A V, Davis C A, Laender A H F. 2001. OMT-G: an object-oriented data model for geographic applications. GeoInformatica, 5(3): 221-260.

Bosch J, M Högström. 2001. Generative and Component-Based Software Engineering. Berlin: Springer.

Braude E J, Bernstein M E. 2010. Software Engineering: Modern Approaches. New Jersey: Willey-Blackwell .

Bruegge B, Dutoit A H. 2000. Object-Oriented Software Engineering. Upper Saddle River: Prentice Hall.

Bugs G, Granell C, Fonts O, et al. 2010. An assessment of public participation GIS and Web 2.0 technologies in urban planning practice in Canela, Brazil. Cities, 27(3): 172-181.

Charette R N. 1989. Software Engineering Risk Analysis and Management. New York: McGraw-Hill.

Cheng Liang, Yan Zhaojin, Xiao Yijia, et al. 2019. Using big data to track marine oil transportation along the 21st-century maritime silk road. Science China Technological Sciences, 62(4), 677-686.

Clark K C. 1986. Recent trends in geographic information system research. Geo-Processing, 1(3): 1-15.

Couclelis H. 1985. Cellular worlds: a framework for modeling micro—macro dynamics. Environment and Planning (A), 17(5): 585-596.

Cox Allan B. 1995. An overview to geographic information systems. The Journal of Academic Librarianship, 21(4): 237-249.

Dangermond J. 1986. Geographic database system. Geo-Processing, 1(3): 17-29.

Danijel R, Sturm P J. 1999. A GIS based component-oriented integrated system for estimation, visualization and analysis of road traffic air pollution. Environmental Modeling and Software , 14(6): 531-539.

Decker D. 2001. GIS Data Sources. New York: Wiley.

Fedra K. 1999. Urban environmental management: monitoring GIS and modeling. Computers Environment and Urban Systems, 23(6): 443-457.

Gahegan Mark, Ehlers Manfred. 2000. A framework for the modeling of uncertainty between remote sensing and geographic information systems. ISPRS Journal of Photogrammetry and Remote Sensing, 55(3): 176-188.

Galin D. 2005. Software Quality Assurance. 北京: 机械工业出版社.

Hussmann H. 1997. Formal Foundations for Software Engineering Methods. Berlin: Springer.

Jaderberg M, Simonyan K, Zisserman A, et al. 2015. Spatial Transformer Networks. Spain Barcelona: Proceedings of the 28th International Conference on Neural Information Processing Systems , 2: 2017-2025.

Larman C. 2006. UML 和模式应用. 3 版. 李洋, 郑龚, 等译. 北京: 机械工业出版社.

Laxton J L, Becken K. 1996. The design and implementation of a spatial database for the production of geological maps. Computers & Geosciences, 7 (22): 723-733.

Leblanc P. 1997. OMT and SDL based techniques and tools for design, simulation and test production of distributed systems. International Journal on Software Tools for Technology Transfer, 1(1-2): 153-165.

Lecun Y, Bengio Y. 1995. Convolutional networks for images, speech, and timeseries. The handbook of brain theory and neural networks, 3361(10): 255-258.

Leong-Hong B , Plagman B K. 1982. Data Dictionary Directory Systems. New York: Wiley.

Li B, Zhang L. 2000. Distributed spatial catalog service on the CORBA Object Bus. GeoInformatica, 4(3): 253-269.

Liu F, Tong J, Mao J, et al. 2011. NIST cloud computing reference architecture. 2011 IEEE World Congress on Services, 594-596.

Longley P, Batty M. 1998. Spatial analysis: Modeling in a GIS Environment. The Geographical Journal, 164(1): 104-105.

Lyon J G. 2002. GIS for Water resources and Watershed Management. London: CRC Press.

Malczewski J. 1999. GIS and MultiCriteria Decision Analysis. New York: Wiley.

Martin F. 2006. UML 精粹: 标准对象建模语言简明指南. 徐家福, 译. 北京: 清华大学出版社.

Martin H, Daniel S. 1999. Spatial data standards in view of models of space and the functions operating on them. Computers & Geosciences, 25(1): 25-38.

Nascimento A I S, Bastos-Filho C J A. 2012. Designing cellular networks using particle swarm optimization and genetic algorithms. International Journal of Computer Information Systems and Industrial Management Applications, 4: 496-505.

Pascolo P, Brebbia C A. 1998. GIS Technologies and Their Environmental Applications. Southampton: WIT Press.

Paul A Longley, Michael F Goodchild, David J Maguire, et, al. 2005. Geographic Information Systems and Science. New York: Wiley.

Peckham S D, Hutton E W H, Norris B. 2013. A component-based approach to integrated modeling in the geosciences: The design of CSDMS. Computers & Geosciences, 53: 3-12.

Pressman R S. 2002. 软件工程-实践者的研究方法. 5 版. 梅宏, 译. 北京: 机械工业出版社.

Priestley M. 2005. 面向对象设计 UML 实践. 2 版. 龚晓庆, 卞雷, 等译. 北京: 清华大学出版社.

Ramez E, Sham N. 2008. Fundamentals of Database System(Fourth Edition): 数据库系统基础(初级篇). 孙瑜, 译. 北京: 人民邮电出版社.

Reichstein M, Camps-Valls G, Stevens B, et al. 2019. Deep learning and process understanding for data-driven Earth system science. Nature, 566(7743): 195-204.

Robert C, Chris Brown , Gary Cobb. 2004. 快速测试. 王海鹏, 译. 北京: 人民邮电出版社.

Saeidian B, Mesgari M S, Ghodousi M. 2016. Evaluation and comparison of genetic algorithm and bees algorithm for location–allocation of earthquake relief centers. International Journal of Disaster Risk Reduction, 15: 94-107.

Sametinger J. 1997. Software Engineering with Reusable Components. Berlin: Springer.

Schach S R. 1999. Classical and Object-Oriented Software Engineering with UML and C++. 北京: 世界图书出版公司.

Sieber, R. 2006. Public participation and geographic information systems: a literature review and framework. Annals of the American Association of Geographers, 96(3): 491-507.

SinghSK. 2010. 数据库系统概念: 概念, 设计及应用. 何玉洁, 王晓波, 车蕾, 译. 北京: 机械工业出版社.

Soheil Boroushaki, Jacek Malczewski. 2010. Measuring consensus for collaborative decision-making: A GIS-based approach, Computers Environment and Urban Systems, 34(4): 322-332.

Stevens P, Pooley R. 1999. Using UML. New York: Addison-Wesley.

Stiller E, LeBlanc C. 2002. 基于项目的软件工程: 面向对象研究方法. 贾可荣, 张秀山, 等译. 北京: 机械工业出版社.

Tang A, Scoggins S. 1994. 开放式网络和开放系统互连. 戴浩, 译. 北京: 电子工业出版社.

Thomson C N, Hardin P. 2000. Remote sensing/GIS integration to identify potential low-income housing sites. Cities, 2000, 17(2): 97-109.

Wagner D F. 1997. Cellular automata and geographic information systems. Environment and Planning B Planning and Design, 24(2): 219-234.

Wang F J. 2000. A distributed geographic information system on the common object request broker architecture (CORBA) . GeoInformatica, 1(4): 89-115.

Wooldridge M J, Weiss G, Ciancarini P. 2002. Agent-oriented Software Engineering II. Berlin: Springer.

Wu F, Webster C J. 1998. Simulation of land development through the integration of cellular automata and multicriteria evaluation. Environment and Planning B: Planning and Design, 25(1): 103-126.

Yang C W, Goodchild M, Huang Q Y, et al. 2011. Spatial cloud computing: How can the geospatial sciences use and help shap cloud computing. International Journal of Digital Earth, 4(4):305-329.

Yourdon E, Argila C. 1998. 实用面向对象软件工程教程. 殷人昆, 田金兰, 马晓勤, 译. 北京: 电子工业出版社.

Zeiler M. 2004. 为我们的世界建模: ESRI 地理数据库设计指南. 张晓祥, 张峰, 姚静, 译. 北京: 人民邮电出版社.

Zhang C, Sargent I, Pan X, et al. 2019. Joint Deep Learning for land cover and land use classification. Remote Sensing of Environment, 221: 173-187.

Zheng X, Gong P. 1997. Liner feature modeling using curve fitting, parpametric polyomial techniques. Geographic Information Sciences, 3: 1-2.